高职应用电子技术专业系列教材
国家骨干高职院校建设项目成果

微控制器应用

主　编　王鹏元　黄述杰

西北工業大學出版社

【内容简介】 本书以增强型8051内核单片机STC12C5A60S2为背景，介绍了单片机各部分的硬件结构及功能、汇编语言程序设计及调试方法；以功能强大的Keil uVision集成开发环境作为程序设计和调试环境，介绍了单片机应用系统中常用的元器件和常见的人机接口电路；以压力测控系统作为典型实例，介绍了单片机应用系统的设计方法和步骤。

本书深入浅出，层次分明，实例丰富，通俗易懂，突出实用，可操作性强，特别适合于作为高职院校计算机类、电子类、电气自动化及机械专业的教学用书，还可作为培训班的教材使用。同时，也可作为从事单片机应用领域的工程技术人员的参考书。

图书在版编目(CIP)数据

微控制器应用 / 王鹏元，黄述杰主编.—西安 :西北工业大学出版社，2015.1

ISBN 978-7-5612-4292-6

Ⅰ. ①微… Ⅱ. ①王… ②黄… Ⅲ. ①微控制器 Ⅳ. ①TP332.3

中国版本图书馆CIP数据核字(2015)第027758号

出版发行： 西北工业大学出版社
通信地址： 西安市友谊西路127号　　邮编：710072
电　　话： (029) 88493844　88491757
网　　址： www.nwpup.com
印 刷 者： 陕西宝石兰印务有限责任公司
开　　本： 787 mm×1 092 mm　1/16
印　　张： 14.5
字　　数： 329千字
版　　次： 2015年4月第1版　　2015年4月第1次印刷
定　　价： 29.00元

前　言

本书采用了增强型 8051 内核，片内集成：60KB Flash 程序存储器、1KB 数据 Flash(EEPROM)、1280B RAM、2 个 16 位定时/计数器、44 根 I/O 口线、2 个全双工异步串行口(UART)、1 个高速同步通信端口(SPI)、8 通道 10 位 ADC、2 通道 PWM/可编程计数器阵列/捕获/比较单元(PWM/PCA/CCU)、MAX810 专用复位电路和硬件看门狗等资源。STC12C5A60S2 指令系统完全兼容 8051 单片机，并具有在系统可编程(ISP)功能和在系统调试(ISD)功能，可以省去价格较高的专门编程器，开发环境的搭建非常容易。

STC12C5A60S2 的所有指令和标准的 8051 内核完全兼容，具有良好的兼容性和很强的数据处理能力，因此，对于原来讲解 8051 单片机的教师，可以充分发挥其以前讲解单片机原理及应用课程的经验；对于具有 8051 单片机知识的读者，不存在转型困难的问题。

本书介绍了 STC12C5A60S2 单片机的硬件结构、汇编语言程序设计，以功能强大的 Keil uVision 集成开发环境作为程序设计和调试环境介绍了程序的调试方法。以压力测控系统综合设计实例为背景，介绍单片机中的各部分的硬件功能和应用设计，以及相关的汇编语言程序设计与调试。每一章都给出了相应的习题，便于教学。

本书深入浅出，层次分明，实例丰富，通俗易懂，突出实用，可操作性强，特别适合于作为高职院校计算机类、电子类、电气自动化及机械专业的教学用书，还可作为高职高专以及培训班的教材使用。同时，也可作为从事单片机应用领域的工程技术人员的参考书。

本书由王鹏元、黄述杰主编。

由于水平有限，书中定有不妥或错误之处，敬请读者批评指正。

编者

2014 年 10 月

目 录

第0章 概 述

本章主要介绍单片机的概念、单片机应用系统中常用的元器件、单片机的应用范围和开发学习环境。这些内容对于单片机初学者很重要。

0.1 单片机简介

0.1.1 单片机及单片机应用系统简介

0.1.1.1 微型计算机及微型计算机系统

微型计算机(Microcomputer)简称微机,是计算机的一个重要分支。通常按照计算机的体积、性能和应用范围等,将计算机分为巨型机、大型机、中型机、小型机和微型机等。微型计算机不但具有其他计算机快速、精确、程序控制等特点,而且具有体积小、质量轻、功耗低、价格便宜等优点。个人计算机简称 PC(Personal Computer)机,是微型计算机中应用最为广泛的一种,也是近年来计算机领域中发展最快的一个分支,由于 PC 机在性能和价格方面适合个人用户购买和使用,目前,它已经像普通家电一样深入到了家庭和社会生活的各个方面。

微型计算机系统由硬件系统和软件系统两大部分组成。

硬件系统是指构成微机系统的实体和装置,通常由运算器、控制器、存储器、输入接口电路和输入设备、输出接口电路和输出设备等组成。其中,运算器和控制器一般做在一个集成芯片上,统称中央处理单元(Central Processing Unit,简称 CPU),是微机的核心部件,配上存放程序和数据的存储器、输入输出(Input/Output,简称 I/O)接口电路及外部设备即构成微机的硬件系统。

软件系统是指微机系统所使用的各种程序的总体。软件的主体驻留在存储器中,人们通过它对整机进行控制并与微机系统进行信息交换,使微机按照人的意图完成预定的任务。

软件系统与硬件系统共同构成实用的微机系统,两者相辅相成、缺一不可。微型计算机系统组成示意图如图 0-1 所示。

下面简单介绍组成计算机的五个基本部件。

(1)运算器。运算器是计算机的运算部件,用于实现算术和逻辑运算。计算机的数据运算和处理都在这里进行。

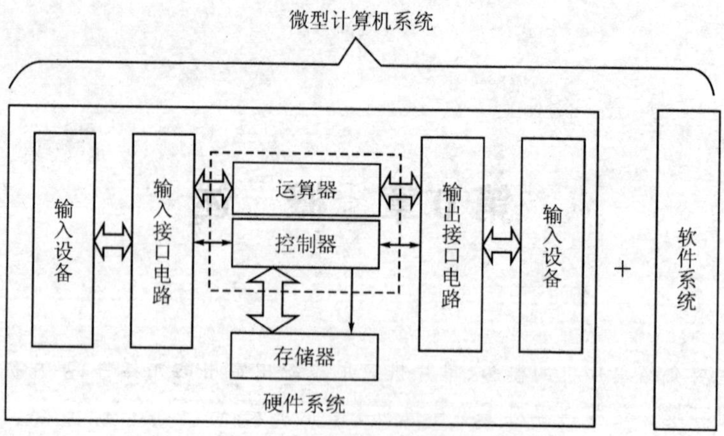

图 0-1 微型计算机系统组成示意图

(2)控制器。控制器是计算机的指挥控制部件,使计算机各部分能自动协调地工作。

运算器和控制器是计算机的核心部分,常把它们合在一起,称之为中央处理器,简称 CPU。

(3)存储器。存储器是计算机的记忆部件,用于存放程序和数据。存储器分为程序存储器和数据存储器。

(4)输入设备。输入设备用于将程序和数据输入到计算机中,如键盘。

(5)输出设备。输出设备用于把计算机数据计算或加工的结果,以用户需要的形式显示或保存,如显示器、打印机。

通常把外部存储器、输入设备和输出设备合在一起称之为计算机的外部设备,简称"外设"。

0.1.1.2 单片微型计算机

单片微型计算机是指集成在一个芯片上的微型计算机,又称为微控制器(MCU),就是把组成微型计算机的各种功能部件,包括 CPU(Central Processing Unit)、随机存取存储器 RAM(Random Access Memory)、只读存储器 ROM(Read-only Memory)、基本输入/输出(Input/Output)接口电路、定时/计数器等部件制作在一块集成芯片上,构成一个完整的微型计算机,从而实现微型计算机的基本功能。单片机内部结构示意图如图 0-2 所示。

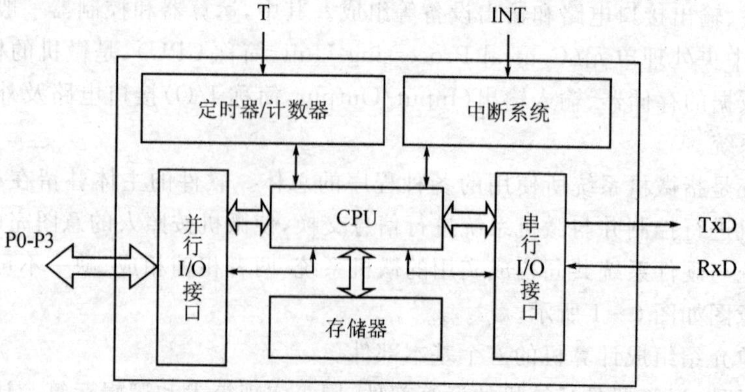

图 0-2 单片机内部结构示意图

单片机实质上是一个硬件的芯片，在实际应用中，通常很难直接和被控对象进行电气连接，必须外加各种扩展接口电路、外部设备、被控对象等硬件和软件，才能构成一个单片机应用系统。

0.1.1.3　单片机应用系统及组成

单片机应用系统是以单片机为核心，配以输入、输出、显示、控制等外围电路和软件，能实现一种或多种功能的实用系统。本书所使用的实训电路板也是一个单片机的应用系统，它除了有单片机芯片以外，还有许多外围电路，再配以后续章节一系列的实训程序可以完成很多功能。因此，单片机应用系统由硬件和软件组成，硬件是应用系统的基础，软件是在硬件的基础上对其资源进行合理调配和使用，从而完成应用系统所要求的任务，二者相互依赖，缺一不可，单片机应用系统的组成如图 0-3 所示。

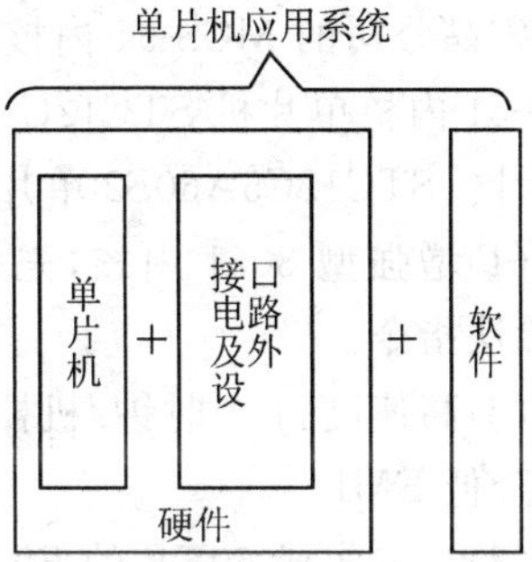

图 0-3　单片机应用系统的组成

由此可见，单片机应用系统的设计人员必须从硬件和软件两个角度来深入了解单片机，并能够将二者有机结合起来，才能形成具有特定功能的应用系统或整机产品。

自从 1974 年美国 Fairchild 公司研制出第一台单片机 F8 之后，迄今为止，单片机经历了由 4 位机到 8 位机再到 16 位和 32 位机的发展过程。单片机制造商很多，主要有 Ti、Freescale、Microchip、宏晶科技等公司。目前，单片机正朝着高性能、多品种方向发展，近年来 32 位单片机已进入了实用阶段。但是由于 8 位单片机从性能价格比上占有优势，而且 8 位增强型单片机在速度和功能上已经可以和现在的 16 位单片机相媲美，因此，在未来相当长的时期内 8 位单片机仍是单片机的主流机型。

0.1.2　MCS-51 系列单片机

单片机种类繁多，生产厂商都各自都有相应的系列产品，影响较大的几个公司及其部分典型产品见表 0-1。

表 0-1　影响较大的几个单片机生产厂商及其部分典型产品

公司名称	典型产品
宏晶科技有限公司	STC12 系列、STC15 系列
Microchip	PIC 系列
Ti	MSP430 系列
Freescale	9S12 系列
Atmel	AT89C51、AT89C2051
PHILIPS	P80XX、PXACXX

无论从世界范围或从国内范围来看，使用最为广泛的应属 MCS-51 单片机。常见的 MCS-51 内核单片机及其内部资源见表 0-2。

表 0－2 常用 MCS-51 单片机内部资源比较

型号	程序存储器	SRAM	定时器	EEPROM	UART	PWM	A/D	I/O 口
Intel 8051	4KB	无	2 个	无	1	无	无	32
AT89S52	8KB Flash	无	3 个	无	1	无	无	32
STC12C5A60S2	60KB Flash	1280B	2 个	1KB	2	2 路	8 路 10 位	最多 44

宏晶公司的 MCS-51 内核单片机应用最为广泛，基于这一事实，本书以宏晶科技公司的 MCS-51 内核单片机 STC12C5A60S2 为背景，介绍单片机的硬件结构、工作原理及应用系统的设计。STC12C5A60S2 单片机具有以下特点：

(1)增强型 8051 内核，先进的指令集结构，兼容普通 8051 单片机的指令集，有硬件乘法/除法指令。

(2)高速度：1 个时钟/机器周期，速度比普通 8051 单片机快 8～12 倍。可用低频晶振，大幅降低 EMI。

(3)片内集成 60KB 的 Flash 程序存储器，擦写次数 10 万次以上，并具有较强的加密性。

(4)片内集成 1280B 数据存储器(RAM)。

(5)芯片内 EEPROM 功能，擦写次数 10 万次以上。

(6)最多可以有 44 根通用 I/O 口线。

(7)8 通道 10 位高速 ADC，速度可达 25 万次/秒。

(8)2 通道 PWM/可编程计数器阵列/捕获/比较单元(PWM/PCA/CCU)。

(9)2 个 16 位定时器，兼容普通 8051 单片机的定时器 T0/T1，2 路 PCA 也可作为 2 个 16 位定时器使用。

(10)可编程时钟输出功能，T0 在 P3.4 输出时钟，T1 在 P3.5 输出时钟，BRT 在 P1.0 输出时钟。

(11)2 个全双工异步串行口(UART)；1 个高速同步通信端口(SPI)，支持主模式和从模式。

(12)7 路外部中断 I/O 口，除了传统的下降沿中断或低电平触发中断，还有支持上升沿中断的 PCA 模块。

(13)内部集成 MAX810 专用复位电路，内部集成硬件看门狗(WDT)。

(14)外部掉电检测电路，可在掉电时及时将数据保存进 EEPROM，正常工作时无须操作 EEPROM。

(15)工作频率：0～35MHz，相当于普通 8051 单片机的 0～420MHz。

(16)工作电压：3.3～5.5V(STC12C5A60S2 系列)，2.2～3.6V(STC12LE5A60S2 系列)。

(17)低功耗设计：掉电模式的典型电流＜0.1μA，可由外部中断唤醒，支持下降沿/上升沿/低电平和远程唤醒；空闲模式的典型电流为 1.3mA，可由任意一个中断唤醒；正常工作模式的典型电流为 2～7mA。

(18)具有在系统可编程/在应用可编程功能(ISP/IAP)，无需专用编程器，可远程升级用户程序。

(19)超强的抗干扰能力：具有 ESD 保护功能，可以抵抗 2×10^4 V 的静电干扰。

(20)工作温度范围：－40～85℃(工业级)/0～75℃(商业级)。

(21)多种封装形式：可选用的封装形式有 LQFP48、PLCC44、QFP44、PDIP48 和

PDIP40。

STC12C5A60S2 系列单片机的选型可以参照图 0－4 所示的命名规则进行。

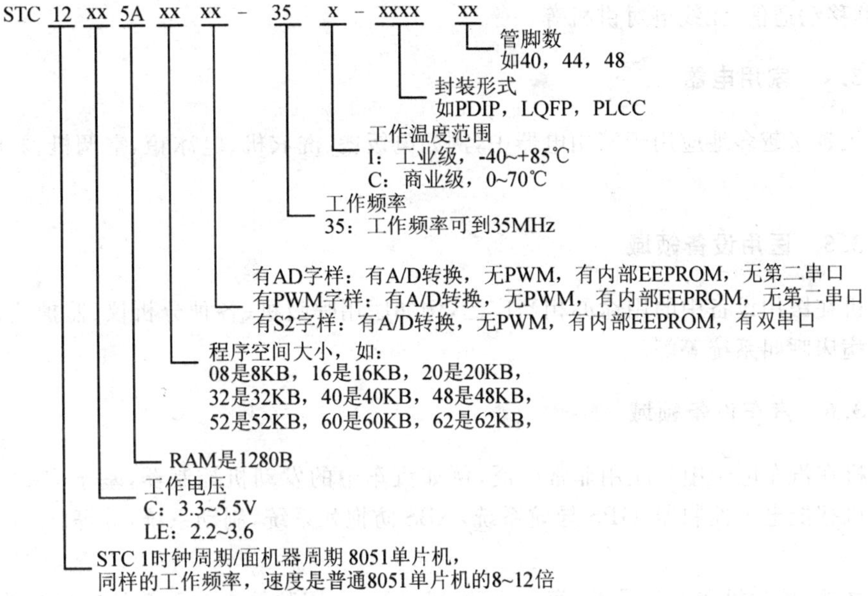

图 0－4 单片机命名规则

其他产品的命名规则，请参考相关手册。

0.1.3 单片机的应用

单片机具有结构简单、控制功能强、可靠性高、体积小、价格低等优点，在许多行业都得到了广泛的应用。单片机的应用已经渗透到各个领域，例如航天航空、导弹的导航装置、地质石油、冶金采矿、各种仪表的控制、计算机的网络通信与数据传输、工业自动化过程的实时控制和数据处理、各种智能 IC 卡、民用豪华轿车的安全保障系统、录像机、摄像机、全自动洗衣机的控制以及程控玩具、电子宠物等等，这些设备功能控制都离不开单片机。单片机应用大致可分如下几个范畴：

0.1.3.1 智能仪器仪表

结合不同类型的传感器，可实现诸如电压、功率、频率、湿度、温度、流量、速度、厚度、角度、长度、硬度、元素、压力等物理量的测量，促使仪器仪表实现数字化、智能化、多功能化、微型化。仪器仪表的硬件结构更为简单，易于仪器仪表产品的更新换代。例如，精密数字温度计、智能电度表等。

0.1.3.2 工业实时监控

用单片机可以构成形式多样的控制系统、数据采集系统。例如，工厂流水线的智能化管理、电梯智能化控制、各种报警系统以及与计算机联网构成二级控制系统等。

0.1.3.3 计算机网络和通信领域

单片机具备良好通信接口，可以很方便地与计算机进行数据通信，为在计算机网络和通信设备间的应用提供了良好的条件，现在的通信设备基本实现了单片机智能控制，如电话机、小型程控交换机、楼宇自动通信呼叫系统、列车无线通信及日常工作中随处可见的移动电话、集群移动通信、无线电对讲机等。

0.1.3.4 家用电器

单片机越来越多地应用于家用电器中，例如电饭煲、洗衣机、电冰箱、空调机、彩电、音响器材等。

0.1.3.5 医用设备领域

单片机在医用设备中的用途亦相当广泛，例如医用呼吸机、各种分析仪、监护仪、超声诊断设备及病床呼叫系统等等。

0.1.3.6 汽车设备领域

单片机在汽车电子中的应用非常广泛，例如汽车中的发动机控制器，基于 CAN 总线的汽车发动机智能电子控制器，GPS 导航系统，ABS 防抱死系统，制动系统，等等。

除此之外，单片机在办公设备、商业活动、机械制造、国防航空航天等领域也有着十分广泛的用途。

0.2 单片机系统常用的元器件简介

0.2.1 电阻和排阻

电阻器简称电阻，是构成电路的基本元器件之一，在电路中通常起分压分流的作用，对信号来说，交流与直流信号都可以通过电阻。其外观如图 0－5 所示。电阻的单位有欧姆(Ω)、千欧(kΩ)、兆欧(MΩ)。

电阻的阻值标法通常有色标法和数字法。色标法较为常见的是色环法。色环法就是用不同颜色的色环来表示电阻参数。常见的色环电阻有 4 色环和 5 个色环电阻，5 色环电阻精度较高。

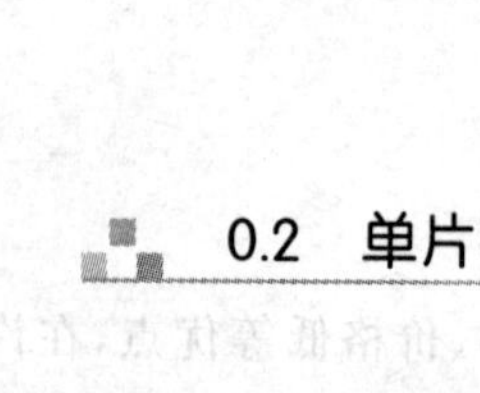

图 0－5 电阻器外观图

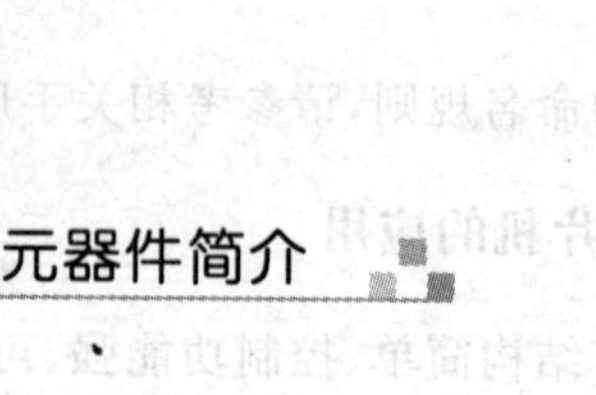

图 0－6 排阻的外观

排阻就是若干个参数完全相同的电阻，它们的一个引脚都连到一起，作为公共引脚，其余引脚正常引出。如果一个排阻是由 n 个电阻构成的，那么它就有 $n+1$ 只引脚，一般来说，最左边的那个是公共引脚，通常用一个白色的点标出来。排阻外观如图 0－6 所示。

使用排阻比用若干只固定电阻更方便。排阻阻值的数码表示方法为，第一和第二位直读，第三位是零的个数。例如：A 102J 为 1kΩ 的排阻。

0.2.2 电容

电容器简称电容，是一种储存电能的元件，记为 C。在国际单位制里，电容的单位是法拉，简称法，符号是 F。常用的电容单位还有毫法（mF）、微法（μF）、纳法（nF）和皮法（pF）等，它们的换算关系是

1 法拉（F）＝1 000 毫法（mF）＝1 000 000 微法（μF）

1 微法（μF）＝1 000 纳法（nF）＝1 000 000 皮法（pF）

电解电容是电容的一种，有极性之分，较长的管脚为正极，较短的管脚为负极，如果管脚无法区分，可以通过外壳上的一条白色标记分辨，有标记一端为负极。在电解电容的外壳上印有电容容量和额定工作电压。常见的额定工作电压有 6.3V、10V、16V、25V、50V 等。为保证工作正常，选择器件的额定工作电压应至少比电路的最大电压大一级。

独石电容器是多层陶瓷电容器的别称。独石电容具有电容量大、体积小、可靠性高、电容量稳定、耐高温、绝缘性好、成本低等优点，因而得到广泛的应用。可替代云母电容器和纸介电容器，广泛应用在小型和超小型电子设备中。一般电容随着频率的上升，电容量呈现下降的规律，独石电容下降比较少，容量比较稳定。在其外壳上标有容量，通常为数码法，前两位表示有效数字，后一位为倍率，单位为 pF。例如“104”为 10^5 pF。

0.2.3 晶体振荡器

石英晶体振荡器简称晶振，是利用石英晶体的压电效应制成的一种谐振器件，其作用在于产生原始的时钟频率。

晶体振荡器分为无源晶振和有源晶振两种类型。无源晶振需要借助于时钟电路才能产生振荡信号，自身无法振荡起来；有源晶振是一个完整的谐振振荡器。

无源晶振和有源晶振的外观分别如图 0－7(a)和图 0－7(b)所示。

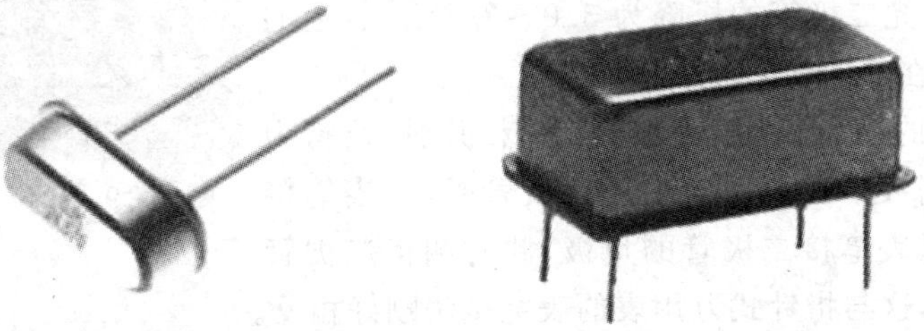

（a）无源晶振的外观　　（b）有源晶振的外观

图 0－7　晶振的外观

石英晶体振荡器利用石英晶体的压电效应来起振。若在石英晶体的两个电极上加一电场，晶片就会产生机械变形。反之，若在晶片的两侧施加机械压力，则在晶片相应的方向上将产生电场，这种物理现象称为压电效应。注意，这种效应是可逆的。如果在晶片的两极上加交变电压，晶片就会产生机械振动，同时晶片的机械振动又会产生交变电场。在一般情况下，晶片机械振动的振幅和交变电场的振幅非常微小，但当外加交变电压的频率为某一特定值时，振幅明显加大，比其他频率下的振幅大得多，这种现象称为压电谐振，它与 LC 回路的

谐振现象十分相似。它的谐振频率与晶片的切割方式、几何形状、尺寸等有关。

0.2.4 继电器

继电器是一种电子控制器件，通常应用于自动控制电路中，实现用较小的电流去控制较大电流。继电器外形如图 0－8 所示。当输入量（电、磁、声、光、热，又称激励量）达到一定值时，继电器的输出量将发生跳跃式变化，在电路中起着自动调节、安全保护、转换电路等作用。

图 0－8 不同继电器外形

电磁式继电器一般由铁芯、线圈、衔铁、触点簧片等组成。只要在线圈两端加上一定的电压，线圈中就会流过一定的电流，从而产生电磁效应，衔铁就会在电磁力吸引的作用下克服返回弹簧的拉力吸向铁芯，从而带动衔铁的动触点与静触点（常开触点）吸合。在线圈断电后，电磁的吸力也随之消失，衔铁就会在弹簧的反作用力下返回原来的位置，使动触点与原来的静触点（常闭触点）释放。通过吸合、释放，达到电路导通、切断的目的。对于继电器的“常开、常闭”触点，可以这样来区分：继电器线圈未通电时处于断开状态的静触点，称为“常开触点”；处于接通状态的静触点称为“常闭触点”。

0.2.5 二极管

晶体二极管简称二极管，与 PN 结一样，二极管具有单向导电性。几乎在所有的电子电路中，都要用到二极管，二极管在电路中起着重要的作用。它是诞生最早的半导体器件之一，其应用也非常广泛。

不发光类型的硅二极管正向管压降为 0.7V，锗管正向管压降为 0.3V；发光二极管正向管压降随不同发光颜色而不同，主要有三种颜色，具体压降参考值为：红色发光二极管的压降为2.0～2.2V，黄色发光二极管的压降为 1.8～2.0V，绿色发光二极管的压降为 3.0～3.2V。普通的发光二极管电流在 5～10mA 就可以亮。

图 0－9 2 位 8 段数码管外观

发光二极管的正负极可从引脚长短来识别，长脚为正，短脚为负。用数字式万用表去测二极管时，红表笔接二极管的正极，黑表笔接二极管的负极，此时测得二极管的正向导通阻值，这与指针式万用表的表笔接法刚好相反。

0.2.6 数码管

数码管是一种半导体发光器件，其基本单元是发光二极管。分为七段数码管和八段数码管，八段数码管比七段数码管多一个发光二极管单元，即多一个小数点显示，如图0－9所示。按能显示多少个“8”，可分为 1 位、2 位、4 位等数码管；按发光二极管单元连接方式分为共阳极数码管和共阴极数码管，如图 0－10 所示。共阳数码管是指将所有发光二极管的阳极接到一起形成公共阳极（COM）的数码管。共阳数码管在应用时应将公共极 COM 接到＋5V，当某一字段发光二极管的阴极为低电平时，相应字段就点亮。当某一字段的阴极为高电平时，相应字段就不亮。共阴数码管是指将所有发光二极管的阴极接到一起形成公共阴极(COM)的数码管。共阴数码管在应用时应将公共极COM接到地线GND上，当某一字段发光二极管的阳极为高电平时，相应字段就点亮。当某一字段的阳极为低电平时，相应字段就不亮。

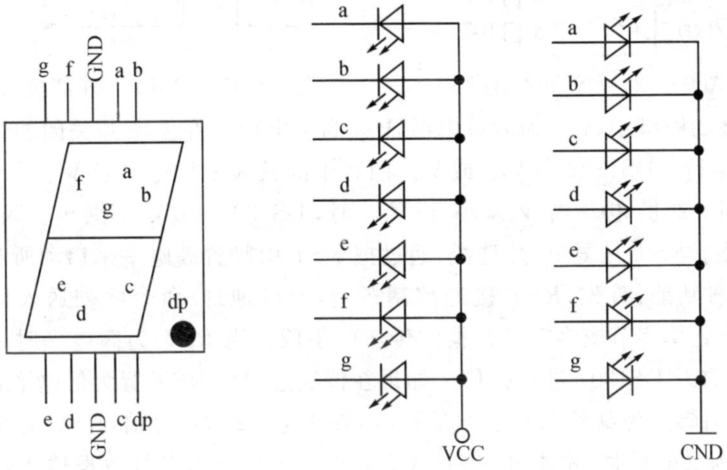

(a)符号和引脚　　(b)共阳极连法　　(c)共阴极连法

图0-10　数码管结构

0.2.7　三极管

晶体三极管简称三极管，是最常用的基本元器件之一。晶体三极管的作用主要是信号放大，是电子电路的核心元件，是大规模集成电路的基本组成部分。作为一种控制元件，三极管主要用来控制电流的大小。

晶体三极管按材料分有两种：锗管和硅管，而每一种又有NPN和PNP两种结构形式，使用最多的是硅NPN和锗PNP两种三极管。

三极管工作状态有三种：放大、饱和、截止。其中，放大状态最为复杂，主要用于小信号的放大领域，常用的三极管放大电路形式有共发射极放大电路、共集电极放大电路、共基极放大电路三种，其中共集电极电路用于电流放大(功率放大)，共基极电路用于高频放大，共发射极电路用于低频放大。

0.2.8　通信芯片MAX232

MAX232用于实现RS232电平和TTL电平转换功能，连接CMOS电路，+5V电源就可以工作。常见的MAX232是16引脚双列直插方式封装IC，其外形如图0-11所示。

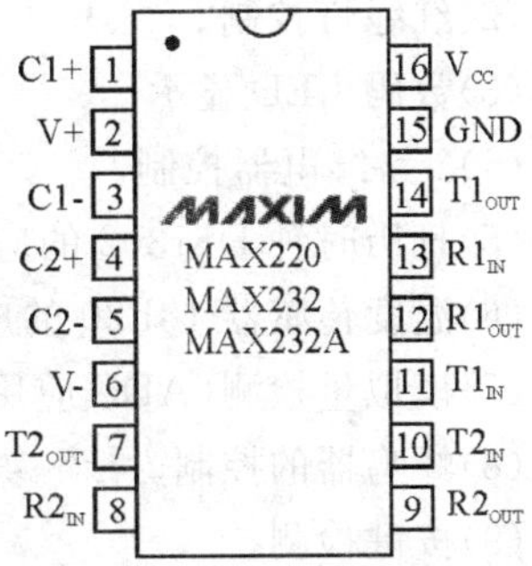

图0-11　MAX232管脚排布

0.2.9　时钟芯片DS1302

美国DALLAS公司推出的时钟电路DS1302是最流行的串行时钟电路之一，其电路接口简单、价格低廉、使用方便，可以对年、月、日、周日、时、分、秒进行计时，且具有闰年补偿等多种功能。其引脚如图 0-12 所示。其与单片机的连接方法如图 0-13 所示。

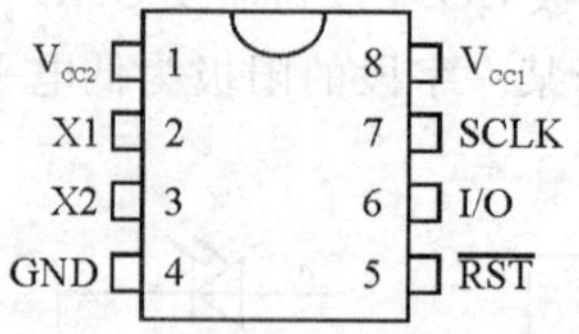

图 0-12　DS1302 引脚图

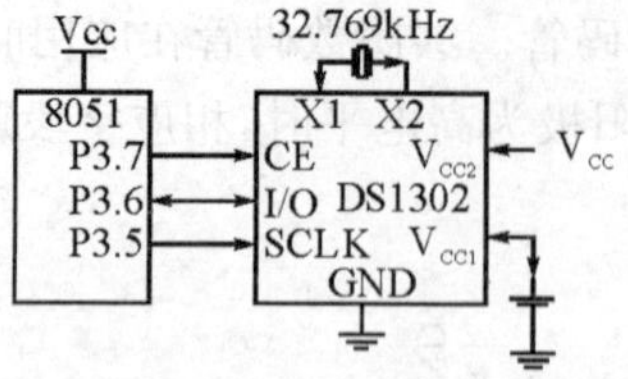

图 0-13　DS1302 外部接口

在 DS1302 的引脚中，V_{CC1} 为后备电源，V_{CC2} 为主电源。在主电源关闭的情况下，也能保持时钟的连续运行。DS1302 由 V_{CC1} 或 V_{CC2} 两者中的较大者供电。当 V_{CC2} 大于 $V_{CC1}+0.2V$ 时，V_{CC2} 给 DS1302 供电。当 V_{CC2} 小于 V_{CC1} 时，DS1302 由 V_{CC1} 供电。X1 和 X2 外接 32.768kHz晶振。*RST* 是复位/片选线，通过把 *RST* 引脚置高电平来启动所有的数据传送。*RST* 输入有两种功能：首先，*RST* 接通控制逻辑，允许地址/命令序列送入移位寄存器；其次，*RST* 提供终止单字节或多字节数据的传送的手段。当 *RST* 为高电平时，所有的数据传送被初始化，允许对 DS1302 进行操作。如果在传送过程中 *RST* 置为低电平，则会终止此次数据传送，I/O 引脚变为高阻态。上电运行时，在 $V_{CC} \geqslant 2.5V$ 之前，*RST* 必须保持低电平。只有在 SCLK 为低电平时，才能将 *RST* 置为高电平。I/O 为串行数据输入输出端（双向），SCLK 始终是输入端。

0.3　单片机应用系统开发和学习环境的搭建

0.3.1　硬件环境

刚开始学习单片机时，可以选用单片机实验开发板，利用实验板可以很方便地学习电路设计以及电路调试的方法。实验板上单片机最简系统和外围器件已经焊接好了，只需根据单片机与外围器件的关系编写程序即可实现开发功能。

本书实例大多采用针对 STC12C5A60S2 开发的 EVB Ver1.1 单片机实验板，外观如图0-14所示。

图 0-14　EVB Ver1.1 单片机学习板外观

本实验板具有以下功能：

(1)流水信号灯控制。

(2)红绿灯控制。

(3)数码 LED 显示。

(4)2 路继电器控制。

(5)日历时钟 DS1302 的应用。

(6)温度传感器 18B20 的应用。

(7)模拟量检测(ADC 应用)。

(8)蜂鸣器的控制。

(9)按键检测。

(10)串行通信实验。

0.3.2 软件环境

搭建好单片机硬件系统平台后，在没有写入程序前，该系统相当于没有灵魂的躯壳，是不能实现任何功能的。只有在单片机中写入程序后，单片机系统才可以实现相应的功能。

本书后续所介绍的程序由汇编语言完成。单片机是不能直接读取汇编语言程序的，需要将汇编语言源程序变为 CPU 可以执行的机器码。方法有两种，一种是手工汇编，另一种是机器汇编。手工汇编现已极少使用。机器汇编是通过汇编软件将源程序变为机器码。随着单片机开发技术的不断发展，从普遍使用汇编语言到逐渐使用高级语言开发，单片机的开发软件也在不断发展，Keil 软件是目前最流行开发单片机的软件，Keil 界面图如图 0－15 所示。

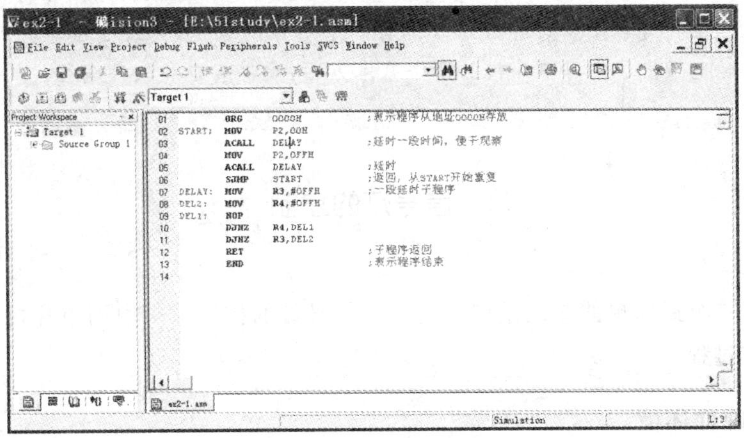

图 0－15 Keil 界面图

Keil 提供了包括 C 编译器、宏汇编、连接器、库管理和一个功能强大的仿真调试器等在内的完整开发方案，通过一个集成开发环境（uVision）将这些部分组合在一起。Keil 开发环境的使用方法将在后续的内容中详细讲解。

本章介绍了单片机的机构、单片机应用的主要领域以及单片机的主要特点。重点介绍了单片机常用元器件的作用和引脚功能，最后介绍了学习单片机应该了解的硬件和软件环境。

习 题

1. 微型计算机系统由哪几部分组成？
2. 什么是单片机？它由哪几部分组成？什么是单片机应用系统？二者是什么关系？
3. 单片机应用系统中的硬件与软件是什么关系？软件如何实现对硬件的控制？
4. 观察大街上的霓虹灯的显示方式，思考如何编程实现各种显示方式。

第1章 单片机基础知识

本章简单介绍单片机学习实验系统的基本组成及功能，以最简单的信号灯控制应用实训为例，让读者对单片机及其应用系统有一个感性的认识，大致了解单片机的基本工作过程，同时也指出了学习单片机的两个基本方面：硬件接口和软件编程。

1.1 信号灯的控制

本节通过一个最简单的应用系统实例——信号灯的控制——说明单片机系统的基本组成和基本工作过程。

1.1.1 硬件环境

本书后续的内容介绍都以STC12C5A60S2单片机学习实验板电路为基础开展，进行实训项目和课程设计，从而掌握单片机的硬件结构、软件编程及调试。

除了学习实验板以外，还需要编写和调试程序的电脑一台，目前的电脑配置基本上都能满足程序设计和调试的需求。

实验板中的信号灯控制的电路原理图如图1-1所示。

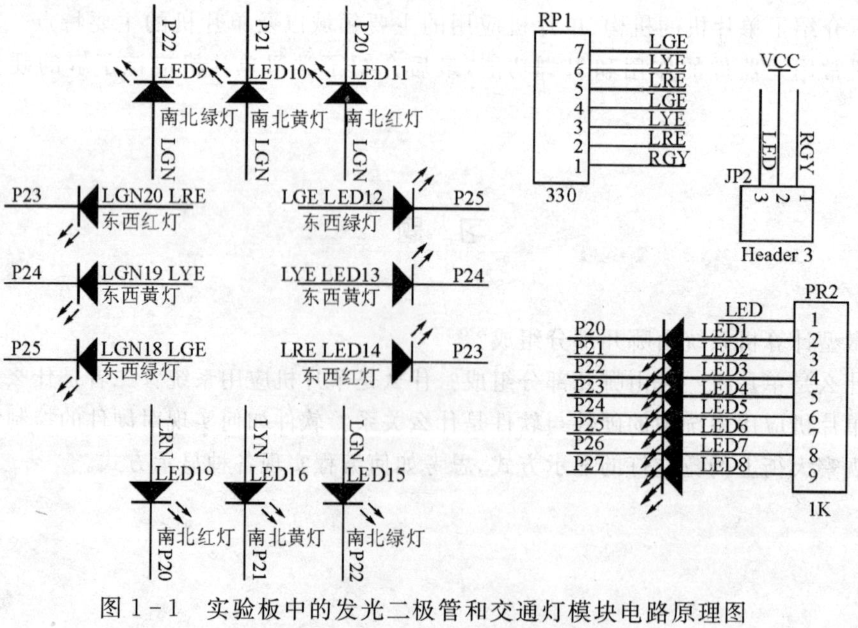

图1-1 实验板中的发光二极管和交通灯模块电路原理图

在该模块中，包含两个子模块，分别是发光二极管子模块和交通信号灯控制子模块。在本次入门实训中，选择发光二极管控制子模块。为了使用该子模块，需要将 Header3 的跳线开关跳接到 LED 的位置，以便给信号灯子模块供电（接+5V 电源）。原理图中，标号相同的线路是连接到一起的。RP2 是限流用的排阻，电阻值为 1kΩ。

本实例的目的是，控制电路板中的 8 个发光二极管（LED1～LED8）按照全亮、全灭的规律不停地循环变化。在 LED1～LED8 的左边，有一些标号，分别是 P20，P21，…，P27。每一个标号所对应的线路分别与单片机的并行口 P2 相对应的线连接（有关单片机的并行端口后面有详细描述）。

从图 1-1 可见，当 P2 口的某个引脚为低电平时，发光二极管变亮，当 P2 口的某个引脚为高电平时，发光二极管熄灭。这样就可以通过向 P2 口写入一个 8 位二进制数来改变每个管脚的电平状态，而向 P2 口写入数据可以通过相应指令来实现。

1.1.2　准备程序

1.1.2.1　Keil uVision 集成开发环境简介

Keil uVision 集成开发环境（Integrated Developing Environment，IDE，以下简称 uVision）是一个基于 Windows 的开发平台，包含高效的编辑器、项目管理器和 MAKE 工具。uVision 支持所有的 KEIL 8051 工具，包括 C 编译器、宏汇编器连接/定位器、目标代码到 HEX 的转换器。uVision 通过以下特性加速单片机应用系统的开发过程：

(1)全功能的源代码编辑器。

(2)器件库用来配置开发工具设置。

(3)项目管理器用来创建和维护项目。

(4)集成的 MAKE 工具可以汇编编译和连接用户的嵌入式应用。

(5)所有开发工具的设置都是对话框形式的。

(6)真正源代码级的对 CPU 和外围器件的调试器。

(7)高级 GDI 接口用来在目标硬件上进行软件调试以及和 Monitor-51 进行通信。

(8)与开发工具手册、器件数据手册和用户指南有直接的链接。

1.1.2.2　在 Keil uVision 集成开发环境中准备汇编语言程序

uVision 集成开发环境中包括一个项目管理器，它可以使单片机应用系统设计变得简单。下面以 Keil uVision3 为例说明如何调试汇编语言程序。要创建一个应用，可按下列步骤进行操作：

(1)启动 uVision，新建一个项目文件并从器件库中选择一个器件。

(2)新建一个源文件并把它加入到项目中。

(3)针对目标硬件设置工具选项。

(4)编译项目并生成可以编程到程序存储器的 HEX 文件。

(5)下载到单片机中进行仿真调试。

下面通过信号灯控制实例，详细介绍如何在 uVision 集成环境中编写汇编语言程序的过程。

(1)启动 uVision 并创建一个项目。uVision 是一个标准 Windows 应用程序。安装过程与一般 Windows 应用程序的安装过程类似。安装的最后一个窗口如图 1-2 所示。去掉所有选项的“√”，单击“Finish”按钮便可完成安装。

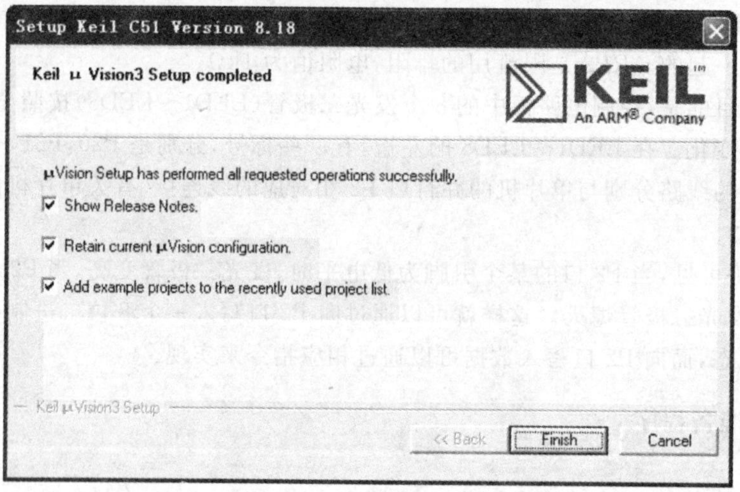

图 1-2　安装完成窗口

安装完成后，会在桌面上出现 Keil uVision3 程序的图标，并在“程序”组增加“Keil uVision3”程序项。从“程序”组中选择“Keil uVision3”程序项或者直接双击桌面上的 Keil uVision3 程序图标，就可以启动 uVision。此时，还没有安装授权，使用的是评估版，与正式版唯一的区别是编译代码有 2KB 的限制。每次进入调试前会出现如图 1-3 所示的提示对话框。

图 1-3　2KB 代码限制提示对话框

安装授权的方法是，在“File”菜单中选择“License Management…”菜单项，弹出“License Management”对话框，如图 1-4 所示。

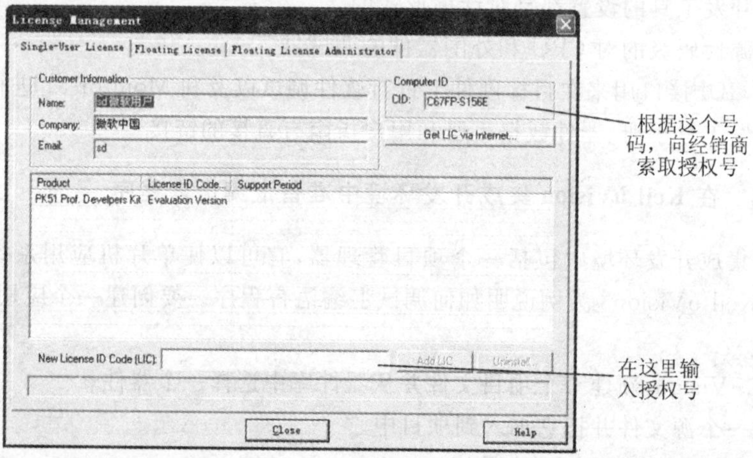

图 1-4　“License Management”对话框

可以根据右上方的 Computer ID 号，向软件经销商索取“New License ID Code”并填入该单行编辑框中。然后，单击单行编辑框右边的“Add LIC”按钮，即可完成授权的安装。单击“Close”按钮关闭“License Management”对话框。

新建项目文件时，从“Project”菜单中选择“New Project”菜单项，将打开“Create New

Project"对话框，如图 1－5 所示。

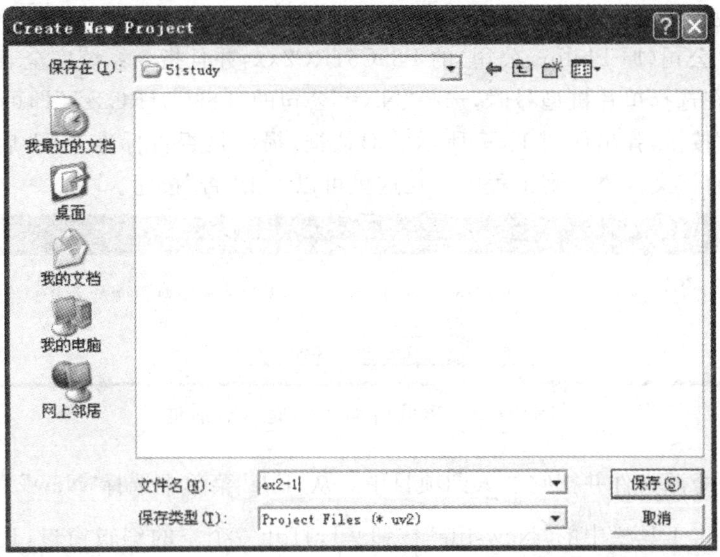

图 1－5　"Create New Project"对话框

在图 1－5 对话框的"文件名"编辑框中输入项目文件名。建议为每个项目建一个单独的文件夹。首先在"保存在"下拉框中选择要保存的位置，最好选择保存在 D 盘或者 E 盘（不要保存在 C 盘，因为 C 盘是系统盘，重新安装系统后，所有的用户文件都将丢失）。在图 1－5 所示对话框中点击"新建文件夹"的图标，得到一个空的文件夹，给该文件夹命名（如"51study"），然后双击选择该子文件夹，在"文件名"空栏中键入项目的名称，如 ex2-1，单击"保存"按钮，将创建一个文件名为 ex2-1. uv2 的新项目文件。同时，将弹出"Select Device for Target 'Target 1'"对话框，提示为项目选择一个单片机。选择单片机型号的界面如图 1－6所示。

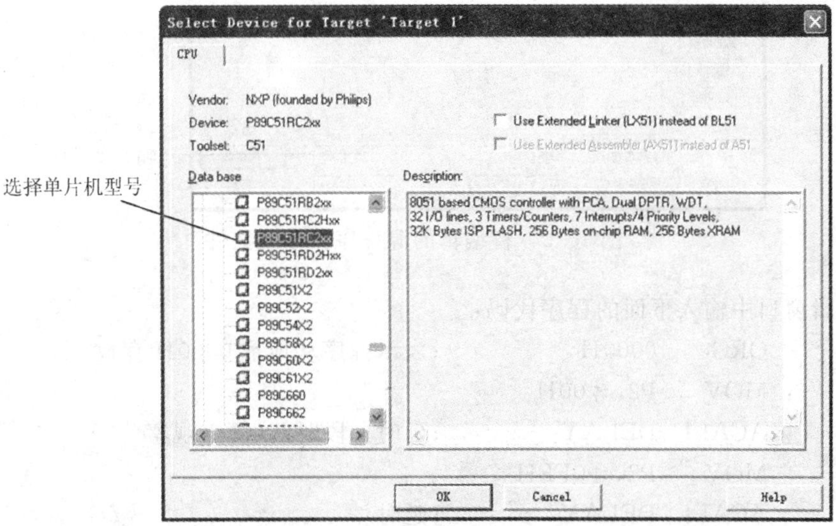

图 1－6　"Select Device for Target 'Target 1'"对话框

在该对话框中的"Data base"列表框中显示出各个单片机的生产厂家。首先找到单片机芯片的生产厂家，然后单击前面的“+”号，显示出 Keil uVision 所支持的该厂家的芯片型号列表，单击相应的型号。本书使用 STC12C5A60S2 单片机为背景进行介绍，与其最相近的单片机是 NXP 公司(原 Philips 公司)的 P89C51RC2xx，并且指令系统完全兼容传统的 8051 单片机，因此，在选择单片机型号时，选择“NXP”公司的“P89C51RC2xx”即可。

单击“OK”按钮，弹出如图 1-7 所示的对话框，提示是否将标准 8051 启动代码拷贝到工程文件夹并将该文件添加到工程中。在这里可以单击“否”按钮。

图 1-7　拷贝启动代码提示对话框

(2)新建一个源文件并把它加入到项目中。从“File”菜单中选择“New”菜单项新建一个源文件，或者单击工具栏中的“New file”按钮，打开一个空的编辑窗口，让用户输入程序源代码。为了在输入程序的时候，能够高亮显示汇编语言语法字符(关键字)，可以先保存文件。高亮显示关键字的功能对于减少程序的输入错误很有意义。方法是，从“File”菜单中选择“Save”菜单项或单击工具条上的保存按钮，将文件保存为想要的名字。如果使用汇编语言编写程序，则文件的后缀名应该是“.asm”，如 ex2-1.asm，如图1-8所示。

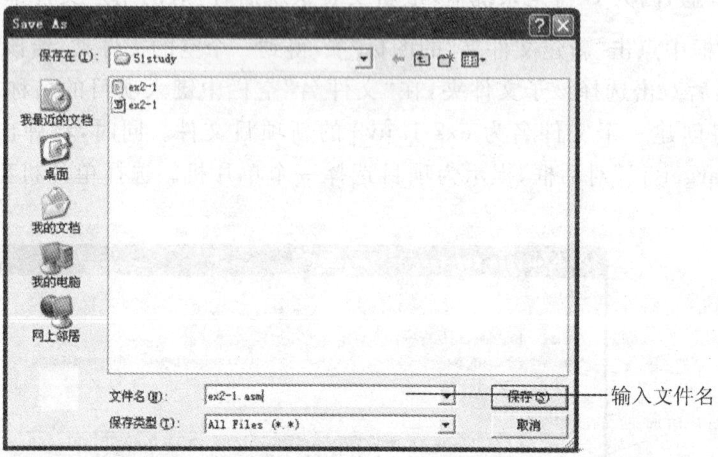

图 1-8　将编辑的源程序保存成文件

在编辑窗口中输入下面的程序代码：

```
        ORG     0000H           ;表示程序从地址 0000H 存放
START:  MOV     P2,#00H
        ACALL   DELAY           ;延时一段时间，便于观察
        MOV     P2,#0FFH
        ACALL   DELAY           ;延时
        SJMP    START           ;返回，从 START 开始重复
DELAY:  MOV     R3,#0FFH        ;一段延时子程序
DEL2:   MOV     R4,#0FFH
```

```
DEL1:   NOP
        DJNZ    R4,DEL1
        DJNZ    R3,DEL2
        RET                     ;子程序返回
        END                     ;表示程序结束
```

创建源文件后，需要把源文件加入到项目中。uVision 提供了几种手段让用户把源文件加入到项目中。例如，在"Project Workspace"窗口（也称为工程管理器）中，单击"Target 1"前面的"＋"展开下一层的"Source Group1"文件夹，在"Source Group1"文件夹上单击右键，弹出右键快捷菜单，如图 1－9 所示。

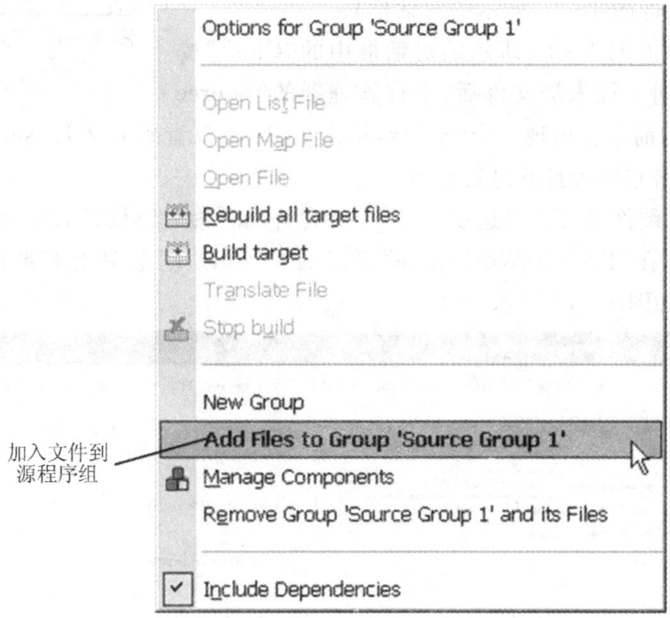

图 1－9　右键快捷菜单

从弹出的快捷菜单中单击"Add Files to Group 'Source Group 1'"菜单项，弹出"Add Files to Group 'Source Group 1'"对话框，如图 1－10 所示。

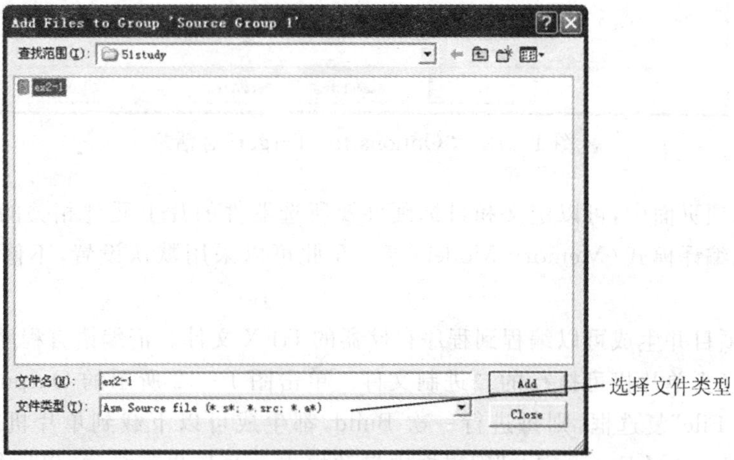

图 1－10　"Add Files to Group 'Source Group 1'"对话框

在该对话框中，默认的文件类型是“C Source file(＊.c)”(即C语言程序)。由于本程序使用汇编语言设计，因此需要从“文件类型”下拉框中选择选择“Asm Source file(＊.s＊;＊.src;＊.a＊)”文件类型，这样以.asm为扩展名的汇编语言程序文件才会出现在文件列表框中。从文件列表框中选择要加入的文件并双击即可添加到工程中；也可以直接在“文件名”编辑框中直接输入或单击选中文件，然后单击“Add”按钮将该文件加入工程中。

添加文件后，对话框不会自动关闭，而是继续等待添加其他文件。初学者往往以为没有添加成功，再次双击该文件，则会出现如图1-11所示的提示框，该对话框说明ex2-1.asm已经添加到工程中。单击“确定”按钮关闭对话框返回前一个对话框(即图1-10所示的对话框)。

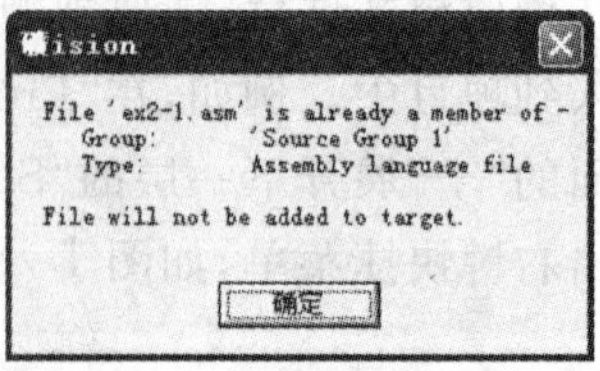

图1-11　文件已经加入到工程对话框

添加完毕，单击图1-10所示的对话框中的“Close”按钮关闭对话框。向工程添加文件后，工程管理器的“Source Group1”文件夹的前面会出现一个“+”号，单击“+”，可以看到ex2-1.asm文件已经包含在源程序组中。双击它即可打开进行修改。

(3)针对目标硬件设置工具选项。uVision允许用户为目标硬件设置选项。可以通过工具条图标、菜单或在“Project Workspace”窗口的“Target 1”上单击右键打开“Options for Target”对话框，如图1-12所示。

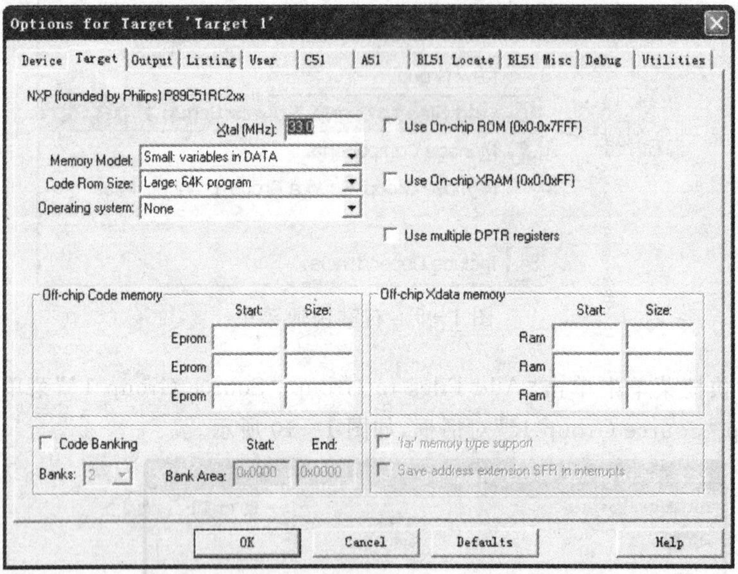

图1-12　“Options for Target”对话框

在各个选项页面中，可以定义和目标硬件及所选器件的片上元件相关的所有参数。例如，晶振频率、编译模式(Memory Model)等。在此可以采用默认设置，不修改对话框中的参数。

(4)编译项目并生成可以编程到程序存储器的HEX文件。汇编语言程序不能被单片机执行，必须编译为单片机可执行的二进制文件。单击图1-12所示的Output标签页，选中“Create HEX File”复选框，则每进行一次Build，都生成可以下载到单片机的HEX文件。系统自动在“Name of Executable”编辑框中自动填入ex2-1，也就是说，以后每次编译项目，如果编译成功，都将重新生成 ex2-1. hex 文件。如图 1－13 所示。单击“OK”按钮完成设置。

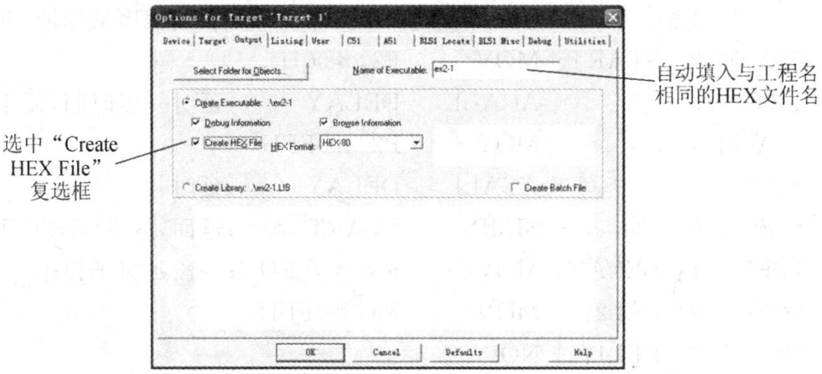

图 1－13　“Output”标签

单击工具条上的“Build”目标的图标，可以编译所有的源文件并生成应用。当程序中有语法错误时，uVision 将在“Output Window”的“Build”页显示错误或者告警信息。双击一行信息将打开此信息对应的文件，并定位到语法错误处。如图 1－14 所示。

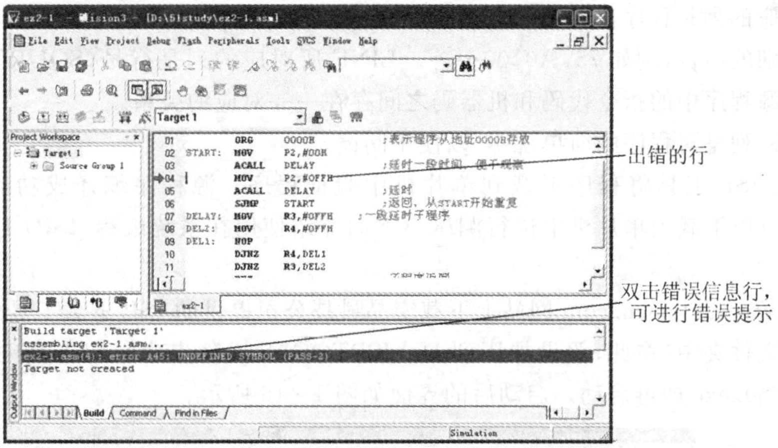

图 1－14　编译出现错误信息时的提示

在错误信息行上双击鼠标，光标会自动跳转到出现该错误的程序行上。例如，图1－14 中，出现“UNDEFINED SYMBOL”(未定义符号)错误信息，双击该信息，光标定位到出现该错误的行上，经过分析查看，可以发现，给 P2 口赋值 0FFH 时，错将前导数字 0 输入成了字母 O。有时，会因为输入错误而引起编译出错。例如：错将数字 0 输入成字母 O，使用了中文的逗号(，)和冒号(：)等。根据错误信息提示，修改程序中出现的错误，直到编译成功为止，如图 1－15 所示。

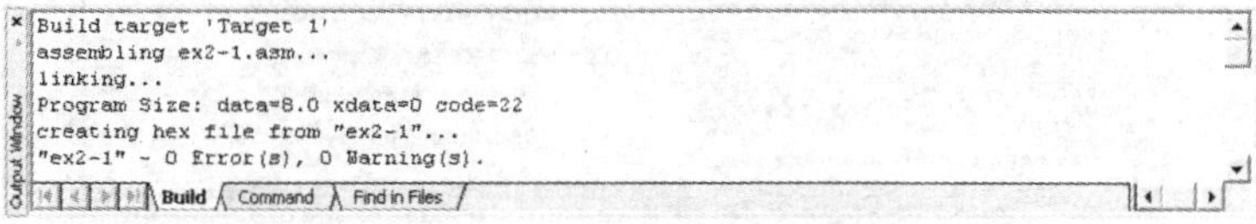

图 1－15　编译成功提示信息

查看源文件所在目录中的 ex2-1. lst 文件，可以发现，在该文件中包含如下内容：

```
LOC   OBJ     LINE              SOURCE
0000          1                 ORG      0000H      ;表示程序从地址 0000H 存放
0000  75A000  2     START:      MOV      P2,#00H
0003  110C    3                 ACALL    DELAY      ;延时一段时间,便于观察
0005  75A0FF  4                 MOV      P2,#0FFH
0008  110C    5                 ACALL    DELAY      ;延时
000A  80F4    6                 SJMP     START      ;返回,从 START 开始重复
000C  7BFF    7     DELAY:      MOV      R3,#0FFH   ;一段延时子程序
000E  7CFF    8     DEL2:       MOV      R4,#0FFH
0010  00      9     DEL1:       NOP
0011  DCFD    10                DJNZ     R4,DEL1
0013  DBF9    11                DJNZ     R3,DEL2
0015  22      12                RET                 ;子程序返回
              13                END                 ;表示程序结束
```

其中,LOC 对应的列是编译以后生成代码(即机器码)在单片机程序存储器中的存储位置。OBJ 对应的列是程序代码编译以后所生成的十六进制代码,称为机器码。机器码是单片机可以识别的语言,例如 75,A0,00……。LINE 所对应的列是行号,SOURCE 对应的列是源程序。源程序中的指令代码和机器码之间存在一一对应的关系。

最右边一列是对程序的简单说明,以便于阅读。

(5)利用 ISP 工具将程序下载到单片机中验证程序。源程序编译成功后,就生成了 HEX 文件,可以下载到单片机中进行测试。下面介绍使用在系统编程(ISP)工具下载程序的步骤。

首先从 www.stcmcu.com 网站上下载宏晶科技公司提供的 ISP 下载工具免安装版,解压缩到任一文件夹中(在此,假设加压到 D:\ISPTOOLS 文件夹中),双击其中的应用程序 STC-ISP V480.exe 即可启动。启动后的界面如图 1-16 所示。

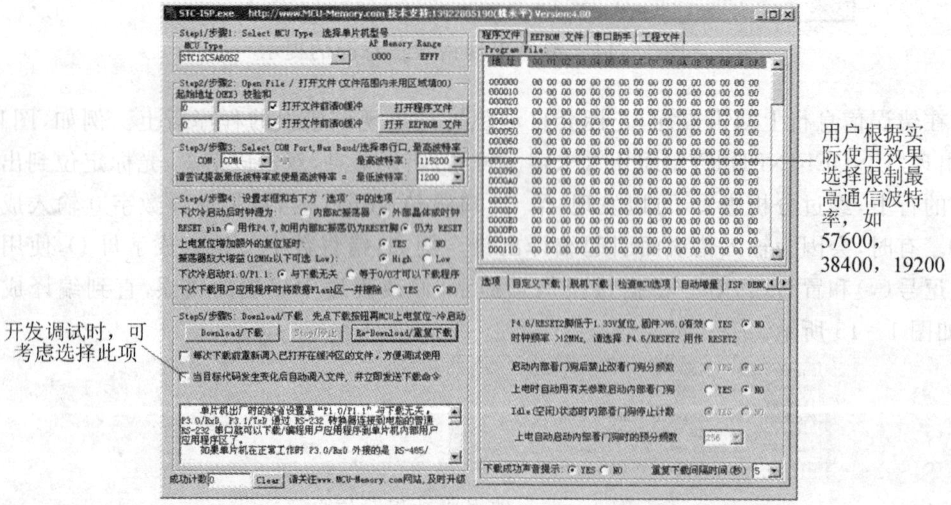

图 1-16 ISP 工具启动后的界面

下载程序时,可按照下面的步骤进行:

1)从“MCU Type”下拉列表框中选择所使用单片机的型号,如选择 STC12C5A60S2。

2)单击“OpenFile/打开文件”按钮,打开要下载的用户程序文件。用户程序文件的后缀名为.bin 或者.hex。

第一次装入文件进缓冲区时,要选中“打开文件前清 0 缓冲区”复选框,以清缓冲区。如果要装入几个文件进缓冲区,如 EEPROM 里的数据文件需要和应用程序文件同时下载到单片机中时,除每次均要指定缓冲区起始地址外,第二次及以后不能清缓冲区。

3)在 COM 下拉列表框中选择计算机所用的串行口,如 COM1、COM2 等。有些新式笔记本电脑没有 RS-232 串行口,可买一条 USB-RS232 转接电缆(在本教材所用的实验板上,已经集成了 USB-RS232 的转换功能,用户不必再考虑转换问题)。

选择串行口后,根据实际使用效果,从“最高波特率”下拉框中选择限制最高通信波特率,如 57600、38400 或者 19200 等。

4)进行时钟源的选择、启动下载的条件以及设置数据 Flash 区是否清零。

时钟源选择:选择下次冷启动后,时钟源为“内部 R/C 振荡器”还是“外部晶体或时钟”。

启动下载的条件:如果用户系统的 P3.0 和 P3.1 连接到了 RS-485 电路,推荐选择“下次冷启动 P1.0/P1.1 等于 0/0 才可以下载程序”,这样冷启动后如 P1.0 和 P1.1 不同时为 0,单片机直接运行用户程序,免得由于 RS-485 总线上的乱码造成单片机反复判断乱码是否为合法,浪费几百毫秒的时间。实际上,如果用户系统本身 P3.0 和 P3.1 就是做串行口使用,也建议选择“下次冷启动 P1.0/P1.1 等于 0/0 才可以下载程序”,以便下次冷启动直接运行用户程序。

“下次下载用户应用程序时将数据 Flash 区一并擦除”选项用于选择是否在下载用户程序时,将数据 Flash 区清零,默认设置是“NO”。

此外,这一步还包括复位引脚的设置(主要是针对 P4.7 的设置)、上电复位是否增加额外的复位延时以及振荡器放大增益的设置。

5)在右下角的“选项”区域中,用户可以将 P4.6 脚设置为第二复位脚,时钟频率高于 12MHz 时,建议使用第二复位功能脚,也可以进行看门狗的设置。

6)单击“Download/下载”按钮,将用户程序下载到单片机内部。重复下载时,可重复执行该操作,也可单击“Re-Download/重复下载”按钮。

下载时请注意观察提示,主要看是否要给单片机上电或复位。

下载时,一定要先单击“Download/下载”按钮,然后再给单片机上电复位(即,先彻底断电),而不要先给单片机上电。如果先给单片机上电,单片机检测不到合法的下载命令,就直接运行用户程序了。

下载完成后,将单片机的供电电源断开,重新给单片机上电,新的设置才会生效,并执行用户程序。

除了提供下载用户程序的功能以外,宏晶科技公司提供的 ISP 下载工具还提供了文件缓冲区(用于查看读入的文件内容)、串口调试助手(用于观察单片机运行时某些资源的内容,需要编写相应的单片机串口程序,用串行通信的方式将要观察的内容发送到 ISP 集成的串口调试助手中)和工程文件(用于保存下载参数)功能。读者可以自行进行实验。

(6)运行程序。将程序下载后,通上电源启动运行,观察 8 个发光二极管的亮灭状态。可以发现实验电路板中的 8 个发光二极管按照全亮、全灭的规律不停地循环变化。

程序中的第一条指令 MOV P2,#00H(其中#表示其后面为常数,H 表示其前面的常数为十六进制数，写成二进制形式为＃00000000B，B表示二进制数），对应机器码为75H、A0H、00H，表示将00H的数据送给P2口。则P2口的8个管脚状态与写入数据之间的关系如下：

写入数据位	B7	B6	B5	B4	B3	B2	B1	B0
	0	0	0	0	0	0	0	0
对应P2口管脚名称	P2.7	P2.6	P2.5	P2.4	P2.3	P2.2	P2.1	P2.0
管脚电平状态	低	低	低	低	低	低	低	低
发光二极管状态	亮	亮	亮	亮	亮	亮	亮	亮

因此，在通电运行后，发光二极管会出现全亮的状态。

同理，当执行程序中的第三条指令 MOV P2，＃0FFH(即＃11111111B)时，发光二极管会全灭。

由此可见，我们可以通过软件——程序来完成对硬件电路的控制。

在整个实验过程中，事先将程序(机器码)下载到单片机内部存储器中，单片机接上电源后发光二极管按照既定的规律点亮。这说明，存储器中写入的内容能够依次被读出，并且送入到单片机内部完成相应的功能，而这一切工作都是在单片机的控制下来实现的，也就是说单片机在执行机器码。

另外，机器码写在了单片机片内存储器(FLASH ROM)中，FLASH ROM是用来存储编好的程序的，因此可以称之为程序存储器。

通过本小节，我们可以大致了解单片机应用系统的开发过程。

1.2 单片机的基本结构

本节从实际需要出发讲述单片机结构原理，介绍与程序设计和系统扩展应用有关的内容。

1.2.1 STC12C5A60S2的内部组成

1.2.1.1 STC12C5A60S2单片机的基本组成

STC12C5A60S2单片机的基本组成如图1-17所示。

1.2.1.2 STC12C5A60S2系列单片机的主要性能

STC12C5A60S2系列单片机是宏晶科技公司生产的单时钟/机器周期(1T)的单片机，是高速、低功耗、超强抗干扰的新一代8051单片机，指令代码完全兼容传统8051，但速度快8～12倍。内部集成MAX810专用复位电路，2路PWM，8路高速10位A/D转换(250K/S)，可应用于电机控制等强干扰场合。

- 高速：1个时钟/机器周期，增强型8051内核，速度比普通8051快8～12倍。
- 宽电压：3.3～5.5V，2.2～3.6V(STC12LE5A60S2系列)。
- 增加第二复位功能脚(高可靠复位，可调整复位门槛电压，当频率＜12MHz时，无需此功能）。

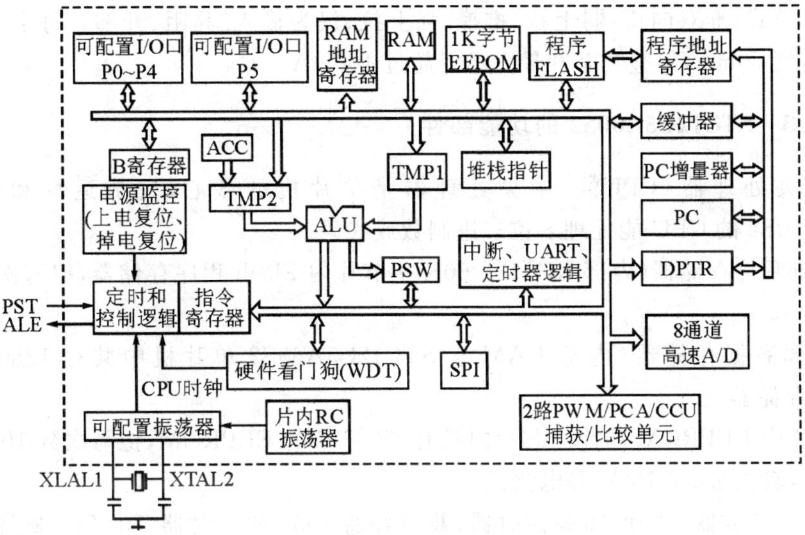

图 1－17　STC12C5A60S2 单片机结构框图

• 增加外部掉电检测电路，在掉电时，可及时将数据保存进 EEPROM，正常工作时无须操作 EEPROM。其中，EX_LVD 是外部低压检测中断/比较器输入引脚。

• 使用 LQFP48 封装时，最多有 44 个 I/O 口；使用 PDIP40 封装时，最多有 36 个 I/O 口。不用的 I/O 口浮空即可。

• 低功耗设计：具有两种低功耗运行模式：

空闲模式（可由任意一个中断唤醒）：典型功耗＜1.3mA。

掉电模式（可由外部中断唤醒），掉电模式下的功耗＜0.1μA，支持下降沿/上升沿/低电平和远程唤醒。适用于电池供电系统，如水表、气表、便携设备等。

正常工作模式下的功耗为 2～7mA。

• 工作频率：0～35MHz，相当于普通 8051 的 0～420MHz。

• 时钟：外部晶体或内部 RC 振荡器可选，在 ISP 下载编程用户程序时设置。

• 1280 字节片内 RAM 数据存储器。

• 芯片内 EEPROM 功能，擦写次数 10 万次以上。

• ISP/IAP（在系统可编程/在应用可编程）功能，无需编程器/仿真器。

• 8 通道 10 位高速 ADC，速度可达 25 万次/s。

• 2 通道捕获/比较单元（PWM/PCA/CCP），2 路 PWM 还可当 2 路 D/A 使用。

• 2 个 16 位定时器，兼容普通 8051 的定时器 T0/T1，2 路 PCA 模块也可以实现 2 个定时器。

• 可编程时钟输出功能，T0 在 P3.4 输出时钟，T1 在 P3.5 输出时钟，BRT 在 P1.0 输出时钟。

• 硬件看门狗（WDT）。

• 1 路高速 SPI 串行通信端口。

• 2 路全双工异步串行口（UART），兼容普通 8051 的串口。

• 先进的指令集结构，兼容普通 8051 指令集，有硬件乘法/除法指令。

• 通用 I/O 口(36/40/44 个),复位后为准双向口/弱上拉(普通 8051 传统 I/O 口)。可设置成 4 种模式:准双向口/弱上拉、推挽/强上拉、仅为输入/高阻、开漏。每个 I/O 口驱动能力均可达到 20mA,但整个芯片最大不得超过 100mA。

1.2.1.3 STC12C5A60S2 的功能部件

(1)中央处理器(CPU)。中央处理器是单片机的核心,完成运算和控制功能。STC12C5A60S2 的 CPU 能处理 8 位二进制数或代码。

(2)内部程序存储器(内部 ROM)。60K 字节片内 Flash 程序存储器,擦写次数 10 万次以上。

(3)内部数据存储器(内部 RAM)。STC12C5A60S2 单片机中共有 1280 字节片内 RAM 数据存储器。

(4)芯片内 EEPROM 功能。芯片内具有 1K 字节的 EEPROM,擦写次数 10 万次以上,超强抗干扰,轻松过 2×10^4V 静电测试。

(5)定时/计数器。2 个 16 位定时器,兼容普通 8051 的定时器 T0/T1。2 路 PCA 可以实现 2 个定时器,也可以实现可编程时钟输出功能,T0 在 P3.4 输出时钟,T1 在 P3.5 输出时钟,BRT 在 P1.0 输出时钟。

(6)并行 I/O 口。并行 I/O(输入/输出)口多,最多有 44 个 I/O 口,以实现数据的并行输入输出。通用 I/O 口(36/40/44 个),复位后为准双向口/弱上拉(普通 8051 传统 I/O 口)。在上述的实训过程中使用了 P2 口,通过 P2 口连接 8 个发光二极管。

(7)集成全双工异步串行口(UART)。内部集成 2 个全双工异步串行口(UART),兼容普通 8051 的串口。可以实现单片机和其他设备之间的串行数据传送。串行口功能较强,既可作为全双工异步通信收发器使用,也可作为同步移位器使用。

(8)高速 SPI 串行口。内部集成 1 个 SPI 接口,可以与具有 SPI 接口的设备进行通信。

(9)中断控制系统。外部中断 4 路,下降沿中断或低电平触发电路,掉电模式下可由外部中断低电平触发中断方式唤醒。

从上述内容可以看出,宏晶 STC12C5A60S2 系列单片机,具有抗干扰能力强、运行速度高、可靠性高等特点,是一个性价比较高的单片机。

1.2.2 STC12C5A60S2 的引脚

下面以 DIP40 封装形式的 STC12C5A60S2 单片机说明 STC12C5A60S2 单片机的引脚及其功能。引脚排列如图 1-18 所示。

各个引脚描述如下:

(1)电源和复位引脚。

1)Vcc:对于 5V 供电的单片机,接电源的+5V。

2)GND:接电源地。

3)RST:当振荡器运行时,在此引脚上出现数个指令周期的高电平将使单片机复位。如果需要单片机上电就可以复位并进入正常工作状态,可以使用上电复位电路。单片机复位的相关内容在后面有详细的叙述。

(2)外接晶体引脚。XTAL1 和 XTAL2 分别是芯片内部一个反相放大器的输入端和输出端。

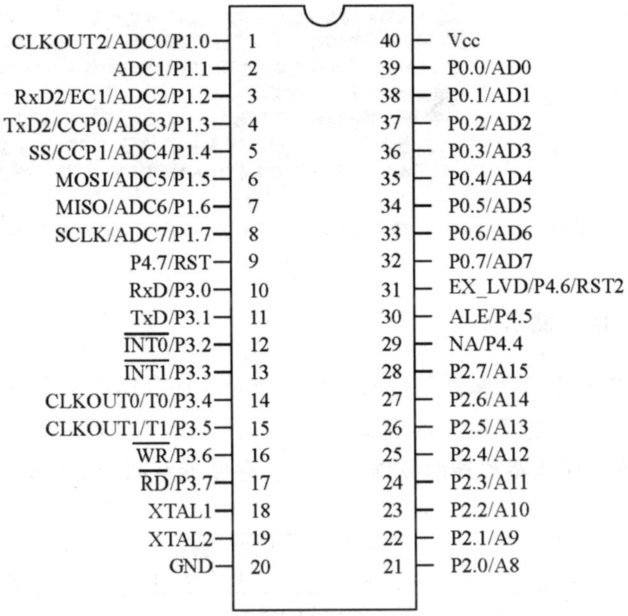

图 1－18　DIP40 封装形式的 STC12C5A60S2 单片机引脚图

STC12C5A60S2 单片机是 1 时钟周期/机器周期(简称 1T)的 8051 单片机，系统时钟兼容传统的 8051 单片机。工作时钟可以使用内部振荡器或者外部晶体振荡器(简称晶振)产生的时钟。出厂标准配置是使用芯片内部 R/C 振荡器。常温下，5V 单片机内部 R/C 振荡器频率是 11～17MHz，3V 单片机内部 R/C 振荡器为 8～12MHz。随着温度的变化，内部 R/C 振荡器的频率会有一些温漂，制造中也会产生误差。因此，内部 R/C 振荡器只适用于对时钟频率要求不敏感的场合。使用内部 R/C 振荡器时钟时，XTAL1 和 XTAL2 引脚浮空。

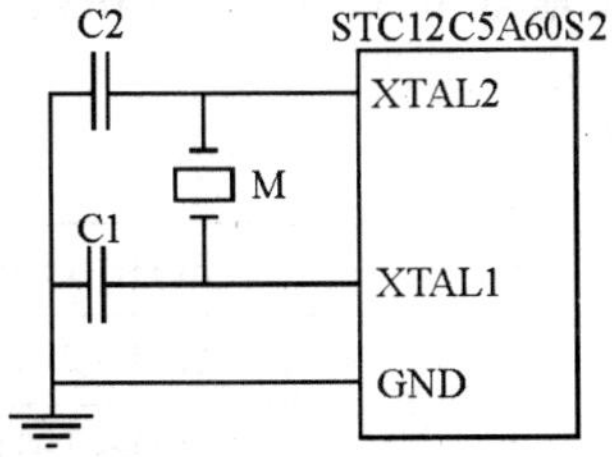

图 1－19　常见的晶振连接方法

使用外部晶振时，XTAL1 和 XTAL2 通常用于连接晶振。常见的连接方法如图 1－19 所示。其中，晶振 M 的最大频率可达 48MHz，典型值是 11.0592MHz(因为设计单片机通信应用系统时，使用这个频率的晶振可以准确地得到 9600bits/s 和 19200bits/s 的波特率)。电容 C1、C2 对时钟频率有微调作用，可在 5～100pF 之间选择，典型值是 47pF。外部时钟频率在 33MHz 以上时，建议使用外部有源晶振。使用外部有源晶振时，时钟从 XTAL1 脚输入，XTAL2 脚必须浮空。

利用 ISP 工具对 STC12C5A60S2 单片机下载用户程序时，可以在选项中设置选择使用外部晶体振荡器时钟或者使用内部 R/C 振荡器时钟，如图 1－20 所示。

在对时钟信号要求严格的实际应用中，建议尽量采用外部晶振。

(3)输入/输出(I/O)及复用功能引脚。STC12C5A60S2 单片机最多可以有 44 根 I/O 口线，这些 I/O 口线可设置成四种模式：准双向口/弱上拉，推挽/强上拉，输入/高阻和开漏模式。复位后为准双向口/弱上拉工作模式(与传统 8051 单片机 I/O 口相同)。每根 I/O 口线驱动能力均可达到 20mA，但整个芯片最大不得超过 120mA。许多 I/O 口线具有复用功能。

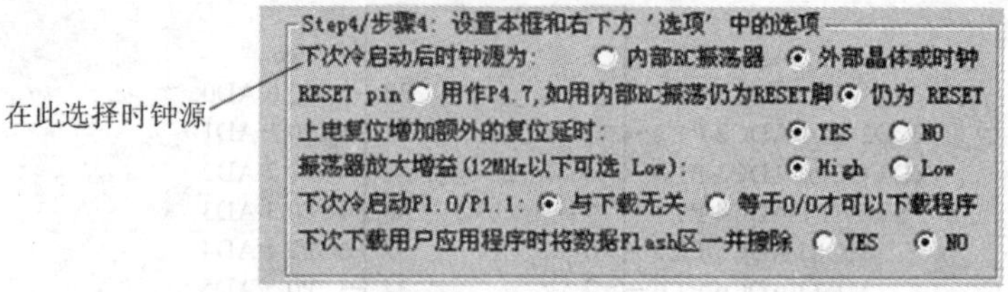

图 1－20　在 ISP 下载工具中选择下次冷启动后的时钟源

1.2.3　内部数据存储器

STC12C5A60S2 单片机存储器结构的主要特点是程序存储器和数据存储器的寻址空间是分开的，有 4 个物理上相互独立的存储器空间：程序 Flash 存储器、数据 Flash 存储器(EEPROM)、内部数据存储器和外部数据存储器。存储器空间分配图如图 1－21 所示。

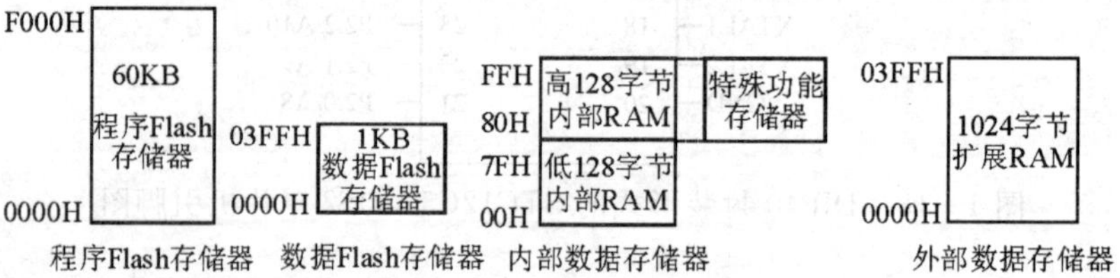

图 1－21　存储器空间分配图

1.2.3.1　内部数据存储器低 128 单元

内部 RAM 共有 256 个单元，通常把这 256 个单元按其功能划分为两部分：低 128 单元(单元地址 00H～7FH)和高 128 单元(单元地址 80H～FFH)。低 128 单元的配置见表1－1。

表 1－1　片内 RAM 的配置表

30H～7FH	数据缓冲区
20H～2FH	位寻址区(00H～7FH)
18H～1FH	工作寄存器 3 区(R7～R0)
10H～17H	工作寄存器 2 区(R7～R0)
08H～0FH	工作寄存器 1 区(R7～R0)
00H～07H	工作寄存器 0 区(R7～R0)

低 128 单元按其用途划分为三个区域：

(1)寄存器区。共有四组寄存器，每组 8 个寄存单元(各为 8 位)，各组都以 R0～R7 作寄存单元编号。寄存器常用于存放操作数及中间结果等，由于它们的功能及使用不作预先规定，因此称之为通用寄存器，有时也叫工作寄存器。四组通用寄存器占据内部 RAM 的 00H～1FH 单元地址。

在任一时刻，CPU 只能使用其中的一组寄存器，并且把正在使用的那组寄存器称之为当前寄存器组。到底是哪一组，由程序状态字寄存器 PSW 中 RS_1、RS_0 位的状态组合来决定。

通用寄存器为 CPU 提供了就近数据存储的便利，有利于提高单片机的运算速度。此外，使用通用寄存器还能提高程序编制的灵活性，因此在单片机的应用编程中应充分利用这些寄存器，以简化程序设计，提高程序运行速度。

(2)位寻址区。内部 RAM 的 20H～2FH 单元，既可作为一般 RAM 单元使用，进行字节操作，也可以对单元中每一位进行位操作，因此把该区称之为位寻址区。位寻址区共有 16 个 RAM 单元，计 128 位，位地址为 00H～7FH。STC12C5A60S2 单片机具有布尔处理机功能，这个位寻址区可以构成布尔处理机的存储空间。这种位寻址能力是 STC12C5A60S2 单片机的一个重要特点。片内 RAM 位寻址区的位地址见表 1-2。

表 1-2　片内 RAM 位寻址区的位地址

单元地址	MSB			位地址				LSB
2FH	7FH	7EH	7DH	7CH	7BH	7AH	79H	78H
2EH	77H	76H	75H	74H	73H	72H	71H	70H
2DH	6FH	6EH	6DH	6CH	6BH	6AH	69H	68H
2CH	67H	66H	65H	64H	63H	62H	61H	60H
2BH	5FH	5EH	5DH	5CH	5BH	5AH	59H	58H
2AH	57H	56H	55H	54H	53H	52H	51H	50H
29H	4FH	4EH	4DH	4CH	4BH	4AH	49H	48H
28H	47H	46H	45H	44H	43H	42H	41H	40H
27H	3FH	3EH	3DH	3CH	3BH	3AH	39H	38H
26H	37H	36H	35H	34H	33H	32H	31H	30H
25H	2FH	2EH	2DH	2CH	2BH	2AH	29H	28H
24H	27H	26H	25H	24H	23H	22H	21H	20H
23H	1FH	1EH	1DH	1CH	1BH	1AH	19H	18H
22H	17H	16H	15H	14H	13H	12H	11H	10H
21H	0FH	0EH	0DH	0CH	0BH	0AH	09H	08H
20H	07H	06H	05H	04H	03H	02H	01H	00H

(3)用户 RAM 区。在内部 RAM 低 128 单元中，通用寄存器占去 32 个单元，位寻址区占去 16 个单元，剩下的 80 个单元是供用户使用的一般 RAM 区，其单元地址为 30H～7FH。对用户 RAM 区的使用没有任何规定或限制。

1.2.3.2　内部数据存储器高 128 单元

对于 STC12C5A60S2 单片机来说，80H～FFH 既为高 128 字节 RAM 区的地址范围，又为特殊功能寄存器区的地址范围，地址空间重叠，但物理上是独立的，使用时，通过不同的寻址方式加以区分：高 128 字节的 RAM 区使用间接寻址访问，特殊功能寄存器使用直接寻址访问。在一般应用中常把堆栈开辟在高 128 字节的 RAM 区中。

专用寄存器的功能已作专门规定，故而称之为专用寄存器(Special Function Register)，也称为特殊功能寄存器。

(1)专用寄存器(SFR)简介。STC12C5A60S2 系列单片机共有 77 个专用寄存器，现把其中部分寄存器简单介绍如下：

1)程序计数器(PC——Program Counter)。程序计数器 PC 是一个 16 位的计数器，它的作用是控制程序的执行顺序。其内容为将要执行指令的地址，寻址范围达 64KB。PC 有自动加 1 功能，从而实现程序的顺序执行。PC 没有地址，是不可寻址的。因此用户无法对它进行读写。但可以通过转移、调用、返回等指令改变其内容，以实现程序的转移。因地址不在 SFR 之内，一般不计作专用寄存器。

2）累加器（ACC——Accumulator）。累加器为 8 位寄存器，是最常用的专用寄存器，功能较多，地位重要。它既可用于存放操作数，也可用来存放运算的中间结果。STC12C5A60S2 单片机中大部分单操作数指令的操作数就取自累加器，许多双操作数指令中的一个操作数也取自累加器。

3）B 寄存器。B 寄存器是一个 8 位寄存器，主要用于乘除运算。乘法运算时，B 是乘数。乘法操作后，乘积的高 8 位存于 B 中，低 8 位存于累加器 A 中；除法运算时，B 是除数。除法操作后，商存于累加器 A 中，余数存于 B 中。此外，B 寄存器也可作为一般数据寄存器使用。

4）程序状态字（PSW——Program Status Word）。程序状态字是一个 8 位寄存器，用于保存程序运行中的各种状态信息。其中有些位状态是根据程序执行结果，由硬件自动设置的，而有些位状态则可以使用软件方法设定。PSW 的位状态可以用专门指令进行测试，也可以用指令读出。一些条件转移指令将根据 PSW 有些位的状态，进行程序转移。PSW 的各位定义如下：

PSW 位地址	D7H	D6H	D5H	D4H	D3H	D2H	D1H	D0H
字节地址 D0H	CY	AC	F0	RS1	RS0	OV	F1	P

CY（PSW.7）——进位标志位。CY 是 PWS 中最常用的标志位，其功能有二：一是存放算术运算的进位标志，在进行加或减运算时，如果操作结果最高位有进位或借位时，CY 由硬件置"1"，否则清"0"；二是在位操作中，作累加位使用。位传送、位与位或等位操作，操作位之一固定是进位标志位。

AC（PSW.6）——辅助进位标志位。在进行加减运算中，当有低 4 位向高 4 位进位或借位时，AC 由硬件置"1"，否则 AC 位被清"0"。在 BCD 码调整中也要用到 AC 位状态。

F0（PSW.5）——用户标志位。这是一个供用户定义的标志位，可以利用软件方法置位或复位，用以控制程序的转向。

RS1 和 RS0（PSW.4，PSW.3）——寄存器组选择位。用于选择 CPU 当前工作的通用寄存器组。通用寄存器共有四组，其对应关系见表 1－3。

表 1－3　通用寄存器设置表

RS1、RS0	寄存器组	片内 RAM 地址
00	第 0 组	00H～07H
01	第 1 组	08H～0FH
10	第 2 组	10H～17H
11	第 3 组	18H～1FH

这两个选择位的状态是由软件设置的，被选中的寄存器组即为当前通用寄存器组。当单片机上电或复位后，RS1RS0＝00。

OV（PSW.2）——溢出标志位。在带符号数加减运算中，OV＝1 表示加减运算超出了累加器 A 所能表示的符号数有效范围（－128～＋127），即产生了溢出，因此运算结果是错误；否则，OV=0 表示运算正确，即无溢出产生。

在乘法运算中，OV=1 表示乘积超过 255，即乘积分别在 B 与 A 中；否则，OV=0，表示乘积只在 A 中。

在除法运算中，OV=1 表示除数为 0，除法不能进行；否则，OV=0，除数不为 0，除法可正常进行。

F1(PSW.1)——用户标志位。这也是一个供用户定义的标志位，可以利用软件方法置位或复位，用以控制程序的转向。

P(PSW.0)——奇偶标志位。表明累加器 A 内容的奇偶性，如果 A 中有奇数个“1”，则 P 置“1”，否则置“0”。凡是改变累加器 A 中内容的指令均会影响 P 标志位。

此标志位对串行通信中的数据传输有重要的意义。在串行通信中常采用奇偶校验的办法来校验数据传输的可靠性。

5)数据指针(DPTR)。数据指针为 16 位寄存器，它是 STC12C5A60S2 单片机中的一个 16 位寄存器。编程时，DPTR 既可以按 16 位寄存器使用，也可以按两个 8 位寄存器分开使用，其中：

DPH 为 DPTR 高位字节；

DPL 为 DPTR 低位字节。

DPTR 通常在访问外部数据存储器时作地址指针使用，由于外部数据存储器的最大寻址范围为 64KB，故把 DPTR 设计为 16 位。

6)堆栈指针(SP——Stack Pointer)。堆栈是一个特殊的存储区，用来暂存数据和地址，它是按“先进后出”的原则存取数据的。堆栈共有两种操作：进栈和出栈。

STC12C5A60S2 单片机堆栈设在内部 RAM 中，因此 SP 是一个 8 位寄存器。系统复位后，SP 的内容为 07H，使得堆栈实际上从 08H 单元开始。但 08H～1FH 单元分别属于工作寄存器 1～3 区，如程序中要用到这些区，则最好把 SP 值改为 1FH 或更大的值。一般地，堆栈最好在内部 RAM 的 80H～0FFH 单元中开辟。SP 的内容一经确定，堆栈的位置也就跟着确定下来，由于 SP 可初始化为不同值，因此堆栈位置是浮动的。

此处只集中讲述了 6 个专用寄存器，其余的专用寄存器(如 TCON、TMOD、IE、IP、SCON、PCON、SBUF 等)将在以后章节中陆续介绍。

(2)专用寄存器中的字节寻址和位地址。STC12C5A60S2 单片机有 77 个可寻址的专用寄存器，其中有 14 个专用寄存器是可以位寻址的。各寄存器的字节地址见表 1-4。

表 1-4　STC12C5A60S2 单片机专用寄存器地址表

地址	寄存器	说明	复位值
80H	P0	P0 口寄存器	0FFH
81H	SP	堆栈指针寄存器	07H
82H	DPL	数据指针 DPTR 低字节	00H
83H	DPH	数据指针 DPTR 高字节	00H
87H	PCON	电源控制寄存器	00110000B
88H	TCON	定时/计数控制寄存器	00H
89H	TMOD	定时/计数模式控制寄存器	00H

续表 1-4

地址	寄存器	说明	复位值
8AH	TL0	定时/计数器 0 低字节	00H
8BH	TL1	定时/计数器 1 低字节	00H
8CH	TH0	定时/计数器 0 高字节	00H
8DH	TH1	定时/计数器 1 高字节	00H
8EH	AUXR	辅助寄存器	00H
8FH	WAKE_CLKO	时钟输出和唤醒控制寄存器	00000000B
90H	P1	P1 口寄存器	0FFH
91H	P1M1	P1 口工作模式寄存器 1	00H
92H	P1M0	P1 口工作模式寄存器 0	00H
93H	P0M1	P0 口工作模式寄存器 1	00H
94H	P0M0	P0 口工作模式寄存器 0	00H
95H	P2M1	P2 口工作模式寄存器 1	00H
96H	P2M0	P2 口工作模式寄存器 0	00H
97H	CLK_DIV	时钟分频控制寄存器	XXXXX000B
98H	SCON	串口 1 控制寄存器	00H
99H	SBUF	串口 1 数据缓冲器	XXXXXXXXB
9AH	S2CON	串口 2 控制寄存器	00H
9BH	S2BUF	串口 2 数据缓冲器	XXXXXXXXB
9CH	BRT	独立波特率定时器	00H
9DH	P1ASF	P1 口模拟功能控制寄存器	00H
A0H	P2	P2 口寄存器	0FFH
A1H	BUS_SPEED	总线速度控制寄存器	XX10X011B
A2H	AUXR1	辅助寄存器 1	00H
A7H	TEST_WDT	看门狗测试	备用
A8H	IE	中断允许寄存器	00H
A9H	SADDR	从机地址寄存器	
AFH	IE2	中断允许寄存器 2	XXXXXX00B
B0H	P3	P3 口寄存器	0FFH
B1H	P3M1	P3 口工作模式寄存器 1	00H
B2H	P3M0	P3 口工作模式寄存器 0	00H
B3H	P4M1	P4 口工作模式寄存器 1	00H
B4H	P4M0	P4 口工作模式寄存器 0	00H
B5H	IP2	第二中断优先级寄存器低字节	XXXXXX00B
B6H	IP2H	第二中断优先级寄存器高字节	XXXXXX00B
B7H	IPH	中断优先级高位寄存器	00H
B8H	IP	中断优先级寄存器	X0000000B

续表 1-4

地址	寄存器	说明	复位值
B9H	SADEN	从机地址掩码寄存器	
BBH	P4SW	P4 口功能切换寄存器	X000XXXXB
BCH	ADC_CONTR	A/D 转换控制寄存器	00H
BDH	ADC_RES	ADC 转换结果高 8 位寄存器	00H
BEH	ADC_RESL	ADC 转换结果低 2 位寄存器	00H
C0H	P4	P4 口寄存器	0FFH
C1H	WDT_CONTR	看门狗定时器控制寄存器	XX000000B
C2H	IAP_DATA	ISP/IAP Flash 数据寄存器	0FFH
C3H	IAP_ADDRH	ISP/IAP Flash 地址寄存器高 8 位	00H
C4H	IAP_ADDRL	ISP/IAP Flash 地址寄存器低 8 位	00H
C5H	IAP_CMD	ISP/IAP Flash 命令寄存器	XXXXXX00B
C6H	IAP_TRIG	ISP/IAP Flash 命令触发器	XXXXXXXXB
C7H	IAP_CONTR	ISP/IAP 控制寄存器	00001000B
C8H	P5	P5 口寄存器	XXXX1111B
C9H	P5M1	P5 口工作模式寄存器 1	00H
CAH	P5M0	P5 口工作模式寄存器 0	00H
CDH	SPSTAT	SPI 状态寄存器	00XXXXXXB
CEH	SPCTL	SPI 控制寄存器	00000100B
CFH	SPDAT	SPI 数据寄存器	00H
D0H	PSW	程序状态字寄存器	00H
D8H	CCON	PCA 控制寄存器	00XXXX00B
D9H	CMOD	PCA 工作模式寄存器	0XXX0000B
DAH	CCAPM0	PCA 模块 0 的工作模式寄存器	X0000000B
DBH	CCAPM1	PCA 模块 1 的工作模式寄存器	X0000000B
E0H	ACC	累加器	00H
E9H	CL	PCA 计数器低 8 位	00H
EAH	CCAP0L	PCA 模块 0 的捕捉/比较寄存器低 8 位	00H
EBH	CCAP1L	PCA 模块 1 的捕捉/比较寄存器低 8 位	00H
F0H	B	B 寄存器	00H
F2H	PCA_PWM0	PCA 模块 0 PWM 寄存器	XXXXXX00B
F3H	PCA_PWM1	PCA 模块 1 PWM 寄存器	XXXXXX00B
F9H	CH	PCA 计数器高 8 位	00H
FAH	CCAP0H	PCA 模块 0 的捕捉/比较寄存器高 8 位	00H
FBH	CCAP1H	PCA 模块 1 的捕捉/比较寄存器高 8 位	00H

其中,可以进行位寻址的特殊功能寄存器见表1-5。

对专用寄存器的字节寻址问题作如下几点说明:

1)77个专用寄存器是不连续地分散在内部RAM高128单元之中。

2)程序计数器PC不占据RAM单元,它在物理上是独立的,因此是不可寻址的寄存器。

3)对专用寄存器只能使用直接寻址方式,书写时既可使用寄存器符号,也可使用寄存器单元地址。

表1-5　可以进行位寻址的特殊功能寄存器

字节地址	D7～D0								寄存器名称
F0H	F7H	F6H	F5H	F4H	F3H	F2H	F1H	F0H	B
E0H	E7H	E6H	E5H	E4H	E3H	E2H	E1H	E0H	ACC
	CF	CR					CCF1	CCF0	
D8H	DFH	DEH	—	—	—	—	D9H	D8H	CCON
	CY	AC	F0	RS1	RS0	OV	F1	P	
D0H	D7H	D6H	D5H	D4H	D3H	D2H	D1H	D0H	PSW
C8H	—	—	—	—	CBH	CAH	C9H	C8H	P5
C0H	C7H	C6H	C5H	C4H	C3H	C2H	C1H	C0H	P4
	PPCA	PLVD	PADC	PS	PT1	PX1	PT0	PX0	
B8H	BFH	BEH	BDH	BCH	BBH	BAH	B9H	B8H	IP
B0H	B7H	B6H	B5H	B4H	B3H	B2H	B1H	B0H	P3
	EA	ELVD	EADC	ES	ET1	EX1	ET0	EX0	
A8H	AFH	AEH	ADH	ACH	ABH	AAH	A9H	A8H	IE
A0H	A7H	A6H	A5H	A4H	A3H	A2H	A1H	A0H	P2
	SM0	SM1	SM2	REN	TB8	RB8	TI	RI	
98H	9FH	9EH	9DH	9CH	9BH	9AH	99H	98H	SCON
90H	97H	96H	95H	94H	93H	92H	91H	90H	P1
	TF1	TR1	TF0	TR0	IE1	IT1	IE0	IT0	
88H	8FH	8EH	8DH	8CH	8BH	8AH	89H	88H	TCON
80H	87H	86H	85H	84H	83H	82H	81H	80H	P0

1.2.4　程序 Flash 存储器

程序 Flash 存储器用于存放用户程序、数据和表格等信息。STC12C5A60S2 单片机片内集成了 60KB 的程序 Flash 存储器，其地址为 0000H～F000H。单片机复位后，程序计数器的内容为 0000H，从 0000H 单元开始执行程序。

STC12C5A60S2 单片机的程序存储器中有些单元具有特殊功能，使用时应予以注意。

其中一组特殊单元是 0000H～0002H。系统复位后，(PC)＝0000H，单片机从 0000H 单元开始取指令执行程序。如果程序不从 0000H 单元开始，应在这三个单元中存放一条无条件转移指令，以便直接转去执行指定的程序。

还有一组特殊单元是 0003H～0052H。共 72 个单元，这 72 个单元被均匀地分为九段，作为九个中断源的中断地址区。其中：

0003H　外部中断 0 中断服务程序的入口地址

000BH　定时/计数器 0 中断服务程序的入口地址

0013H　外部中断 1 中断服务程序的入口地址

001BH　定时/计数器 1 中断服务程序的入口地址

0023H　串行通信口 1 中断服务程序的入口地址

002BH　ADC 中断服务程序的入口地址

0033H　低电压检测中断服务程序的入口地址

003BH　PCA 中断服务程序的入口地址

0043H　串行通信口 2 中断服务程序的入口地址

004BH　SPI 中断服务程序的入口地址

中断响应后，按中断种类，自动转到各中断区的首地址去执行程序。因此在中断地址区中理应存放中断服务程序。但通常情况下，8 个单元难以存下一个完整的中断服务程序，因此通常也是从中断地址区首地址开始存放一条无条件转移指令，以便中断响应后，通过中断地址区，再转到中断服务程序的实际入口地址去。

1.3　并行输入/输出口电路结构

1.3.1　STC12C5A60S2 单片机的 I/O 口

STC12C5A60S2 单片机共有 6 个 I/O 端口，44 根 I/O 口线：

P0 口(8 根)：P0.0、P0.1、P0.2、P0.3、P0.4、P0.5、P0.6、P0.7。

P1 口(8 根)：P1.0、P1.1、P1.2、P1.3、P1.4、P1.5、P1.6、P1.7。

P2 口(8 根)：P2.0、P2.1、P2.2、P2.3、P2.4、P2.5、P2.6、P2.7。

P3 口(8 根)：P3.0、P3.1、P3.2、P3.3、P3.4、P3.5、P3.6、P3.7。

P4 口(8 根)：P4.0、P4.1、P4.2、P4.3、P4.4、P4.5、P4.6、P4.7。

P5 口(4 根)：P5.0、P5.1、P5.2、P5.3。

大多数 I/O 口线具有复用功能。用户可以通过程序设置相关寄存器，选择相应的功能，相关章节有详细介绍。下面简单介绍端口的复用功能。

1.3.1.1 P0 口

P0 口(P0.0～P0.7)的作用有 2 个：

(1)用作数据总线或者地址总线低 8 位。

(2)用作 I/O。

在访问外部程序和数据存储器时，P0 口分时提供低 8 位地址和 8 位数据的复用总线。此时，P0 口内部上拉电阻有效。用作 I/O 口时，要求外接上拉电阻。

1.3.1.2 P1 口

P1 口(P1.0～P1.7)用于 I/O 口功能时，是一个带内部上拉电阻的 8 位双向 I/O 口。

P1 口复用为 ADC 转换输入、捕获/比较/脉宽调制、SPI 通信线、第二串口或者第二时钟输出，见表 1-6。

表 1-6 P1 口的复用功能

端口引脚	复用功能
P1.0	ADC0(ADC 转换输入通道 0)/CLKOUT2(第二时钟输出)
P1.1	ADC1(ADC 转换输入通道 1)
P1.2	ADC2(ADC 转换输入通道 2)/ECI(可编程计数器阵列定时器的外部时钟输入)/RxD2(第二串口输入)
P1.3	ADC3(ADC 转换输入通道 3)/CCP0(捕捉/比较/脉宽调制通道 0)/TxD2(第二串口输出)
P1.4	ADC4(ADC 转换输入通道 4)/CCP1(捕捉/比较/脉宽调制通道 1)/(SPI 从器件选择)
P1.5	ADC5(ADC 转换输入通道 5)/MOSI(SPI 主机输出从机输入)
P1.6	ADC6(ADC 转换输入通道 6)/MISO(SPI 主机输入从机输出)
P1.7	ADC7(ADC 转换输入通道 7)/SCLK(SPI 时钟)

1.3.1.3 P2 口

P2 口(P2.0～P2.7)的作用有 2 个：

(1)作为高 8 位地址指针(DPH)输出。

(2)作为通用 I/O 口使用。

P2 口用作 I/O 口时，是一个带内部上拉电阻的 8 位双向 I/O 端口。

在访问单片机外部的外部数据存储器或外部扩展并行口(如 8255)时，P2 送出高 8 位地址。

1.3.1.4 P3 口

P3 口(P3.0～P3.7)用作 I/O 口时，是一个带内部上拉电阻的 8 位双向 I/O 端口。

P3 口除作为一般 I/O 口外，P3 口的口线可复用为外部中断输入、计数器输入、时钟输出、第一串口和外部总线的读/写控制，见表 1-7。

表 1-7　P3 口的复用功能

端口引脚	复用功能
P3.0	RXD(串行通信输入)
P3.1	TXD(串行通信输出)
P3.2	(外部中断 0 输入)
P3.3	(外部中断 1 输入)
P3.4	T0(定时器 0 外部输入)/CLKOUT0(时钟输出 0)
P3.5	T1(定时器 1 外部输入)/CLKOUT1(时钟输出 1)
P3.6	(外部总线写控制信号)
P3.7	(外部总线读控制信号)

1.3.1.5　P4 口

P4 口的某些口线具有复用功能，可配置为 SPI 通信线、捕捉/比较/脉宽调制、第二串口线等，见表 1-8。

表 1-8　P4 口的复用功能

端口引脚	复用功能
P4.0	(SPI 从器件选择)
P4.1	ECI(可编程计数器阵列定时器的外部时钟输入)/MOSI(SPI 主输出从输入)
P4.2	CCP0(捕捉/比较/脉宽调制通道 0)/RxD2(第二串口输入)/MISO(SPI 主输入从输出)
P4.3	CCP1(捕捉/比较/脉宽调制通道 1)/TxD2(第二串口输出)/SCLK(SPI 时钟)
P4.4	NA(空引脚)
P4.5	ALE(地址锁存控制信号，主要用于外部总线扩展)
P4.6	EX_LVD(外部低电压检测)/RST2(第二复位信号输入)
P4.7	RST(复位引脚)

其中，P4.4、P4.5 和 P4.6 的第二功能由特殊功能寄存器 P4SW(地址为 BBH，复位值为 X000XXXXB)设置，P4SW 的各位定义如下：

位　号	B7	B6	B5	B4	B3	B2	B1	B0
位名称		LVD_P4.6	ALE_P4.5	NA_P4.4				

NA_P4.4：NA/P4.4 引脚控制位。

0：NA/P4.4 脚是弱上拉，无任何功能。

1：将 NA/P4.4 脚设置成 I/O 口(P4.4)。

ALE_P4.5：ALE/P4.5 引脚控制位。

0：ALE/P4.5 脚是 ALE 信号。CPU 用 MOVX 指令访问片外存储器时，ALE 输出信号的下降沿作为 16 位地址信号低 8 位的锁存信号。

1：将 ALE/P4.5 脚设置成 I/O 口(P4.5)。

LVD_P4.6：EX_LVD/P4.6 引脚控制位。

0：EX_LVD/P4.6 是外部低压检测脚，可使用查询方式或设置成中断来检测。

1：将 EX_LVD/P4.6 脚设置成 I/O 口(P4.6)。

RST/P4.7 引脚在 ISP 下载程序时选择是复位脚还是 P4.7 口，如设置成 P4.7 口，必须使用外部时钟。

由 AUXR1 寄存器设置 PCA/PWM、SPI 和 UART2 功能是在 P1 口还是在 P4 口。AUXR1 寄存器(地址为 A2H，复位值为 X00000X0B)的各位定义如下：

位 号	B7	B6	B5	B4	B3	B2	B1	B0
位名称	—	PCA_P4	SPI_P4	S2_P4	GF2	ADRJ	—	DPS

PCA_P4：PCA/PWM 控制位。

0：PCA/PWM 在 P1 口。

1：将 PCA/PWM 从 P1 口切换到 P4 口。

ECI 从 P1.2 切换到 P4.1

PCA0/PWM0 从 P1.3 切换到 P4.2

PCA1/PWM1 从 P1.4 切换到 P4.3

SPI_P4：SPI 控制位。

0：SPI 在 P1 口。

1：将 SPI 从 P1 口切换到 P4 口。

SPICLK 从 P1.7 切换到 P4.3

MISO 从 P1.6 切换到 P4.2

MOSI 从 P1.5 切换到 P4.1

$\overline{SS}$从 P1.4 切换到 P4.0

S2_P4：UART2 控制位。

0：UART2/串口 2 在 P1 口。

1：将 UART2/串口 2 从 P1 口切换到 P4 口。

TxD2 从 P1.3 切换到 P4.3

RxD2 从 P1.2 切换到 P4.2

GF2：通用标志位。该位是由用户定义的一个状态标志。可以用软件来使它置“1”或清“0”，也可以由软件测试 GF2 控制程序的流向。

ADRJ：用于设置 ADC 转换结果的存储格式(详见“模/数转换器”一章内容的介绍)。

DPS：数据指针选择位。STC12C5A60S2 单片机具有两个 16 位的数据指针：DPTR0 和 DPTR1。当 DPS＝0 时，选择 DPTR0；DPS＝1 时，选择 DPTR1。

P5 口没有复用功能。

1.3.2 STC12C5A60S2 单片机 I/O 口的工作模式

STC12C5A60S2 单片机的所有 I/O 口均可由软件配置成 4 种工作模式之一：准双向口(标准 8051 单片机输出模式)、推挽输入输出、仅为输入(高阻)或开漏输出功能。每个口的工作模式由 2 个控制寄存器中的相应位控制(PnM0 和 PnM1，n＝0，1，2，3，4，5)。例如，P0M0 和 P0M1 用于设定 P0 口的工作模式，其中 P0M0.7 和 P0M1.7 用于设置 P0.7 的工作模式，P0M0.6 和 P0M1.6 用于设置 P0.6 的工作模式，以此类推。设置关系见表 1－9。

STC12C5A60S2 单片机上电复位后为准双向口模式(传统 8051 的 I/O 口)。2V 以上时为高电平,0.8V 以下时为低电平。

表 1-9　I/O 口工作模式设置

PnM1[7:0]	PnM0[7:0]	I/O 口模式
0	0	准双向口(传统 8051 单片机 I/O 口模式),灌电流可达 20mA,拉电流为 230μA,由于制造误差,实际为 250～150μA
0	1	推挽输入输出(强上拉输出,可达 20mA,要加限流电阻,尽量少用)
1	0	仅为输入(高阻)
1	1	开漏(Open Drain),内部上拉电阻断开,要外加上拉电阻

例如,若设置 P1.7 为开漏,P1.6 为强推挽输入输出,P1.5 为高阻输入,P1.4、P1.3、P1.2、P1.1 和 P1.0 为弱上拉,则可以使用下面的代码进行设置:

```
MOV   P1M1,#10100000B
MOV   P1M0,#11000000B
```

虽然 STC12C5A60S2 单片机的每个 I/O 口在弱上拉时都能承受 20mA 的灌电流(还是要加限流电阻,如 1kΩ),在强推挽输出时都能输出 20mA 的拉电流(也要加限流电阻),但整个芯片的工作电流推荐不要超过 120mA。即从 MCU-Vcc 流入的电流不超过 120mA,从 MCU-GND 流出的电流不超过 120mA,整体流入/流出电流都不能超过 120mA。

1.3.3　STC12C5A60S2 单片机 I/O 口的结构

下面介绍 STC12C5A60S2 单片机 I/O 口不同工作模式的结构。

1.3.3.1　准双向口工作模式的结构

准双向口工作模式下,I/O 口某个位的结构如图 1-22 所示。图中的 T1、T2、T3 和 T4 均为场效应管(下同)。

准双向口工作模式下,I/O 口可用作输出和输入功能而不需重新配置口线输出状态。当口线输出为"1"时 I/O 口驱动能力很弱,允许外部装置将其拉低。当引脚输出为低时,它的驱动能力很强,可吸收相当大的电流。

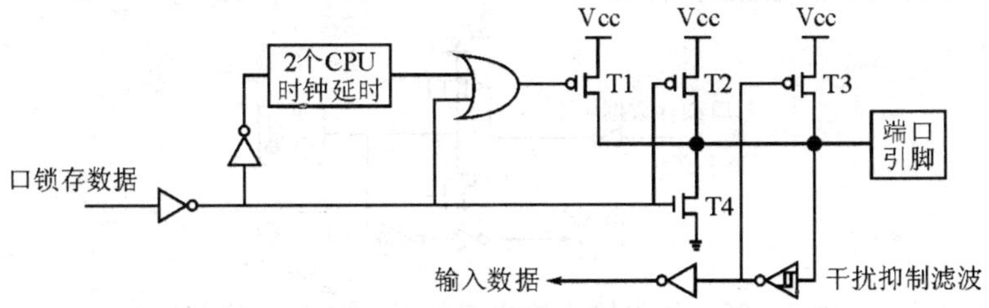

图 1-22　准双向口工作模式的 I/O 位结构

每个端口都包含一个锁存器,即特殊功能寄存器 P0～P5。这种结构在数据输出时,具有锁存功能,即在重新输出新的数据之前,口线上的数据一直保持不变。但对输入信号是不锁存的,因此外设输入的数据必须保持到取数指令执行为止。为了便于叙述,以后将 6 个端口及其锁存器都表示为 P0～P5。

准双向口有3个上拉场效应管T1、T2、T3，以适应不同的需要。其中，T1称为“强上拉”，上拉能力可达2mA；T2称为“极弱上拉”，上拉能力一般为30μA；T3称为“弱上拉”，一般上拉能力为150～250μA，典型值为200μA。输出低电平时，最大灌电流可达20mA。

当口线寄存器为“1”且引脚本身也为“1”时，T3导通。T3提供基本驱动电流使准双向口输出为“1”。如果一个引脚输出为“1”而由外部装置下拉到低时，T3断开，而T2维持导通状态，为了把这个引脚强拉为低，外部装置必须有足够的灌电流能力使引脚上的电压降到门槛电压以下。

当口线锁存为“1”时，T2导通。当引脚悬空时，这个极弱的上拉源产生很弱的上拉电流将引脚上拉为高电平。

当口线锁存器由“0”到“1”跳变时，T1用来加快准双向口由逻辑“0”到逻辑“1”的转换。发生这种情况时，T1导通约2个时钟以使引脚能够迅速地上拉到高电平。

准双向口带有一个施密特触发输入以及一个干扰抑制电路。

当从端口引脚上输入数据时，T4应一直处于截止状态。假定在输入之前曾输出锁存过数据“0”，则T4是导通的，这样引脚上的电位就始终被箝位在0电平，使输入高电平无法读入。因此，作为一个准双向口使用时，输入数据时，应先写“1”，使T4截止，然后方可作高阻抗输入。这是准双向口的主要特点。

为了避免错读引脚上电平的可能性，单片机中还提供了另一类所谓“读锁存器”操作。这类操作的特点是：先读口，随之可对读入的数据进行修改，然后再写到端口上。例如，执行指令ORL P2,A时，则先把P2上的内容读入CPU，然后与A累加器内容按位进行逻辑“或”操作，最后把“或”的结果送回P2口。能使单片机产生这种“读/修改/写”操作的指令，其目的操作数一般为某I/O口或口的某一位，这些指令是ANL；ORL；XRL；JBC；CPL；INC；DEC；DJNZ；MOV PX.Y,C；CLR PX.Y和SETB PX.Y等。其中，X=0,1,…,5；Y=0,1,…,7。

复位时，口锁存器均自动置“1”，这样可以避免错读引脚上信息。

1.3.3.2 推挽输入输出工作模式的结构

推挽输入输出工作模式的I/O位结构图如图1-23所示。推挽输入输出工作模式的下拉结构与准双向口的下拉结构相同，但当锁存器为“1”时可提供持续的强上拉。推挽工作模式一般用于需要更大驱动电流的情况。

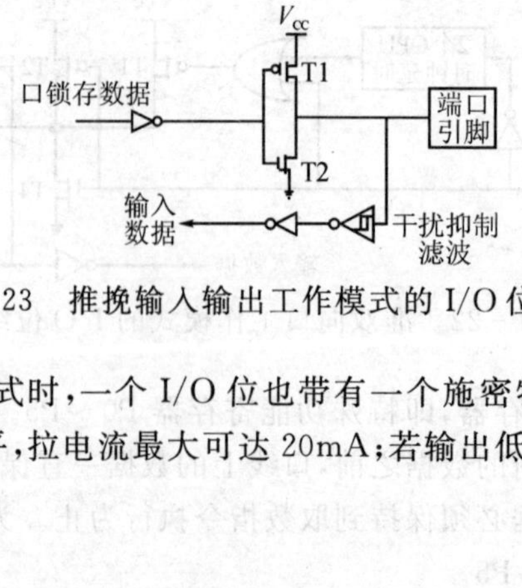

图1-23 推挽输入输出工作模式的I/O位结构

工作于推挽输入输出模式时，一个I/O位也带有一个施密特触发输入以及一个干扰抑制电路。此时，若输出高电平，拉电流最大可达20mA；若输出低电平，灌电流也可达20mA。

1.3.3.3　仅为输入(高阻)工作模式的结构

仅为输入(高阻)工作模式的 I/O 位结构如图 1-24 所示。

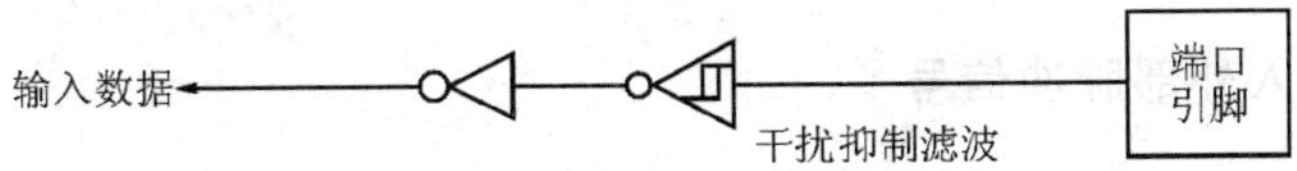

图 1-24　仅为输入(高阻)工作模式的 I/O 位结构

输入口带有一个施密特触发输入以及一个干扰抑制电路。注意,仅为输入(高阻)工作模式下,I/O 口不提供 20mA 灌电流的能力。

1.3.3.4　开漏输出工作模式的结构

开漏输出工作模式的 I/O 位结构如图 1-25 所示。

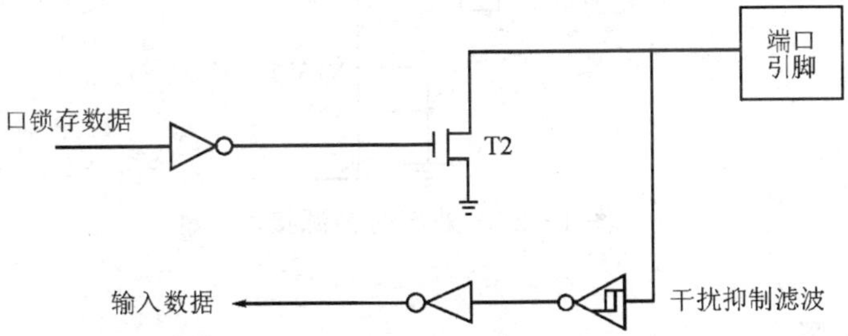

图 1-25　开漏输出工作模式的 I/O 位结构

当口线锁存器为"0"时,开漏输出关断所有上拉场效应管。当作为一个逻辑输出时,这种配置方式必须有外部上拉电阻,即通过电阻外接到 V_{CC}。这种方式的下拉结构与准双向口模式的下拉结构相同。

开漏端口带有一个施密特触发输入以及一个干扰抑制电路。这种工作模式下,输出低电平时,灌电流也可达 20mA。

1.4　时钟电路与复位电路

时钟电路用于产生单片机工作所需要的时钟信号,而时序所研究的是指令执行中各信号之间的相互关系。单片机本身就如一个复杂的同步时序电路,为了保证同步工作方式的实现,电路应在唯一的时钟信号控制下严格地按时序进行工作。

1.4.1　时钟电路与时序

1.4.1.1　时钟信号的产生

在 STC12C5A60S2 单片机内部有一个高增益反相放大器,其输入端为芯片引脚 XTAL1,其输出端为引脚 XTAL2。而在芯片的外部,XTAL1 和 XTAL2 之间跨接晶体振荡器和微调电容,从而构成一个稳定的自激振荡器,这就是单片机的时钟电路,其连接方法如图 1－19 所示，在此不再赘述。

时钟电路产生的振荡脉冲经过触发器进行二分频之后，才成为单片机的时钟脉冲信号。请读者特别注意时钟脉冲与振荡脉冲之间的二分频关系，否则会造成概念上的错误。

1.4.1.2 引入外部脉冲信号

在由多片单片机组成的系统中，为了各单片机之间时钟信号的同步，可以引入唯一的公用外部脉冲信号作为各单片机的振荡脉冲。这时外部的脉冲信号是经 XTAL2 引脚注入，其连接如图 1－26 所示。

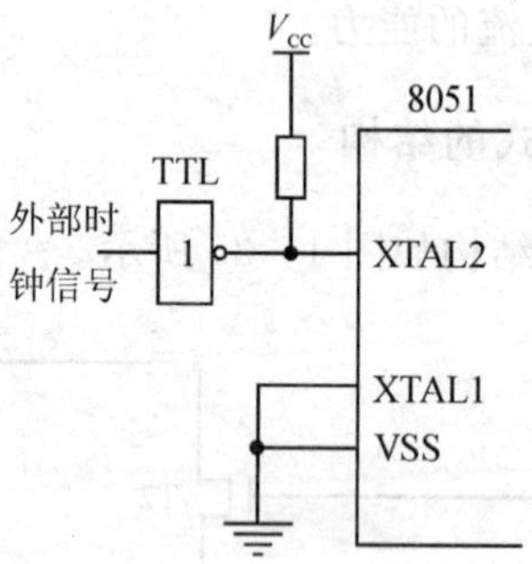

图 1－26 外部时钟源接法

1.4.1.3 时序

时序是用定时单位来说明的。下面以传统的 MCS-51 单片机为例，说明时序的相关概念。时序定时单位共有 4 个，从小到大依次是节拍、状态、机器周期和指令周期。下面分别加以说明。

(1)节拍与状态

时钟周期也称为振荡周期，定义为时钟脉冲频率的倒数。8051 单片机把一个时钟周期定义为一个节拍(用 P 表示)，二个节拍定义为一个状态周期(用 S 表示)。也就是说，一个状态周期包含两个节拍，前半个周期对应的节拍叫节拍 1(P_1)，后半周期对应的节拍称为节拍2(P_2)。

(2)机器周期

MCS-51 采用定时控制方式，有固定的机器周期。一个机器周期的宽度为 6 个状态，并依次表示为 $S_1 \sim S_6$。由于一个状态包括两个节拍，因此一个机器周期总共有 12 个节拍，分别记作 $S_1P_1S_1P_2 \cdots\cdots S_6P_2$。由于一个机器周期共有 12 个振荡脉冲周期，因此机器周期就是振荡脉冲的十二分频。

当振荡脉冲频率为 12MHz 时，一个机器周期为 1μs。

当振荡脉冲频率为 6MHz 时，一个机器周期为 2μs。

(3)指令周期

执行一条指令所需要的时间称之为指令周期。它一般由若干个机器周期组成。不同的指令，所需要的机器周期数也不相同。通常，包含一个机器周期的指令称为单周期指令，包含二个机器周期的指令称为双周期指令，等等。

指令的运算速度和指令所包含的机器周期有关，机器周期数越少的指令执行速度越快。MCS-51 单片机通常可以分为单周期指令、双周期指令和四周期指令等三种。四周期指令只有乘法和除法指令两条，其余均为单周期和双周期指令。

单片机执行任何一条指令时都可以分为取指令阶段和执行指令阶段。MCS-51 的取指/执行时序如图 1-27 所示。

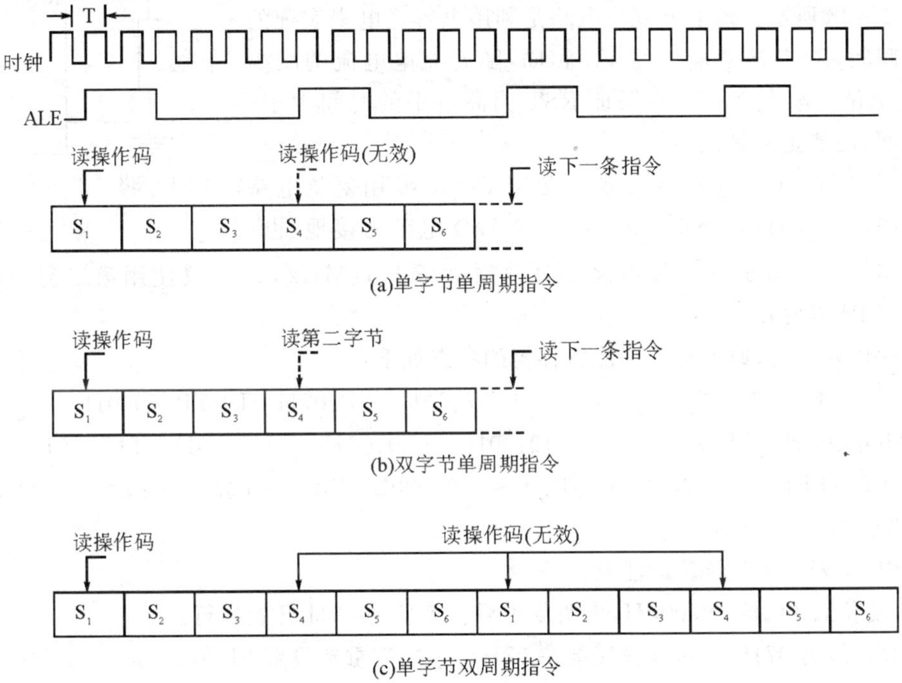

图 1-27　MCS-51 单片机的取指/执行时序

由图可见，ALE 引脚上出现的信号是周期性的，在每个机器周期内两次出现高电平。第一次出现在 S_1P_2 和 S_2P_1 期间，第二次出现在 S_4P_2 和 S_5P_1 期间。ALE 信号每出现一次，CPU 就进行一次取指操作，但由于不同指令的字节数和机器周期数不同，因此取指令操作也随指令不同而有小的差异。

按照指令字节数和机器周期数，传统 8051 的 111 条指令可分为六类，分别是单字节单周期指令、单字节双周期指令、单字节四周期指令、双字节单周期指令、双字节双周期指令、三字节双周期指令。

如图 1-27(a)(b)所示，分别给出了单字节单周期和双字节单周期指令的时序。单周期指令的执行始于 S_1P_2，这时操作码被锁存到指令寄存器内。若是双字节则在同一机器周期的 S_4 读第二字节。若是单字节指令，则在 S_4 仍有读出操作，但被读入的字节无效，且程序计数器 PC 并不增量。

图 1-27(c)所示为单字节双周期指令的时序，两个机器周期内进行 4 次读操作码操作。因为是单字节指令，后三次读操作都是无效的。

1.4.2　单片机的复位

单片机复位是使 CPU 和系统中的其他功能部件都处在一个确定的初始状态，并从这个状态开始工作。例如，复位后 PC＝0000H，使单片机从第一个单元取指令。无论是在单片机刚开始接上电源时，还是断电后或者发生故障后都要复位。因此必须弄清楚单片机复位的条件、复位电路和复位后状态。

单片机复位的条件是必须使 RST 引脚加上持续一定时间的高电平。如果希望单片机上电以后能够进行复位，复位后能够进入正常工作状态，则需要使用上电复位电路，典型的上电复位电路如图 1－28 所示。该上电复位电路是利用电容充电来实现的。在上电瞬间，RST 端的电位与 V_{CC} 相同，随着充电电流的减少，RST 的电位逐渐下降。只要保证 RST 为高电平的时间大于一定的时间，便能正常复位。

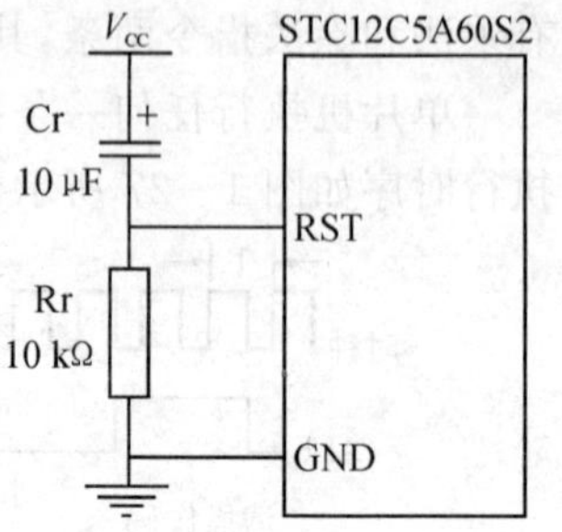

图 1－28　上电复位电路

STC12C5A60S2 单片机内部集成 MAX810 专用复位电路，时钟频率在 12MHz 以下时，复位脚可接 1kΩ 电阻再接地，也可以使用图 1－28 所示的复位电路。时钟频率高于 12MHz 时，建议使用第二复位功能脚 RST2(与 P4.6 复用)。

单片机复位后，典型特殊功能寄存器的状态如下：

PC：0000H　ACC：00H　B：00H　PSW：00H　SP：07H　DPTR：0000H

TMOD：00H　TCON：00H　TH0：00H　TL0：00H　TH1：00H　TL1：00H

P0～P3：FFH　SCON：00H　IP：＊＊＊00000B　SBUF：不定　IE：0＊＊00000B

PCON：0＊＊＊0000B

其中，＊表示无关位。请注意：

(1)复位后 PC 值为 0000H，表明复位后程序从 0000H 开始执行。

(2)SP 值为 07H，表明堆栈底部在 07H。一般需重新设置 SP 值。

(3)P0～P3 口值为 FFH。P0～P3 口用作输入口时，必须先写入“1”。单片机在复位后，已使 P0～P3 口每一端线为“1”，为这些端线用作输入口做好了准备。

其他专用寄存器复位后的状态在后续的内容中有详细的描述。

1.5　单片机的工作过程

单片机自动完成赋予它的任务的过程，也就是单片机执行程序的过程，即一条条执行指令的过程。所谓指令就是把要求单片机执行的各种操作用命令的形式写下来，这是由设计人员所决定的。一条指令对应着一种基本操作，单片机所能执行的全部指令，就是该单片机的指令系统。不同种类的单片机，其指令系统亦不同。为使单片机能自动完成某一特定任务，必须把要解决的问题编成一系列指令(这些指令必须是选定单片机能识别和执行的指令)，这一系列指令的集合就称为程序。程序需要预先存放在具有存储功能的部件——存储器——中。存储器由许多存储单元(最小的存储单位)组成，就像大楼房由许多房间组成一样，指令就存放在这些单元里，单元里的指令取出并执行就像大楼房的每个房间的被分配到了唯一一个房间号一样，每一个存储单元也必须被分配到唯一的地址号，该地址号称为存储单元的地址，这样只要知道了存储单元的地址，就可以找到这个存储单元，其中存储的指令就可以被取出，然后再被执行。

程序通常是顺序执行的，因此程序中的指令也是一条条顺序存放的，单片机在执行程序时要能把这些指令一条条取出并加以执行，必须有一个部件能追踪指令所在的地址，这一部件就是程序计数器 PC(包含在 CPU 中),在开始执行程序时,给 PC 赋以程序中第一条指令所在的地址,然后取得每一条要执行的命令,PC 中的内容就会自动增加,增加量由本条指令长度决定,可能是 1,2 或 3,以指向下一条指令的起始地址,保证指令顺序执行。

CPU 一直重复上述过程直到程序中的所有指令执行完毕,这就是单片机的基本工作过程。

习　题

1. 传统 8051 单片机控制线有几根？每一根控制线的作用是什么？

2. 简述 P3 口的复用功能。

3. STC12C5A60S2 单片机片内 RAM 的组成是如何划分的,各有什么功能？

4. STC12C5A60S2 单片机有多少个特殊功能寄存器？它们分布在何地址范围？

5. 简述程序状态寄存器 PSW 各位的含义。单片机如何确定和改变当前的工作寄存器区？

6. 什么是堆栈？堆栈指示器 SP 的作用是什么？在堆栈中存取数据时的原则是什么？

7. P0～P3 口作为输入或输出口时,各有何要求？

8. STC12C5A60S2 单片机常用的复位方法有几种？应注意什么事项？画电路图说明其工作原理。

第2章　指令系统

STC12C5A60S2 单片机(以下简称 STC 单片机)的指令系统完全兼容 8051 单片机，但速度比普通 8051 单片机快 8～12 倍。本章将详细介绍 STC 单片机指令系统的寻址方式、所有指令的格式及其功能。

2.1 概　述

指令是供用户使用的单片机的软件资源，是计算机用于控制各功能部件完成某一指定动作的指示和命令。单片机指令使用英文名称或缩写形式作为助记符，以助记符、符号地址、标号等书写程序的语言称为汇编语言。

2.1.1　指令概述

STC 单片机的基本指令共 111 条，按照指令在程序存储器所占的字节可以分为单字节指令、双字节指令和三字节指令。其中单字节指令 49 条，双字节指令 45 条，三字节指令 17 条。

STC 单片机指令的格式为：

[标号:] ＜操作码＞ [操作数] [;注释]

通常，一条指令由两部分组成，即操作码和操作数。操作码用来规定指令进行什么操作，操作数则是指令操作的对象。但有时为了说明本条语句的地址，可以加入标号，代表该语句指令代码第一个字节地址，同时为了编写和阅读程序，加入注释。

STC 单片机指令系统中，除操作码是使用助记符，操作数中使用了一些符号，这些符号的含义归纳如下：

(1)Rn：当前工作寄存器组的 8 个通用寄存器 R0～R7，因此 $n=0\sim7$。

(2)Ri：当前工作寄存器组的可用作间接寻址的寄存器 R0、R1($i=0,1$)。

(3)direct：8 位直接地址，实际使用时 direct 应该是 00H～0FFH 中的一个，也可以是特殊功能寄存器 SFR 中的一个。

(4)＃data8：8 位立即数。

(5)＃data16：16 位立即数。

(6)addr16：16 位目的地址，只限于在 LCALL 和 LJMP 指令中使用。

(7)addr11：11 位目的地址，只限于在 ACALL 和 AJMP 指令中使用。

(8)rel：相对转移指令中的偏移量，为 8 位带符号补码数，取值范围为－128～127。

(9)DPTR:数据指针,可用作 16 位的地址寄存器。

(10)bit:内部 RAM 或特殊功能寄存器中的直接寻址位。

(11)C 或 Cy:进位标志位或位处理机中的累加位。

(12)A:累加器。

(13)B:寄存器 B。

(14)@:间接寻址寄存器前缀。

(15)×:某寄存器×的内容。

(16)(×):由×寄存器间接寻址的单元中的内容。

(17)$:本条指令的起始地址。

(18)←:箭头左边的内容被右边的内容所取代。

(19)↔:箭头两边的内容互换。

2.1.2　寻址方式

指令中说明操作数所在地址的方法就是寻址方式。STC 单片机的指令系统有 7 种寻址方式。

(1)寄存器寻址方式。寄存器寻址方式就是操作数在寄存器中,因此,指定了寄存器也就得到了操作数。实现寄存器寻址方式的寄存器有 R0～R7、A、B 和 DPTR 等。例如:

```
MOV   A, R2        ;将寄存器 R2 中的数据传送到累加器 A 中
```

因为操作数在 R2 中,因此在指令中指定了 R2,就能从中得到操作数,所以寻址方式是寄存器寻址。

(2)直接寻址方式。直接寻址是指操作数直接以单元地址的形式给出,即操作数在指令中以存储单元的形式出现。由于直接寻址方式只能使用 8 位二进制数表示的地址,所以直接寻址方式的范围为内部 RAM 的低 128 单元和特殊功能寄存器。例如:

```
MOV   A, 30H       ;将内部 RAM 30H 中的数据传送给累加器 A
```

(3)寄存器间接寻址方式。寄存器间接寻址方式是指寄存器中存放的是操作数的地址,即先从寄存器中得到操作数的地址,然后按照该地址找到操作数,因此称之为寄存器间接寻址。为了与寄存器寻址方式区别,在寄存器间接寻址方式中,在寄存器的名称前面加前缀"@"。例如:

```
MOV   A, @R0
```

若(R0)=20H,(20H)=30H,上述指令的功能是将以 R0 寄存器内容 20H 为地址,把该地址单元的内容送至累加器 A,其功能示意图如图 2-1 所示。

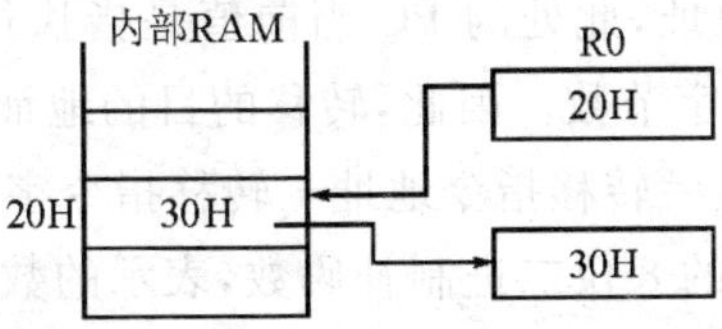

图 2-1　寄存器间接寻址示意图

寄存器间接寻址的范围:@Ri 可用于对片内 RAM 的寻址,也可以对片外 RAM 寻址,地址范围为 0000H～00FFH;@DPTR 的寻址范围可以覆盖片外 RAM 的全部 64KB 区域;堆栈操作指令 PUSH 和 POP,是以堆栈指针 SP 作间接寻址寄存器的间接寻址方式。

(4)立即寻址。立即寻址是指操作数在指令中直接给出，通常将此操作数称为立即数，“#”是立即寻址的标记。例如：

MOV　A，#20H　　　　　　;将立即数 20H 传送到累加器 A 中

MOV　DPTR，#2000H　　　;将 16 位立即数 2000H 传送到数据指针 DPTR

(5)变址寻址。变址寻址的主要作用是访问程序存储器中的数据表格。在变址寻址中，将 DPTR 或 PC 作为基地址寄存器(即预先存放操作数的基地址)，累加器 A 作为基地址的偏移量即变址寄存器。累加器 A 中预先存放被寻址操作数地址对基地址的偏移量。在指令执行时，单片机将基地址和偏移量相加所得到的 16 位地址作为操作数的地址，以达到访问数据表格的目的。例如：

MOVC　A，@A+DPTR

若指令执行前(A)=20H，(DPTR)=1000H，将 DPTR 和 A 的内容相加作为操作数的存储单元的地址，将 1020H 单元的内容 30H 传送给累加器 A，指令执行后累加器 A 中的内容为 30H。其功能示意图如图 2-2 所示。

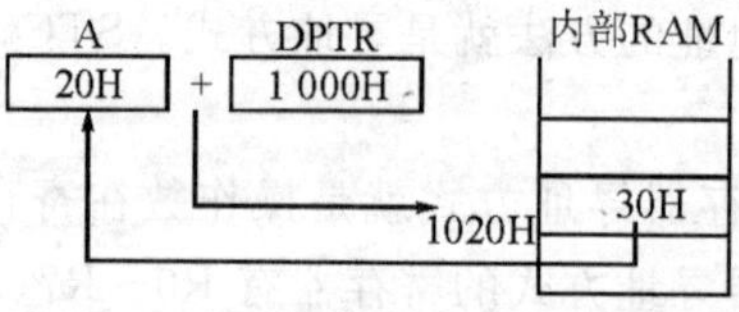

图 2-2　变址寻址示意图

注意：

1)变址寻址方式是访问程序存储器中数据的唯一的寻址方式，寻址范围可达到 64KB。

2)变址寻址的指令只用 3 条：

MOVC　A，@A+DPTR

MOVC　A，@A+PC

JMP　A，@A+DPTR

其中前两条是访问程序存储器指令，后一条是无条件转移指令。

3)变址寻址方式用于查表操作，而数据表建立在程序存储器 ROM 中。

(6)相对寻址。前面的寻址方式主要是解决操作数的给出问题，而相对寻址方式则是为了解决程序转移的问题，为转移指令所采用。例如：

SJMP　rel

在相对寻址的转移指令中，给出了地址偏移量，用“rel”表示。把 PC 的当前值加上偏移量就构成了程序转移的目的地址，此处的 PC 当前值是指执行完转移指令后的 PC 值，也就是转移指令的 PC 值加上它的字节数。因此，转移的目的地址可以使用如下公式表示：

目的地址=转移指令地址+转移指令字节数+rel

偏移量 rel 是一个有符号的 8 位二进制补码数，表示的数的范围是－128～＋127，因此，相对转移是以转移指令所在地址为基点，向地址增加方向最大可转移(127＋转移指令字节数)个单元地址，向地址减少方向最大可转移(128－转移指令字节数)个单元地址。为了程序设计的方便，在程序中相对地址偏移量常常使用标号表示。

(7)位寻址。在单片机系统中，操作数不仅可以以字节为单位进行操作，同时也可以按位进行操作。当把 8 位二进制数的某一位作为操作数时，把这一位的地址称为位地址，对位

地址寻址称为位寻址。

位寻址的范围为：内部 RAM 的位寻址区和特殊功能寄存器的可寻址位。例如：

MOV　C，0D5H　　；将 0D5H 的位状态传送给位累加器 C

寻址位在指令中的表示方法有如下 4 种表示方法：

1)直接使用位地址。例如上例中的 0D5H。

2)位名称表示方法。例如 PSW 寄存器位 5 是 F0 标志位，也可以使用 F0 表示。

3)单元地址加位数的表示方法。例如 PSW 寄存器的单元地址是 0D0H，因此 PSW 寄存器位 5 也可以表示成 0D0H.5。

4)专用寄存器符号加位数的表示方法。例如 PSW 寄存器位 5 也可以表示成 PSW.5。

以上是 STC 单片机的 7 种寻址方式，概括起来见表 2-1。

表 2-1　寻址方式及对应的寻址空间

序号	寻址方式	寻址空间
1	寄存器寻址	工作寄存器区、部分特殊功能寄存器
2	直接寻址	内部 RAM 低 128 字节、特殊功能寄存器
3	寄存器间接寻址	片内 RAM、片外数据存储器
4	立即寻址	
5	变址寻址	程序存储器
6	相对寻址	程序存储器
7	位寻址	位寻址区、SFR 中的可寻址位

2.2　指令系统

STC 单片机指令系统由 111 条指令组成。按功能可以分为：

(1)数据传送类指令(28 条)；

(2)算术运算类指令(24 条)；

(3)逻辑运算及移位类指令(25 条)；

(4)控制转移类指令(17 条)；

(5)位操作类指令(17 条)。

2.2.1　数据传送类指令

数据传送是指将源地址单元中的数据传送到目的地址单元中，且源地址单元中的数据保持不变，或者源地址单元中的数据与目的地址单元中的数据互换。

数据传送操作可以在片内 RAM 和 SFR 内进行，也可以在累加器 A 和片外存储器之间进行。在这类指令中，除了以累加器 A 为目的地址的操作会对奇偶标志位 P 有影响以外，其余指令执行时不会影响任何标志位。

(1)内部数据传送指令。数据在单片机内部传送是最频繁的操作，相关的指令也最多，包括寄存器、累加器、RAM 单元以及工作寄存器之间的数据传送。指令的通用格式为：

MOV <目的操作数>,<源操作数>

指令的功能是把源操作数传送到目的操作数,源操作数不变,目的操作数修改为源操作数。因此这类指令是“复制”。

1)以累加器A为目的操作数的指令。

```
MOV  A, Rn          ;A←Rn
MOV  A, direct      ;A←(direct)
MOV  A, @Ri         ;A←(Ri)
MOV  A, #data       ;A←#data
```

这类指令的功能是将源操作数的内容送给累加器A,源操作数可以是寄存器寻址、直接寻址、寄存器间接寻址和立即寻址。例如:

```
MOV  A, @R0
```

如果指令执行前(R0)=30H,(30H)=00H,则指令执行后累加器A中的内容为00H。

2)以寄存器Rn为目的操作数的指令。

```
MOV  Rn, A          ;Rn←A
MOV  Rn,direct      ;Rn←(direct)
MOV  Rn,#data       ;Rn←#data
```

这类指令的功能是将源操作数的内容送到单片机当前一组工作寄存器区的R0～R7中的某个工作寄存器中。

3)以直接地址位目的操作数的指令。

```
MOV  direct,A         ;direct←A
MOV  direct,Rn        ;direct←Rn
MOV  direct1,direct2  ;direct1←(direct2)
MOV  direct,@Ri       ;direct←(Ri)
MOV  direct,#data     ;direct←#data
```

这类指令的功能是将累加器A、内部RAM以及立即数传送到内部RAM中,源操作数的寻址方式可以是寄存器寻址、直接寻址、寄存器间接寻址和立即寻址。例如:

```
MOV  R1,#20H
MOV  20H,#0FFH
MOV  A,@R1
MOV  30H,A
MOV  50H,30H
```

上述指令顺序执行后,(R1)=20H,(20H)=0FFH,(A)=0FFH,(30H)=0FFH,(50H)=0FFH。

4)以间接地址为目的操作数的指令。

```
MOV  @Ri,A         ;(Ri)←A
MOV  @Ri,direct    ;(Ri)←(direct)
MOV  @Ri,#data     ;(Ri)←#data
```

这类指令的功能是将累加器A、内部RAM以及立即数传送到Ri间接寻址的内部数据存储器中,源操作数的寻址方式可以是寄存器寻址、直接寻址和立即寻址。例如:

```
MOV  A,#00H
```

MOV　R0,＃20H

MOV　@R0,A

上述指令顺序执行后,(A)＝00H,(R0)＝20H,(20H)＝00H。

上述 15 条指令可以总结为图 2－3 所示的传递关系,图中箭头表示数据传送方向。

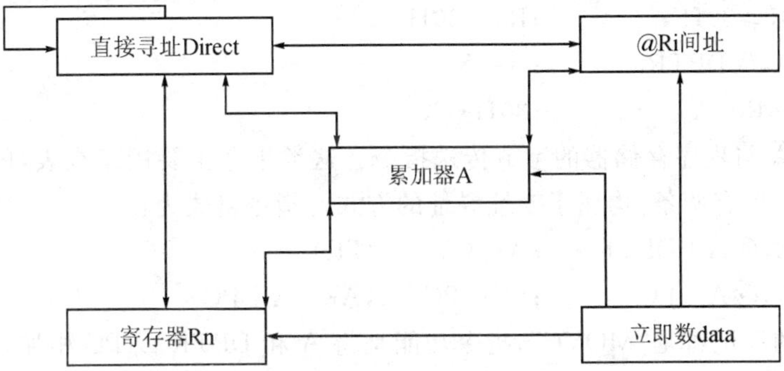

图 2－3　MOV 指令在内部存储器操作示意图

在使用上述编程指令时有如下几点注意事项:

①每条指令的格式和功能都是单片机的制造商已经确定的,不能根据主观意愿去"创造"指令。例如,MOV R7,R1 指令是非法的。

②以累加器 A 为目的寄存器的传送指令会影响 PSW 中的奇偶标志位 P,而其余的指令对 PSW 均无影响。

③注意给程序进行适当的注释,这对于阅读、编写和修改程序都是非常重要的。例如:

```
MOV   A,#30H        ;A←30H
MOV   30H,#00H      ;(30H)←#00H
MOV   R0,A          ;R0←30H
```

④设计程序有多种方法,有些是合理的,而有些是不合理的,在编写程序时要养成编写合理合法程序的习惯。

(2)外部数据传送指令。

1)16 位数传指令。在 STC 指令系统中唯一的一条 16 位数传指令,格式如下:

```
MOV   DPTR,#data16     ;DPTR←#data16
```

这条功能是将 16 位立即数送给 DPTR,即立即数的高 8 位送给 DPH,立即数的低 8 位送给 DPL。DPTR 是一个专门用于访问外部存储器的间址寄存器。寻址能力为 64K(0～65535)。例如:

MOV　DPTR,＃2000H

指令执行后,(DPH)＝20H,(DPL)＝00H。

2)累加器 A 与外部 RAM 的字节传送指令。

```
MOVX  A,@Ri        ;A←(Ri)
MOVX  @Ri,A        ;(Ri)←A
MOVX  A,@DPTR      ;A←(DPTR)
MOVX  @DPTR,A      ;(DPTR)←A
```

这类指令实现的是累加器 A 与外部 RAM 之间的数据传送,执行这类指令时 P0 口做低 8 位的地址总线和数据总线,P2 口做高 8 位的地址总线。前两条指令访问的地址范围是外部 RAM 每页的 00H～0FFH，后两条指令访问的地址范围是外部 RAM 0000H～0FFFFH。

例如：将外部 RAM 中 2000H 单元中的数据 X 传送到外部 RAM 中 30H 单元。外部 RAM 中的数据是不能直接传送的，必须经过累加器 A，对应的程序为：

```
MOV   DPTR,#2000H        ;DPTR←2000H
MOV   R0,#30H            ;R0←30H
MOVX  A,@DPTR            ;A←X
MOVX  @R0,A              ;30H←X
```

3)累加器 A 与程序存储器的字节传送指令。这类指令主要用于查表，因而又称为查表指令。这类指令仅有两条，均属于变址寻址的方式。指令格式为：

```
MOVC  A,@A+DPTR          ;A←(A+DPTR)
MOVC  A,@A+PC            ;PC←PC+1,A←(A+PC)
```

这类指令的助记符是"MOVC"，指令功能是将 A 和 DPTR 或 PC 相加，得到 16 位地址作为操作数的地址，把程序存储器中所对应的地址单元中的数据送入累加器 A 中。这是访问程序存储器中数据的唯一方法。

第一条指令用 DPTR 作为基地址。使用前先将数据表的首地址送入 DPTR 中，累加器 A 的内容作为查表偏移量。两者相加得到表中数据地址并取出送给累加器 A。由于用户可以很方便地将任意一个 16 位地址送入 DPTR，因此，原则上，数据表可以放在程序存储器的 64KB 的任何一个子域。

第二条指令是以程序计数器 PC 为基地址。由于 PC 的内容与该指令在程序存储器中的位置有关，并且 PC 的值是不能随便修改的，所以选择 PC 作基地址时，一般要通过累加器 A 进行"查表修正"。

例 2-1：已知累加器 A 中存有 0～9 范围内的数，试用查表指令编写出查找出该数平方的程序。

解：既然要进行查表，首先必须确定一张 0～9 平方值的表，假设该表的起始地址为程序存储器的 1000H 单元，相应平方值表如图 2-4 所示。由平方值表可以看出累加器 A 中的数恰好等于该数的平方值对表起始地址的偏移量。例如 4 的平方值为 16，16 的地址为 1004H，它对 1004H 的地址偏移量也为 4，采用 DPTR 作为基址寄存器，只要将首地址 1000H 送入 DPTR 就可以，查表程序如下：

```
MOV   DPTR,#1000H        ;指针赋值
MOVC  A,@A+DPTR          ;查表得到的平方值送给累加器 A
```

(3)堆栈操作指令。堆栈是一个用来保存程序断点、数据的存储区域。在 STC 单片机中，堆栈区可以使用片内 RAM 的任意位置，具体位置由指针 SP 来确定（系统上电时，SP=07H）。

堆栈操作指令是一种特殊的数据操作指令。这类指令有两条：

```
PUSHdirect      ;SP←SP+1,(SP)←(direct)
POP  direct     ;(SP)→(direct),SP←SP-1
```

第一条指令称为压栈指令，用于把 direct 为地址的操作数传送到堆栈中。这条指令执行时分为两步；先将 SP 栈顶地址加 1，使之指向堆栈的新的栈顶单元；然后把 direct 中的操作数压入由 SP 指示的栈顶单元。

第二条指令称为弹出指令，是把堆栈中的操作数传送到 direct 单元。指令执行时首先

把 SP 所指的栈顶单元中的操作数弹到 direct 单元，然后再将 SP 中的原栈顶地址减 1，指向新的栈顶。

地址	内容
1000H	0
1001H	1
1002H	4
1003H	9
1004H	16
1005H	25
1006H	36
1007H	49
1008H	64
1009H	81

图 2-4　0～9 平方值表

设片内 RAM 的 20H 单元存有 x，40H 单元存有 y。

```
PUSH   20H   ;  x 进栈
PUSH   40H   ;  y 进栈
POP    20H   ;  y 送 20H 单元
POP    40H   ;  x 送 40H 单元
```

上述指令顺序执行后，(20H)＝y，(40H)＝x。因此，堆栈操作指令除了对程序的数据进行保护，还可以根据堆栈操作的特点完成一些特殊的操作。堆栈变化示意图如图 2-5 所示。

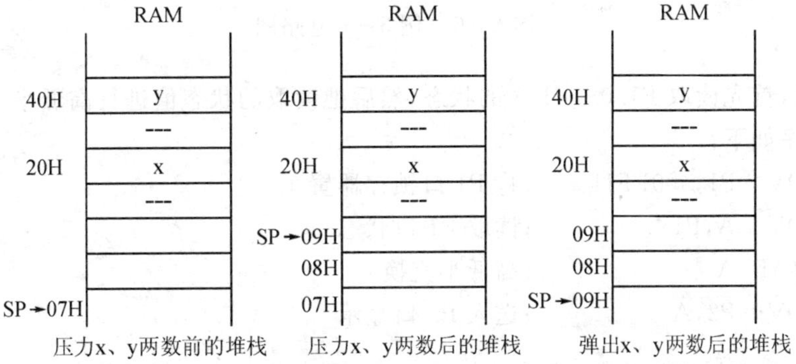

图 2-5　堆栈变化示意图

(4)数据交换指令。数据交换主要在内部 RAM 单元与累加器 A 之间进行。

1)整字节交换指令。

```
XCH   A,Rn      ;A↔Rn
XCH   A,@Ri     ;A↔@Ri
```

XCH　A,direct　　;A↔(direct)

这类指令的功能是将累加器 A 中的数据与源操作数进行互相交换。

2)半字节交换指令。

XCHD　A,@Ri　　;$A_{3\sim0}$↔$(Ri)_{3\sim0}$

源操作数与累加器 A 低 4 位的半字节数据交换。

3)累加器 A 高低半字节交换指令。

SWAP　A　　;$A_{3\sim0}$↔$A_{7\sim4}$

指令功能是将累加器 A 中高、低 4 位进行互相交换。

例如:将 10H 单元的内容与 A 中的内容互换之后,再将 A 的高 4 位存入 R1 指示的 RAM 单元的低 4 位,A 的低 4 位存入 R1 指示的 RAM 单元的高 4 位。其指令为:

XCH　A,10H　　;A↔(10H)

SWAP　A　　;$A_{3\sim0}$↔$A_{7\sim4}$

MOV　@R1,A　　;(R1)←A

例 2-2:如图 2-6 所示,读取 P1 口连接的波动开关的状态,点亮 P2 口对应的发光二极管。

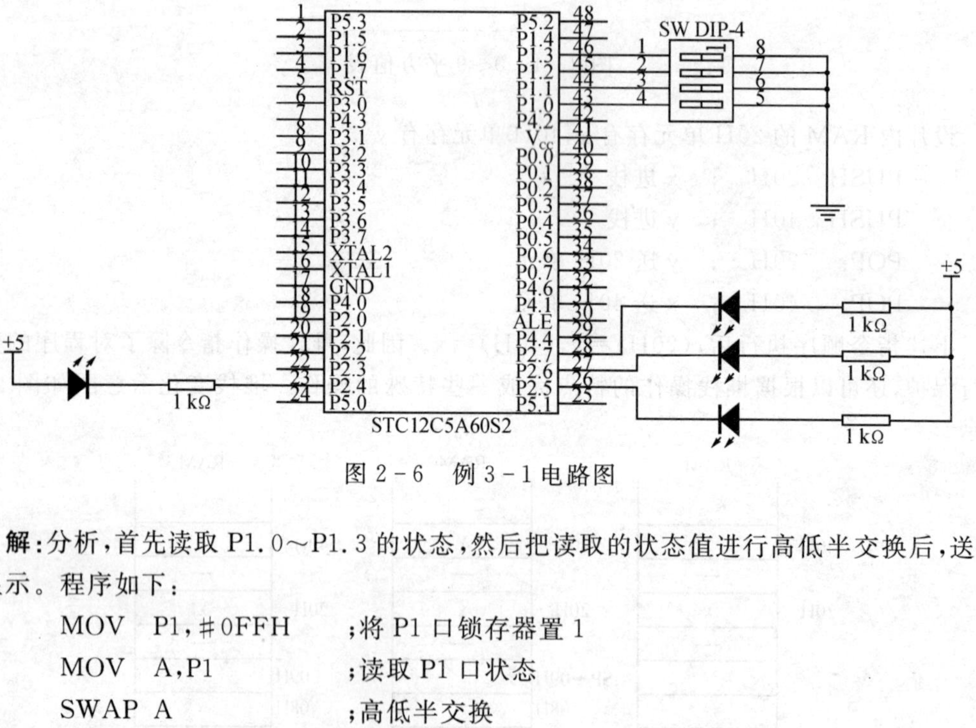

图 2-6　例 3-1 电路图

解:分析,首先读取 P1.0～P1.3 的状态,然后把读取的状态值进行高低半交换后,送 P2 口显示。程序如下:

```
MOV   P1,#0FFH      ;将 P1 口锁存器置 1
MOV   A,P1          ;读取 P1 口状态
SWAP  A             ;高低半交换
MOV   P2,A          ;送入 P2 口显示
```

2.2.2　算术运算类指令

STC 单片机的算术运算类指令共有 24 条,包括加法、减法、乘法、除法和十进制调整等操作指令。这类指令中,大多数都要用累加器 A 来存放一个源操作数,另一个操作数是工作寄存器 Rn、片内 RAM 单元或立即数。执行指令时,CPU 总是将源操作数与累加器 A 中的操作数进行相应操作,然后将结果保留在累加器 A 中,同时会影响程序状态字 PSW 中的溢

出标志 OV、进位标志 CY、辅助进位标志 AC 和奇偶标志位 P。

(1)不带进位的加法指令。

```
ADD   A,#data          ;A←A+#data
ADD   A,direct         ;A←A+(direct)
ADD   A,Rn             ;A←A+Rn
ADD   A,@Ri            ;A←A+(Ri)
```

这组指令的功能是将累加器 A 中的数据与源操作数相加，并把运算结果保存在累加器 A 中。同时影响程序状态字 PSW 的 CY、AC、OV 和 P 的状态。具体如下：

如果位 3 有进位，则辅助进位标志位 AC 置“1”，反之，AC 清“0”；

如果位 7 有进位，则进位标志位 CY 置“1”，反之，CY 清“0”；

如果位 6 有进位而位 7 没有进位或者位 7 有进位而位 6 没有进位，则溢出标志位 OV 置“1”，反之，OV 清“0”；

如果指令执行后累加器 A 中的数据“1”的个数为奇数，则奇偶标志位 P 置“1”，反之，P 清“0”。

例如：

```
MOV   A,#19H           ;A←19H
ADD   A,#66H           ;A←A+66H
```

上述程序，第一条为数据传送指令，给累加器 A 赋值；第二条指令是加法指令，将累加器 A 中的数据 66H 相加，结果送回累加器 A。对应的竖式表示为

```
     25        A=0 0 0 1 1 0 0 1 B
+   102     data=0 1 1 0 0 1 1 0 B
-----------------------------------
    127        0   0 1 1 1 1 1 1 1 B
```

由竖式可知，程序执行后，A=7FH，CY=0，AC=0，OV=0，P=1。

这组指令使用时注意：

参加运算的数据都应当是 8 位的，结果也是 8 位，并影响 PSW；根据编程者的需要，8 位数据可以是无符号数(0～255)，也可以是有符号数(－128～＋127)。但是不论编程者认为是有符号数还是无符号数，CPU 都将把它们视为有符号数(补码)进行运算并影响 PSW。

(2)带进位的加法指令。

```
ADDC  A,#data          ;A←A+#data+CY
ADDC  A,direct         ;A←A+(direct)+CY
ADDC  A,Rn             ;A←A+Rn+CY
ADDC  A,@Ri            ;A←A+(Ri)+CY
```

这组指令是将累加器 A 中的操作数、源操作数和 CY 中的值相加，将结果保存在累加器 A 中。这里所指的 CY 的值是指令执行前的 CY 值，与指令执行后的 CY 值无关。PSW 中其他各标志状态变化与不带 CY 的加法指令相同。

(3)加 1 指令。

```
INC   A                ;A←A+1
INC   Rn               ;Rn←Rn+1
INC   direct           ;direct←(direct)+1
INC   @Ri              ;(Ri)←(Ri)+1
```

```
INC  DPTR              ;DPTR←DPTR+1
```

这组指令的功能是将源操作数内容加 1 后将结果送回原单元。除了第一条对 PSW 的 P 有影响外,其余对 PSW 均无影响。这组指令常用于控制、循环语句中修改数据指针等。

(4)带借位的减法指令。

```
SUBB  A,#data          ;A←A-#data-CY
SUBB  A,direct         ;A←A-(direct)-CY
SUBB  A,Rn             ;A←A-Rn-CY
SUBB  A,@Ri            ;A←A-(Ri)-CY
```

这组指令的功能是将累加器 A 减去源操作数以及指令执行前的 CY 值,然后把结果保存在累加器 A 中。在这组指令中无论相减两数是无符号数还是有符号数,减法操作总是按有符号数来处理,同时影响 PSW 中相关的标志。

在 STC 的指令系统中没有不带借位的减法,即不带 CY 的指令是非法指令,但是可以使用合法的指令来替代,只要在使用 SUBB 指令前必须使用一条清除借位的指令:CLR C。

例:试分析执行下列指令后累加器 A 和 PSW 中各标志的变化。

```
CLR    C
MOV    A,#52H
SUBB   A,#0B4H
```

对应的竖式表示为

```
          A=0 1 0 1 0 0 1 0B
-      data=1 0 1 1 0 1 0 0B
---------------------------
            1 1 0 0 1 1 1 1 0B
```

由此可以得出 A=9EH,CY=1,AC=1,OV=1,P=1。

(5)减 1 指令。

```
DEC  A            ;A←A-1
DEC  Rn           ;Rn←Rn-1
DEC  direct       ;direct←(direct)-1
DEC  @Ri          ;(Ri)←(Ri)-1
```

这组指令的功能是将源操作数的内容减 1,然后将运算结果送回原单元。仅有 DECA 这条指令影响 PSW 中的 P 标志位。该指令主要用于在循环语句中修改数据指针。但要注意,减 1 指令中没有 DPTR 的减 1 指令。

(6)十进制调整指令。

```
DA  A             ;若 AC=1 或 A3~0>9,则 A←A+06H
                   若 CY=1 或 A7~4>9,则 A←A+60H
```

若两个条件同时满足或者 A7~4=9 且低 4 位修正时有进位,则 A←A+66H。

使用时,这条指令通常紧跟在加法指令之后,用于对执行加法后累加器 A 中的操作结果进行十进制调整。该指令的功能为:若在加法过程中低 4 位向高 4 位有进位或累加器 A 中低 4 位大于 9,则累加器 A 作加 6 调整;若在加法过程中最高位有进位或累加器 A 中高 4 位大于 9,则累加器 A 作加 60H 调整;若两者同时发生或高 4 位虽等于 9 但低 4 位修正时有进位,则应加 66H 修正。十进制调整由硬件自动完成,结果存在累加器 A 中,指令执行时仅对进位位 CY 产生影响。例如:

```
MOV   A,#85H        ;A←85H
ADD   A,#59H        ;A←85H+59H=0DEH
DA    A             ;A←44H,CY=1
```

运算过程如下：

	8 5	A =	1000010 1B	
+)	5 9	dat a=	0101100 1B	
	1 44	0	1101111 0B	
			110B	低 4 位>9,加 6 调整
			1110010 0B	
			110	高 4 位>9,加 60H 调整
		1	0100010 0B	

显然,CY=1,A=44H。即操作结果为 144。

(7)乘法指令。

```
MUL   AB      ;BA←A×B,形成标志
```

该条指令的功能是将累加器 A 和寄存器 B 中的两个 8 位无符号整数相乘,并把乘积的高 8 位放在 B 寄存器中,低 8 位放在累加器 A 中。该指令执行过程中对 CY、OV 和 P 三个标志位产生影响。其中,CY 被清 0,OV 用来表示乘积的大小,若乘积大于 255,即 B>0,则 OV=1,否则 OV=0。P 仍是由累加器 A 中 1 的个数的奇偶性确定。

(8)除法指令。

```
DIV   AB       ;A/B,形成标志
```

该条指令的功能是把累加器 A 中的 8 位无符号数除以寄存器 B 中的 8 位无符号数,所得的商的整数部分放在累加器 A 中,余数保留在寄存器 B 中。该指令对 CY 和 P 标志位的影响与乘法相同。指令执行过程中若 CPU 发现寄存器 B 中的除数为 0,则 OV 被置 1,表示除法是没有意义的;其余情况下 OV 为 0。

例 2-3:试编程实现 1234H+5678H,将结果保存在内部 RAM30H 和 31H 单元中(高位放在 30H 单元中)。

解:

```
MOV   A,#34H          ;A←34H
ADD   A,#78H          ;A←34H+78H
MOV   31H,A           ;31H←A
MOV   A,#12H          ;A←12H
ADDC  A,#56H          ;A←12H+56H+CY
MOV   30H,A           ;30H←A
```

例 2-4:已知两个 8 位无符号数分别存储在内部数据存储器 30H 和 31H 单元中,试编写程序,将它们乘积的低 8 位放入 32H 单元、积的高 8 位放入 33H 单元。

```
解:  MOV   R0,30H        ;R0←第一个乘数的地址
     MOV   A,@R0         ;A←乘数
     INC   R0            ;R0←第二个乘数的地址
     MOV   B,@R0         ;B←第二个乘数
     MUL   AB            ;BA←A×B,
     INC   R0            ;修改目标单元地址
     MOV   @R0,A         ;32H←积的低8位
     INC   R0            ;修改目标单元地址
     MOV   @R0,B         ;32H←积的高8位
```

2.2.3 逻辑运算及移位类指令

STC 单片机逻辑运算及移位类指令共有 24 条,包括逻辑与、逻辑或、逻辑异或、清零、取反、左移、右移等指令。在这类指令中,仅当目的操作数为累加器 A 时对奇偶标志位 P 有影响,其余指令均不影响 PSW 的状态。

(1)逻辑与运算指令。

```
ANL    A,Rn            ;A←A∧Rn
ANL    A,direct        ;A←A∧(direct)
ANL    A,@Ri           ;A←A∧(Ri)
ANL    A,#data         ;A←A∧#data
ANL    direct,A        ;(direct)←(direct)∧A
ANL    direct,#data    ;(direct)←(direct)∧#data
```

这组指令的前 4 条指令以累加器 A 为目的操作数,指令的功能是将累加器 A 和源操作数按位进行逻辑“与”运算,并把操作结果送回累加器 A;后两条指令的目的操作数是直接寻址的地址单元,指令的功能是把直接地址单元的内容和源操作数按位进行逻辑“与”运算,并把操作结果送入直接寻址的地址单元中。

逻辑与指令通常用于将一个字节的指定位清 0,其余位不变。

例 2-5:已知 R0=20H,(20H)=55H,A=0FH,执行指令 ANL A,@R0 后累加器 A 和 20H 单元中的内容是什么?

```
       (R0)   01010101B
  ∧     A     00001111B
 ----------------------
        A     00000101B
```

解:指令执行后(20H)=55H,A=05H。

(2)逻辑或运算指令。

```
ORL    A,Rn            ;A←A∨Rn
ORL    A,direct        ;A←A∨(direct)
ORL    A,@Ri           ;A←A∨(Ri)
ORL    A,#data         ;A←A∨#data
ORL    direct,A        ;(direct)←(direct)∨A
ORL    direct,#data    ;(direct)←(direct)∨#data
```

这组指令和逻辑与指令类似,不同的是指令执行的是逻辑或操作。逻辑或指令主要是

对某个存储单元或累加器 A 中数据进行指定位置 1 操作，其余位不变。

(3)逻辑异或运算指令。

异或运算的符号是"⊕"，运算规则为

$0\oplus 0=0, 1\oplus 1=0, 0\oplus 1=1, 1\oplus 0=1$

逻辑异或运算指令为

```
XRL    A,Rn           ;A←A⊕Rn
XRL    A,direct       ;A←A⊕(direct)
XRL    A,@Ri          ;A←A⊕(Ri)
XRL    A,#data        ;A←A⊕#data
XRL    direct,A       ;(direct)←(direct)⊕A
XRL    direct,#data   ;(direct)←(direct)⊕#data
```

这类指令和前两类指令相似，只是进行的操作是逻辑异或操作。逻辑异或指令也可以用来对某个存储单元或累加器 A 中的数据进行变换，使其中指定的某些位取反，其余位不变。

(4)累加器清 0 指令。

```
CLR    A              ;A←0
```

(5)累加器取反指令。

```
CPL    A              ;A←A 中的数据按位取反
```

(6)移位指令。

RL　A ;将累加器 A 中的内容进行左移，

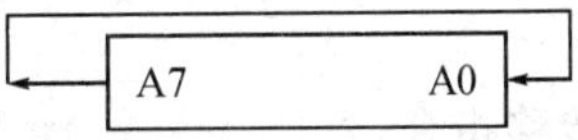

RR　A; 将累加器 A 中的内容进行右移，

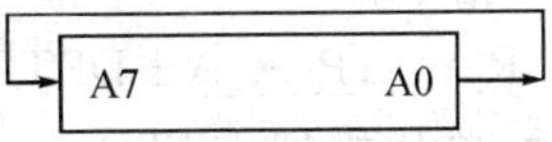

RLC　A;将累加器 A 的内容连同进位位进行左移，

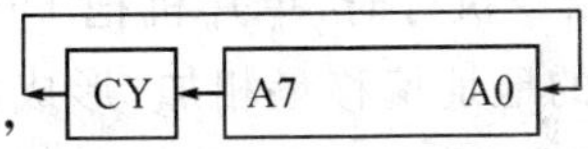

RRC　A;将累加器 A 的内容连同进位位进行右移，

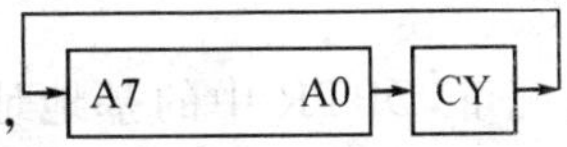

例 2-6:设累加器 A=0AAH，P1=0FFH。试编程将累加器 A 中的低四位送 P1 口的低四位，而 P1 口的高四位不变。

解:

```
MOV    R0,A        ;累加器 A 中的数据暂存
ANL    A,#0FH      ;屏蔽高 4 位保留低 4 位
ANL    P1,#0F0H    ;屏蔽 P1 口的低 4 位
ORL    P1,A        ;在 P1 口组装
MOV    A,R0        ;恢复累加器 A 的数据
```

2.2.4　控制转移类指令

2.2.4.1　无条件转移指令

无条件转移指令主要包括以下几方面：

(1)绝对转移指令。

AJMP addr11　　;$PC\leftarrow PC+2, PC_{10\sim 0}\leftarrow addr11$

这条指令执行时，先将 PC 加 2，然后把 addr11 送入 $PC_{10\sim0}$，$PC_{15\sim11}$ 保持不变。显然，这是 2KB 范围内的无条件转移指令。AJMP 指令把单片机的 64KB 程序存储器空间划分为 32 个区，每个区为 2KB。AJMP 指令的目标地址应该与 AJMP 指令取出后的 PC 地址在同一个 2KB 区域。例如，若 AJMP 指令地址为 2FFEH，则 PC＋2＝3000H，故目标转移地址必须在 3000H～37FFH 这个 2KB 区域内。AJMP 指令转移范围示意图如图 2－7 所示。

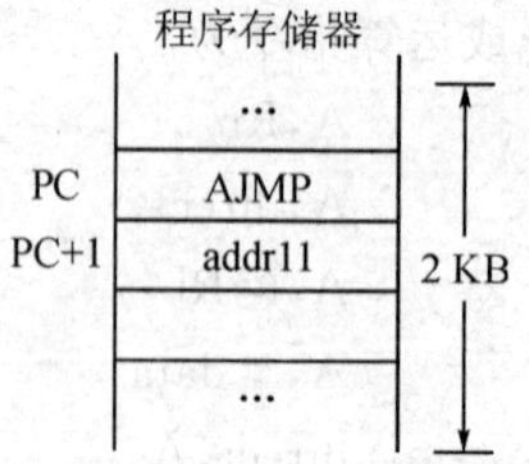

图 2－7　AJMP 指令转移范围示意图

(2)长转移指令。

LJMP addr16　　;PC16←addr16

长转移指令的功能是将指令码中的 addr16 送入程序计数器 PC，使机器无条件转移到 addr16 处执行程序。由于 addr16 是 16 位二进制数，因此，本条指令的转移范围是 64KB。为了使程序容易编写，addr16 常采用符号地址。LJMP 转移指令示意图如图 2－8 所示。

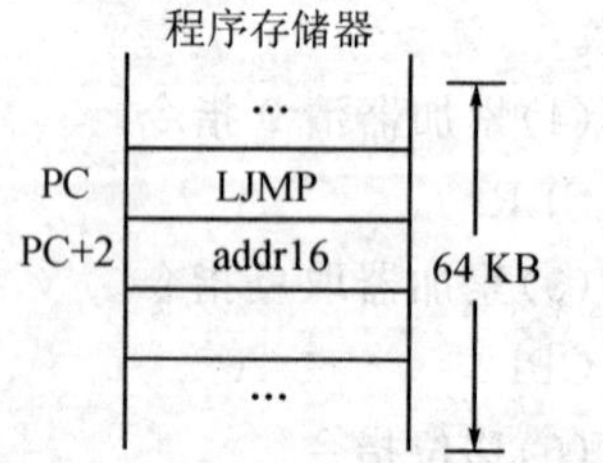

图 2－8　LJMP 转移指令示意图

(3)短转移指令。

SJMP　rel　　;PC←PC＋2，PC←PC＋rel

本条指令的功能是将 PC 加 2 后，把偏移量 rel 加到 PC 上，计算出目标地址。由于指令中的 rel 是一个有符号的 8 位二进制数，取值范围为－128～＋127，因此转移地址范围为 256B。SJMP 转移指令示意图如图 2－9 所示。

(4)变址寻址转移指令。

JMP @A＋DPTR　　;PC←A＋DPTR

本条指令执行时，单片机把 DPTR 中的基地址和累加器 A 中的地址偏移量相加，形成目标转移地址送给程序计数器 PC。

一般情况下，DPTR 中的基地址是一个确定的值，通常是一张转移指令表的起始地址，累加器 A 中的值为表的偏移量地址，机器通过变址转移指令便可实现程序的分支转移。

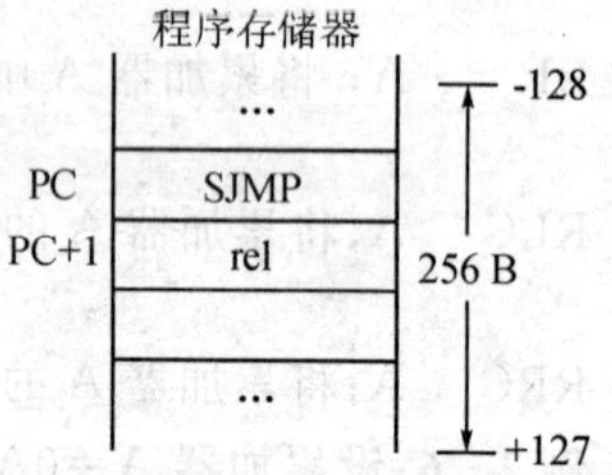

图 2－9　SJMP 转移指令示意图

2.2.4.2　条件转移指令

这类指令在执行过程中需要判断条件是否满足，然后决定是否转移。当条件满足时，程序转移；不满足时，程序继续执行。条件转移指令分为累加器 A 的判零转移、比较条件转移和减 1 条件转移三类。

(1)累加器 A 判零转移指令。

JZ　rel　　;若 A＝0，则 PC←PC＋2＋rel；若 A≠0，则 PC←PC＋2

JNZ　rel　　;若 A≠0，则 PC←PC＋2＋rel；若 A＝0，则 PC←PC＋2

第一条指令的功能是，如果累加器 A＝0 则转移到目的地址，否则不转移；第二条指令与第一条指令功能相反，若累加器 A≠0 则转移，否则继续执行原程序。

例 2－7：读下列程序，说出其功能。已知给定内部数据存储器 30H 单元中的内容，执行下列程序，分析程序运行过程及结果。

```
      MOV    A,30H
      JZ     L1
      MOV    R0,#00H
      AJMP   L2
   L1:MOV    R0,#0FFH
   L2:SJMP   $
```

解：如果执行这段程序前(30H)＝00H，则 R0＝0FFH，否则 R0＝0。

(2)比较不相等转移指令。

```
CJNE A,#data,rel      ;若 A=#data,则 PC←PC+3
                        若 A>#data,则 PC←PC+3+rel,CY=0
                        若 A<#data,则 PC←PC+3+rel,CY=1
CJNE A,direct,rel     ;若 A=(direct),则 PC←PC+3
                        若 A>(direct),则 PC←PC+3+rel,CY=0
                        若 A<(direct),则 PC←PC+3+rel,CY=1
CJNE Rn,#data,rel     ;若 Rn=#data,则 PC←PC+3
                        若 Rn>#data,则 PC←PC+3+rel,CY=0
                        若 Rn<#data,则 PC←PC+3+rel,CY=1
CJNE @Ri,#data,rel    ;若(Ri)=#data,则 PC←PC+3
                        若(Ri)>#data,则 PC←PC+3+rel,CY=0
                        若(Ri)<#data,则 PC←PC+3+rel,CY=1
```

第一条指令执行时，单片机将累加器 A 和立即数 data 进行比较，若不相等则转移，否则顺序执行，同时影响 CY 标志位。影响 CY 标志位的方法是：若累加器 A 中的内容大于等于立即数 data，则 CY＝0，否则 CY＝1。其余三条指令功能与第一条指令相同，只是比较的两个源操作数不同。

(3)减 1 不为 0 转移指令。

```
DJNZ Rn, rel   ;Rn←Rn-1,若 Rn-1≠0,则 PC←PC+2+rel
                         若 Rn-1=0,则 PC←PC+2
DJNZ direct, rel;(direct)←(direct)-1,若(direct)-1≠0,则 PC←PC+3+rel
                                      若(direct)-1=0,则 PC←PC+3
```

第一条指令是两字节的指令，其功能是：先把 Rn 中的内容减 1，然后判断 Rn 中的内容，若 Rn 中的内容为零，则程序顺序执行；若不为零，则程序转移。第二条指令是三字节指令，功能与第一条指令类似。

这两条指令主要用于控制程序循环，如预先把寄存器或内部 RAM 单元赋值循环次数，利用减 1 条件转移指令，以减 1 后是否为 0 作为转移条件，即可实现按次数控制循环。

例 2-8：读下列程序说出其功能。

```
     MOV   20H,#05H    ;20H←#05H
     CLR   A           ;A←0
LOOP:ADDA,20H          ;A←A+(20H)
     DJNZ  20H,LOOP    ;(20H)←(20H)-1,若(20H)≠0,则转移;否则顺序执行。
```

```
SJMP   $                ;循环等待
```

解:程序执行后,(A)=5+4+3+2+1=0FH。

2.2.4.3 子程序的调用和返回指令

在编写程序时经常会遇到反复执行某程序段的情况,为了减少编写和调试程序的工作量,以及减少程序在存储器中所占的空间,常常把具有完整功能的程序定义为子程序,供主程序调用。

在子程序的调用过程中,调用和返回是必须的。因此调用指令和返回指令是成对使用的。调用指令在主程序中使用,返回指令则放在子程序的末尾。子程序执行完后,程序要返回到主程序断点处继续执行。子程序调用示意图如图 2-10 所示。

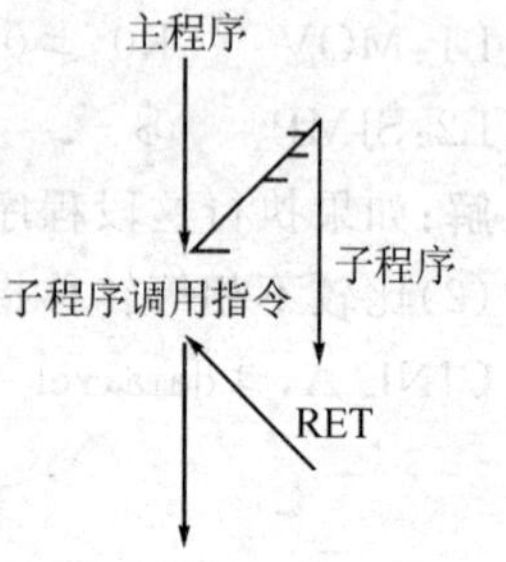

图 2-10　子程序调用示意图

(1)短调用指令。

```
ACALL   addr11       ;PC←PC+2,SP←SP+1,(SP)←PC7～0
                      SP←SP+1,(SP)←PC15～8
                      PC10～0←addr11
```

短调用指令也称为绝对调用指令。该指令执行时,PC 先加 2 后,分别把它的断点地址压入堆栈,然后把指令提供的 11 位地址取代 PC 的低 11 位,而 PC 的高 5 位地址不变。

在编程时,addr11 可用标号表示。本调用指令应于被调用子程序起始地址在同一个 2KB 范围内,只用当 ACALL 指令处在上一页末尾时,被调用子程序才可以在本页之内。

(2)长调用指令。

```
LCALL   addr16       ;PC←PC+3,SP←SP+1,(SP)←PC7～0
                      SP←SP+1,(SP)←PC15～8
                      PC←addr16
```

该指令执行时 PC 加 3 后把断点地址压入堆栈,然后把 addr16 送给 PC。显然长调用指令调用范围是 64KB。

(3)返回指令。

```
RET     ;PC15～8←(SP),SP←SP-1
         PC7～0←(SP),SP←SP-1
RETI    ;PC15～8←(SP),SP←SP-1
         PC7～0←(SP),SP←SP-1
```

两条指令的功能基本相同,都是使子程序返回主程序,并继续往下执行。两者的区别是 RET 用于子程序的返回;RETI 用于中断服务子程序返回,RETI 返回主程序后,还要清除相应的中断优先级状态位,使系统响应低优先级的中断。

(4)空操作指令。

```
NOP     ;PC←PC+1
```

指令的功能是使程序计数器 PC 加 1,不进行任何操作,因此它常在延时程序中使用。

2.2.5 位操作类指令

STC 单片机的硬件结构中有一个位处理器,对位地址空间具有丰富的位操作指令。由于位操作数是“位”，取值只能是 0 或 1，故又称为布尔操作指令。

(1)位传送类指令。

MOV　C, bit　　;C 为 PSW 中的 Cy,CY←bit

MOV　bit, C　　;bit 为布尔变量的位地址,bit←CY。

这组指令的功能是实现位累加器 C 和其他位地址之间的数据传递。例如：

MOV　P1.0,C　　;将 CY 中的状态送到 P1.0 引脚

(2)位置“1”和位清“0”指令。

SETB　C　　;CY←1

SETB　bit　　;bit←1

CLR　C　　;CY←0

CLR　bit　　;bit←0

例如：

STEB　P1.2　　;将 PI.2 位置“1”

CLR　P3.3　　;使 P3.3 位清“0”

(3)位逻辑运算指令。

1)位与指令。

ANL　C,bit　;CY←CY∧(bit)

指令功能是 CY 与指定的位地址的值相与，结果送回 CY。

ANL　C,/bit　;CY←CY∧($\overline{bit}$)

指令功能是先将指定的位地址中的值取出来后取反，再和 CY 相与，结果送回 CY。但指定的位地址中的值本身并不发生变化。

例如：假设 CY=1,(P1.0)=1,执行下列指令：

ANL　C,/P1.0

结果是 CY=0,而(P1.0)=1

2)位或指令。

ORL　C,bit　　;CY←CY∨(bit)

ORL　C,/bit　　;CY←CY∨($\overline{bit}$)

3)位取反指令。

CPL　C　　;CY←$\overline{CY}$

指令功能是使 CY 等于原来相反的值，由 1 变为 0，由 0 变为 1.

CPL　bit　　;(bit)←($\overline{bit}$)

指令功能是使指定位的值等于原来相反的值，由 0 变为 1，由 1 变为 0.

(4)位控制转移指令。

1)判 CY 转移指令。

JC　rel　　;若 CY=1,则 PC←PC+2+rel
　　　　　　若 CY=0,则 PC←PC+2

JNC rel　　;若 CY=1,则 PC←PC+2
　　　　　　若 CY=0,则 PC←PC+2+rel

指令功能是判断进位位 CY 是否为“1”或为“0”，当条件满足时转移，否则继续顺序执行。

2)判位变量转移指令。

```
JB    bit,rel     ;若(bit)=1,则 PC←PC+3+rel
                   若(bit)=0,则 PC←PC+3
JNB   bit,rel     ;若(bit)=1,则 PC←PC+3
                   若(bit)=0,则 PC←PC+3+rel
JBC   bit,rel     ;若(bit)=1,则 PC←PC+3+rel,bit←0
                   若(bit)=0,则 PC←PC+3
```

这类指令是判断直接寻地址是否为“1”或为“0”,当条件满足时转移,否则继续顺序执行。而最后一条指令当条件满足时,指令执行后同时寻址位清“0”。

附录 A 给出了 STC12C5A60S2 单片机指令表。

习 题

1. 指出下列每条指令的寻址方式。

(1)MOV A,40H

(2)MOV A,#30H

(3)MOV 30H,#00H

(4)SJMP LOOP

(5)MOVC A,@A+DPTR

(6)MOVX A,@R0

(7)MOV C,20H

(8)MOV 20H,R3

(9)MOV 31H,20H

(10)MOV P1,20H

(11)ADD A,@R1

(12)ANL A,B

(13)CLR C

2. 判断以下指令的正误。

(1)MOV R1,R2

(2)MOV 20H,@R3

(3)DEC DPTR

(4)INC DPTR

(5)MOVX A,@R1

(6)MOVC A,@DPTR

(7)PUSH DPTR

(8)CLR R1

(9)MOV 20H,30H

(10)MOV F0,C

(11)CPL R7

(12)RC A

3.已知程序执行前,在 STC12C5A60S2 单片机片内 RAM(10H)=20H,(20H)=33H,(33H)=45H,(45H)=56H。分析下列程序按顺序执行每条指令后的结果。

```
MOV A,33H
MOV R1,A
MOV @R1,#0FFH
MOV 45H,33H
MOV R0,#10H
MOV A,@R0
MOV P1,#0FFH
MOV A,P1
MOV 20H,A
```

4.简答

(1)MCS-51 共有哪几种寻址方式？试举例说明。

(2)MCS-51 指令按功能可以分为哪几类？每类指令的作用是什么？

(3)访问 SFR,可使用哪些寻址方式？

(4)试述指令 MOV A,R0 和 MOV A,@R0 的区别。

(5)试述指令 MOV A,20H 和 MOV A,#20H 的区别。

(6)执行指令 MOV A,R4；

在程序状态字 PSW 中(a)RS1=0,RS0=0;(b)RS1=1,RS0=0 的两种情况下,上述指令执行结果有何不同？

5.假定外部数据存储器 3000H 单元的内容为 50H,执行下列指令后,累加器 A 中的内容为(　)。

```
MOV   DPTR,#3000H
MOVX  A,@DPTR
```

6.假定累加器 A 中的内容为 30H,DPTR 中的内容为 2000H,执行指令：

```
MOVC  A,@A+DPTR
```

后,把程序存储器(　)单元的内容送入累加器 A 中。

7.已知(30H)=21H,(31H)=04H,说明下列程序的功能。

```
PUSH 30H
PUSH 31H
POP 30H
POP 31H
```

8.已知程序执行前,在 STC12C5A60S2 单片机片内 RAM 中,(A)=85H,(R0)=20H,(20H)=0AFH,(Cy)=1,(21H)=0FFH。写出下列指令独立执行后寄存器和存储单元的内容,若该指令影响标志位,写出 CY、AC、OV 和 P 的值。

```
ADD   A,@R0
ADDC A,21H
SWAP A
```

```
SUBB A,#50H
DEC R0
XCHD A,@R0
```

9.已知程序执行前，在 STC12C5A60S2 单片机片内 RAM 中，(A)＝33H，(R0)＝28H，(28H)＝0BCH，写出执行如下程序后累加器 A 中的内容。

```
ANL A,#60H
ORL 28H,A
XRL A,@R0
CPL A
```

10.写出完成如下要求的指令，但是不能改变未涉及位的内容。

(1)把 ACC.3，ACC.4，ACC.5 和 ACC.6 置"1"。

(2)把累加器 A 的中间 4 位清"0"。

(3)将内部数据存储器 10H 单元中的数据的高 2 位，低 3 位清"0"。

(4)将内部数据存储器 50H 单元中的数据所有位取反。

(5)将内部数据存储器 40H 单元中的数据高 4 位取反。

(6)将内部数据存储器 10H 单元中的数据低 3 位置"1"。

11.已知程序执行前，在 STC12C5A60S2 单片机片内 RAM 中，A＝02H，SP＝52H，(51H)＝FFH，(52H)＝FFH。下述程序执行后：

```
POP   DPH
POP   DPL
MOV   DPTR,#4000H
RL   A
MOV   B,A
MOVC,@A+DPTR
PUSH Acc
MOV   A,B
INC   A
MOVC A,@A+DPTR
PUSH   Acc
RET
ORG   4000H
DB   11H,75H,90H,30H,46H,78H,70H,98H
```

请问：A＝(　　)，SP＝(　　)，(51H)＝(　　)，(52H)＝(　　)，PC＝(　　)。

第 3 章　汇编语言程序设计和调试

一个实际的工程应用中，除了要进行必要的硬件设计外，软件设计是体现系统智能化的一个重要方面。本章重点介绍 STC12C5A60S2 单片机的汇编语言程序设计和调试。

3.1　汇编语言程序设计

3.1.1　编程语言

编写计算机程序有三种不同层次的计算机语言可供选择，就是机器语言、汇编语言和高级语言。

指令是计算机完成某种指定操作的命令，程序是以完成一定任务为目的的有序指令组合。指令的集合称为指令系统。不同系列的 CPU 有不同的指令系统。在同一个指令系统中，同一条指令有两种形式，一种是汇编指令（汇编语言）的形式，另一种是机器指令（机器语言）的形式。

机器语言（Machine Language）是用二进制数表示的指令，是 CPU 唯一能够直接识别和执行的程序形式。机器语言的缺点是不直观，不易识别、理解和记忆，因此编写、调试程序时都不采用这种形式的语言。

汇编语言（Assembly Language）是用英文缩写形式的助记符书写的指令，地址、数据也可用符号表示。与机器语言程序相比，编写、阅读和修改都比较方便，不易出错。但计算机只能辩认和执行机器语言，因此，用汇编语言编写的源程序必须“翻译”成机器语言程序（或称目标代码）才能执行，这种翻译称为汇编（Assemble），汇编语言程序汇编成为机器代码后，与 CPU 的汇编语言形式的指令一一对应。目前，常常利用计算机软件自动完成汇编工作，这种软件称为汇编程序（Assembler）。不同的 CPU 具有不同的汇编语言，一般不能通用。与高级语言相比，用汇编语言编写的程序汇编成机器语言的目标代码简洁、直接、运行速度快，在自动控制、智能化仪器仪表、实时监测和实时控制等领域的应用非常广泛。机器语言形式的机器指令也可以反过来翻译成汇编语言的形式，叫做反汇编。

高级语言（High Level Language）不针对某种具体的计算机，通用性强。用高级语言编程不需了解计算机内部的结构和原理，这种语言的形式更接近英语，对于非计算机专业的人员比较易于掌握。高级语言程序易读、易编写，程序结构比较简洁，大量用于科学计算和事务处理。用高级语言编写的源程序同样必须“翻译”成为机器语言后，计算机才能执行，所用的“翻译”软件称为编译程序。编译程序比汇编程序复杂得多，需要占用较大容量的存储器，编译的过程也要花费更多的时间。

3.1.2 伪指令

用户将编辑好的汇编语言源程序通过专门的软件(称为汇编程序)汇编成对应的机器语言程序时,需要有一些专门的说明性语句,例如,指定目标程序或数据存放的起始地址、给一些指定的标号赋值、在内存中预留工作单元、表示源程序结束等指令,这些指令并不产生对应 CPU 操作的机器码,故称为伪指令(Pseudo-Instruction),也叫做指示性语句;相对应地,可以产生实质性操作的指令叫做指令性语句。指令性语句表示了 CPU 要进行的某种操作。例如,MOV A,#30H,表示的是将立即数 30H 送到寄存器 A 中。

在汇编语言语句中常用符号表示某些量。符号名出现在不同的语句中所表示的含义不同。指示性语句中的符号名可以是变量名、地址等;而在指令性语句中符号名可以是标号、常数、变量等。

在指令性语句中,标号后面有一个冒号":",它实质上是指令的符号地址。并非每条指令性语句必须有标号。如果一条指令前面有标号,则程序中其他地方就可以把这个标号作为一个目标地址,可以使用转移指令跳转到该标号处。另外,在汇编语言程序中,标号也用作子程序的名字。

与指令性语句中的标号不同,伪指令语句的标号名后面不跟冒号。

要进行汇编语言程序设计,除了要学习前面介绍的指令性指令以外,还需要掌握常见伪指令的使用方法。

3.1.2.1 起始地址设置伪指令 ORG(ORIGIN)

格式为:ORG xxxxH

ORG 是起始地址设置伪指令的操作码,xxxx 是四位十六进制地址。该指令表明其后紧跟的指令性语句的机器码放在以 xxxxH 为起始地址的单元中。

一般地,在整个程序的起始处放置一条"ORG 0000H"伪指令,表明下面开始的指令性语句从 0000H 开始存放。后面有一定独立性的程序段也可以用这条指令指定程序段存放的起始地址。例如:

```
        ORG   0000H
START:  LJMP  MAIN
        MOV   A,#00H
        ……
        ORG   0100H
DELAY:  MOV   R0,#30H
        ……
```

单片机复位的时候,一个重要操作是将程序计数器 PC 清零。在复位结束后,系统从程序存放的第一个地址单元 0000H 开始取指令,汇编的时候就需要告诉汇编程序将后面的语句经汇编后放在地址为 0000H 开始的区域,因此,整个程序的起始地址用"ORG 0000H"伪指令说明,后面的延时子程序 DELAY 在指令"ORG 0100H"的说明作用下,经汇编后是被放置在地址为 0100H 开始的区域。

在这个例子中,如果没有"ORG 0100H"这条语句,延时程序 DALAY 也会得到汇编,汇编后的机器码紧接着前面的程序顺序存放。

3.1.2.2 数据定义伪指令

数据定义伪指令的功能是定义一个数据存储区，其类型由数据定义伪指令指定，可以给存储区赋初值，也可以仅仅给变量分配存储单元，而不赋予特定的值。

数据定义伪指令语句的一般格式为：

［变量名］ 数据定义伪指令 操作数［，操作数…］ ［；注释］

方括号中的内容为可选项。变量名后面不跟冒号。伪指令后面的操作数可以不止一个。如有多个操作数，互相之间用逗号隔开。

常用的数据定义伪指令有 DB 和 DW：

(1)定义字节 DB(Define Byte)。

其一般形式为：

［标号：］ DB 〈项或项表〉

其中，项或项表是指一个字节、数或数字串，或以引号括起来的 ASCII 码字符串(一个字符用 ASCII 码表示，相当于一个字节)。该指令的功能是把项或项表的数值存入从标号开始的连续单元中，每个操作数存放时占 1 个字节，多个操作数时，按排列顺序首先从低地址存放。

(2)定义字 DW(Define Word)。DW 伪指令定义的是字变量，每个字变量占 2 个字节的存储单元，两个字节的存储单元相邻，低位字节在低地址中，高位字节在高地址中。多个操作数时，按排列顺序从低地址开始存放。

例如：

```
        ORG     1000H
SEG:    DB      23H           ;定义一个字节
        DW      1000H         ;定义一个字
        DB      'MCS-51'      ;定义一个字符串
        END
```

则：
```
(1000H)=23H     SEG 的地址为 1000H
(1001H)=00H
(1002H)=10H
(1003H)=4DH     'M'的 ASCII 码
(1004H)=43H     'C'的 ASCII 码
(1005H)=53H     'S'的 ASCII 码
(1006H)=2DH     '-'的 ASCII 码
(1007H)=35H     数字 5 的 ASCII 码
(1008H)=31H     数字 1 的 ASCII 码
```

由数据定义伪指令 DB 或者 DW 后面的操作数确定变量的初值，常用的有以下几种形式：

1)常数或数值表达式。

2)ASCII 码字符串。

3)？表示定义的变量无确定值。

汇编程序中的常数，可采用不同的数制和不同的表示方法：

1)十进制数：数字的后面加一个字母“D”(Decimal)，表示是十进制数；或者什么也不加，默认为是十进制数。

2)二进制数：数字的后面加一个字母“B”(Binary)，如10101001B。

3)十六进制数：数字的后面加一个字母“H”(Hexadecimal)，而且，当十六进制数字不是以数字0～9开始，而是以字母(A～F)开头时，前面要再加一个前导数字0，这是为了在进行汇编时，以区别是数字，不是符号名。

4)ASCII常数：应将字符放在单引号中，例如“A”，“8”等。

汇编语言语句中的表达式为数值表达式，由数值和运算符组成，产生一个数值结果。运算符为算术运算符，常用的算术运算符有+(加)、-(减)，*(乘)，/(除)。

使用时应注意，作为操作数部分的项或项表，若为数值，其取值范围应为00～0FFH。

3.1.2.3 等值伪指令EQU(Equate)

其一般形式为：

标号　EQU　表达式

其功能是将语句操作数的值赋予本语句的标号。格式中的表达式可以是一个常数、符号、数值表达式或地址表达式等。

利用EQU伪指令，可以用一个名字代表一个数值，或用一个较简短的名字代表一个较长的名字，如果源程序中需要多次引用某一表达式，则可利用EQU伪指令给其赋一个标号(名字)，在以后的代码中，可用这个标号来代替上述表达式，从而使程序更加简洁，便于阅读。如欲改变表达式的值，也只需在EQU指令处修改一次，而不必修改多处，使程序易于调试、修改和维护。例如，下面的程序段：

```
COLUMN    EQU    32H
ROW       EQU    68H
BUFFER    DB     ?
           ⋮
          MOV    A,#COLUMN
          MOV    B,#ROW
          MUL    AB
          MOV    BUFFER,A
          MOV    BUFFER+1,B
           ⋮
```

上述程序段执行后，就把COLUMN和ROW的乘积放在了单元BUFFER和BUFFER+1中。只要改变COLUMN和ROW的值就可以计算不同数据的乘积。

需要注意的是，在同一程序中，用EQU伪指令对标号赋值后，该标号的值在整个程序中不能再改变。

3.1.2.4 DATA指令

其一般形式为：　符号名　DATA　表达式

DATA指令用于将一个内部RAM的地址赋给指定的符号名。

表达式必须是一个简单表达式，其值在 00H～0FFH 之间。如：

BUFFER　DATA　40H

3.1.2.5　XDATA 指令(Extenal Data)

其一般形式为：　符号名　XDATA　表达式

XDATA 指令用于将一个外部 RAM 的地址赋给指定的符号名。

表达式必须是一个简单表达式，其值在 0000H～0FFFFH 之间。如：

MYDATA　XDATA　0100H

3.1.2.6　定义位命令 BIT

其一般形式为：　字符名称　BIT　位地址

用于给字符名称定义位地址。如：

DOGOUT　BIT　P3.4

经定义后，允许在后续的指令代码中用 DOGOUT 代替 P3.4。

3.1.2.7　文件包含命令 INCLUDE

文件包含命令 INCLUDE 用于将寄存器定义文件(一般的后缀名为.INC)包含于当前程序中，与 C 语言中的 #include 语句的作用类似。使用格式为：

$INCLUDE(文件名)

例如，为了使用方便，把 STC12C5A60S2 单片机的寄存器定义保存在文件 STC12.INC 中。使用时，可以在程序的开始处使用下面的命令将其包含到用户程序中：

$INCLUDE(STC12.INC)

使用上述命令后，在用户程序中就可以直接使用 STC12C5A60S2 单片机的特殊寄存器名称了。例如：

MOV　CMOD,#10000000B　;设置 PCA 工作模式

3.1.2.8　条件汇编控制指令

条件汇编控制指令的作用是使源程序中的一部分程序行根据需要决定是否进行汇编。条件汇编控制伪指令的一般格式：

```
IF 达式
    [程序块 1]
[ELSE]
    [程序块 2]
ENDIF
```

当 IF 指令中的表达式为真时，汇编程序汇编程序块 1；当 IF 指令中的表达式为假时，汇编程序块 2。在一个条件结构中，仅有一个程序块被汇编，其他的则被忽略。

IF 块可嵌套使用，最大嵌套深度为 63 层(Keil uVision 集成开发环境只能达 10 层)。如果 IF ELSEIF 和 ELSE 块不汇编，则其嵌套的条件块也不汇编。

3.1.2.9　汇编结束伪指令

格式：END［标号］

汇编程序结束时，最后一条伪指令为END。指令格式中的标号是整个汇编语言源程序第一条可执行语句的标号。该伪指令告诉汇编程序：整个源程序结束，汇编程序停止汇编，并指出第一条指令性语句的标号。在一般的程序中，END后的标号都省略不写。

3.1.3　汇编语言程序设计的一般步骤和基本框架

程序是指令的有序集合。编写一个功能完善的、完整的程序，正确性是最主要的，但整个程序占内存的空间大小、每条指令的功能、长度、执行速度等都要考虑，尽可能使其优化。一个完善的系统设计应该具有设计方案正确、程序结构规范等基本性质，这不仅给程序的设计和调试带来方便，加速调试过程，而且有益于程序的维护和升级。汇编语言程序设计的一般步骤是：

(1)分析课题，确定算法或解题思路。

(2)根据算法或思路画出流程图。

(3)根据算法要求分配资源，包括内部RAM、定时器、中断等资源的分配。

(4)根据流程图编写程序。

(5)上机调试源程序，进而确定源程序。

对于复杂的程序可以按功能分为不同的模块，按模块功能确定结构。编写程序时采用模块化的程序设计方法。

为了方便读者编写STC12C5A60S2单片机汇编语言程序并进行仿真调试，下面给出一个汇编语言程序框架。在实际应用中，用户代码都可以放在这个框架中进行调试。

```
$INCLUDE(STC12.INC);包含STC12C5A60S2单片机寄存器定义头文件
;------这里可以编写程序中用到的一些符号定义(使用EQU、DATA、BIT等伪指令)
        ORG 0000H
START:  LJMP MAIN           ;跳转到主程序
        ORG 0003H
        LJMP INT0_ISR       ;外部中断0入口
        ORG 000BH
        LJMP T0_ISR         ;定时器0中断入口
        ORG 0013H
        LJMP INT1_ISR       ;外部中断1入口
        ORG 001BH
        LJMP T1_ISR         ;定时器1中断入口
        ORG 0023H
        LJMP UART1_ISR      ;串口1中断入口
        ORG 002BH
        LJMP ADC_ISR        ;ADC中断服务程序入口
        ORG 0033H
        LJMP LVD_ISR        ;低电压检测中断服务程序入口
```

```
        ORG 003BH
        LJMP PCA_ISR        ;PCA 中断服务程序入口
        ORG 0043H
        LJMP UART2_ISR      ;串口 2 中断服务程序入口
        ORG 004BH
        LJMP SPI_ISR        ;SPI 中断服务程序入口
        ORG 0100H
MAIN:   MOV SP,#70H         ;设置堆栈指针(可根据实际情况进行修改)
        ……;初始化内存区域内容
        ……;设置有关特殊功能寄存器(SFR)的控制字
        ……;根据需要开放相应的中断控制
MAINLOOP:
        ;主程序循环
        LJMP MAINLOOP
;————————————————————————————
;下面是各个中断服务子程序的入口
INT0_ISR:    ;外部中断 0 服务子程序
       ……          ;根据需要填入适当的内容
       RETI
INT1_ISR:    ;外部中断 1 服务子程序
       ……          ;根据需要填入适当的内容
       RETI
T0_ISR:    ;定时器 0 中断服务子程序
       ……          ;根据需要填入适当的内容
       RETI
T1_ISR:    ;定时器 1 中断服务子程序
       ……          ;根据需要填入适当的内容
       RETI
UART1_ISR:    ;串口 1 中断服务子程序
       ……          ;根据需要填入适当的内容(注意中断请求标志位的清零)
       RETI
UART2_ISR:    ;串口 2 中断服务子程序
       ……          ;根据需要填入适当的内容(注意中断请求标志位的清零)
       RETI
ADC_ISR:    ;ADC 中断服务子程序
       ……          ;根据需要填入适当的内容(注意中断请求标志位的清零)
       RETI
SPI_ISR:  ;SPI 通信中断服务子程序
       ……          ;根据需要填入适当的内容(注意中断请求标志位的清零)
       RETI
```

```
LVD_ISR:        ;低电压检测服务子程序
        ……              ;根据需要填入适当的内容(注意中断请求标志位的清零)
        RETI
PCA_ISR:        ;PCA和PWM中断服务子程序
        ……              ;根据需要填入适当的内容(注意中断请求标志位的清零)
        RETI
;下面可以编写其他子程序或者定义程序中所用的常数
        END
```

程序框架中的中断概念在第6章中介绍。如果程序中没有中断服务程序,可以将相应的中断服务程序模块删除。中断服务程序模块也可以保留,对整个程序的运行不会造成影响。

其中,标号为START的语句是整个程序的第一条指令性语句,由指示性语句ORG 0000H说明标号为START的语句开始的程序经汇编后存放在程序存储器0000H开始的地址单元中。单片机复位后,CPU从首地址0000H开始取指令运行程序。

由于地址0003H、000BH、0013H、001BH、0023H、002BH、0033H、003BH、0043H和004BH是专门为中断处理子程序分别预留的入口地址,所以第一条指令是一条长跳转指令,跳到避开上述中断处理子程序入口地址的0100H的地址,主程序MAIN从这个地址开始存放,MAIN语句前面的伪指令"ORG 0100H"表示以标号MAIN表示的主程序放在0100H开始的区域,当然也可以是跳到能够避开上述入口地址的其他地址。这些中断入口地址是事先由单片机硬件系统的设计所决定的,编程人员无法改变。这个设计为每个中断处理子程序预留了8个字节的存放区域。通常情况下,这个区域是不够用的,因此实际的中断子程序一般放在主程序的后面,在每个入口处只是安排一条跳转指令,分别跳转到各自的实际的中断处理子程序处。每个中断处理子程序在中断处理结束后,都以中断返回指令RETI结尾,以便完成中断返回的功能。

如果用户系统根本没有任何中断源,或者没有使用全部中断源,就可以不用或者少用中断的功能,0003H到0043H的区域也就无须全部或部分用于中断处理。没有任何中断的情况下,主程序甚至可以从0000H开始连续存放下去。

主程序的末尾是一条长跳转指令,跳转到某个合适的地方反复执行主程序。一般的子程序不可形成死循环,但是作为整个主程序却应该是一个最大的死循环。无论执行哪个子程序,之后都要回到主程序,反复循环运行。例如,一般在主程序中的键盘和显示子程序是反复扫描、刷新的,因此在操作时,系统对任何时刻的按键操作都应有正常的反应,这些正常的反应表现在对按键被按下时的响应、显示的刷新、输入输出的操作等,一旦不能在主程序中形成正常的循环,或者程序受到某种干扰在某个局部进入死循环而无法回到主程序时,键盘和显示得不到反复的扫描和刷新,就无法接受键盘命令,也无法刷新显示,就会出现通常所说的死机的现象了。

在程序编制以前,先根据系统方案绘制程序流程图是一个很好的方法。程序流程图可以简洁、清晰地将程序的分支走向标示清楚,尤其是在程序复杂,编写人员较多,相互衔接容易出错的情况下,利用流程图理顺各部分关系显得尤为重要。画流程图有两个常用的结构:顺序执行的矩形框和条件分支的菱形框。

顺序执行:某个局部功能或者顺序执行的语句使用矩形方框表示,矩形方框内注明程序的功能，各方框之间用箭头表示执行顺序，一目了然。

条件分支：遇到需要根据条件判断是否转移时，使用菱形方框表示，菱形框内注明分支条件，不同出口表明分支的去向。当然，分支可以向后跳转，也可以向前跳转。顺序执行和条件分支两种功能如图 3－1(a)、图 3－1(b)所示。菱形框中的字数较多时，也经常采用如图 3－1(c)所示的画法。

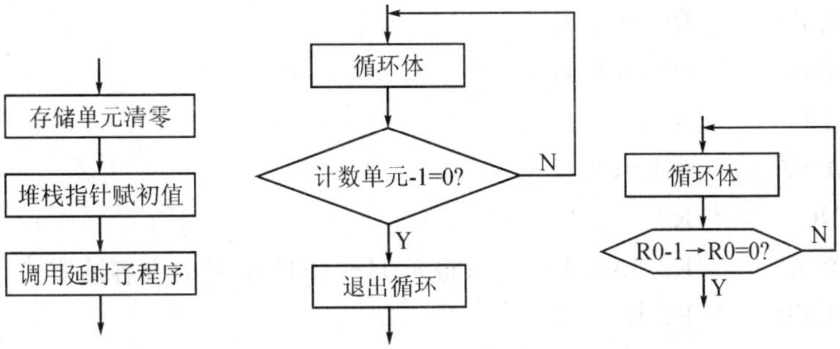

(a) 顺序执行结构　　(b) 分支结构　　(c) 分支结构的另一种画法

图 3－1　顺序执行和分支结构的流程图

当程序处理的对象具有重复性规律时，可以使用循环程序设计。一个循环表示重复执行一组指令(程序段)。图 3－2 所示为典型循环程序结构的流程图。

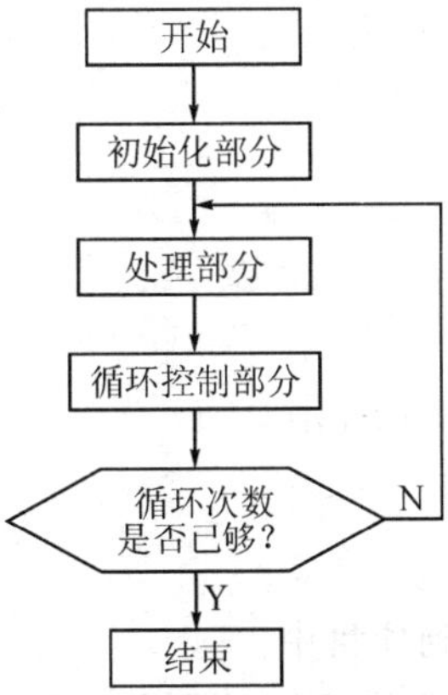

图 3－2　典型循环程序结构的流程图

3.2　汇编语言程序调试

程序编写完成后，并不一定能够保证实现所期望的功能，一般都需要使用集成开发环境对程序进行调试和验证。常见的集成开发环境是 Keil uVision。Keil uVision 的安装及创建程序的方法在第 2 章中已有描述，下面以一个具体事例，介绍利用 Keil uVision 集成开发环境调试汇编语言程序的方法。

例 3－1：假设晶振频率为 6MHz。将 STC2C5A60S2 单片机内部 RAM 40H～4FH 单元的内容清零，然后循环从 P1.0 输出 10ms 方波。

解：(1) 启动 Keil，创建项目并输入源程序。根据第 2 章中介绍的方法，创建项目

ex4－12，创建源程序文件 ex4－12.asm，并输入下面的代码：

```
        ORG     0000H
        LJMP    MAIN
        ORG     0100H
MAIN:   MOV     SP,#70H        ;设置堆栈指针
        MOV     R0,#40H
        MOV     R2,#10H
        CLR     A
LOOP1:  MOV     @R0,A
        INC     R0
        DJNZ    R2,LOOP1       ;将 40H～4FH 单元的内容清零
        SETB    P1.0
LOOP2:  CPL     P1.0
        LCALL   DELAY
        LJMP    LOOP2          ;输出方波
DELAY:                         ;10ms 延时子程序
        MOV     R2,#50
DLY_LOOP:
        MOV     A,#240
LOOP:   DEC     A
        JNZ     LOOP
        NOP
        DJNZ    R2,DLY_LOOP
        RET
        END
```

创建了源文件以后，把它加入到项目中。

(2)对程序进行软件模拟调试或者下载到单片机中进行仿真调试。按照与第 2 章中相同的设置选项，设置编译选项，并对工程进行编译。若编译过程中出现错误，则需要对源程序做出修改，直至编译成功。编译成功后，就可以进行程序的仿真调试了。对于程序的调试，有两种方式：一是下载到仿真器或者单片机中进行在线仿真调试；二是进行软件模拟调试。其中，利用软件模拟调试方式可以对程序的运算及逻辑功能进行调试，软件模拟调试成功后，基本上不需做多大修改即可应用到真正的系统中。并且，软件模拟调试方式与在线仿真调试的方式基本相同。下面就用软件模拟调试的方式为例，说明程序的调试方法。

为了对前面编写的程序能够在不连接单片机的情况下进行仿真调试(该过程称为软件模拟)，选中“Options for Target”对话框的“Debug”页，如图 3－3 所示。

在该对话框中选择“Use Simulator”单选框以进行软件模拟调试，其他选项不做修改。

通过以上设置，就可以进行软件模拟调试了。

从“Debug”菜单中选择“Start/Stop debug session”菜单项(快捷键是 Ctrl＋F5)，或者从工具条中单句“Start/Stop debug session”按钮，开始模拟调试过程。在调试过程中，可以

进行如下操作：

(1)连续运行、单步运行、单步跳过运行程序。“Debug”菜单中的“Go(F5)”、“Step(F11)”、“Setp Over(F10)”分别可以进行程序的连续运行、单步运行和单步跳过运行。括号中的内容是该功能的快捷键。其中，单步跳过运行程序的含义是，当单步运行程序到某个子程序的调用时，如果想跳过该子程序，继续运行下面的程序，可以使用该功能。在这种情况下，所跳过的子程序仍然执行(但不是单步执行)。

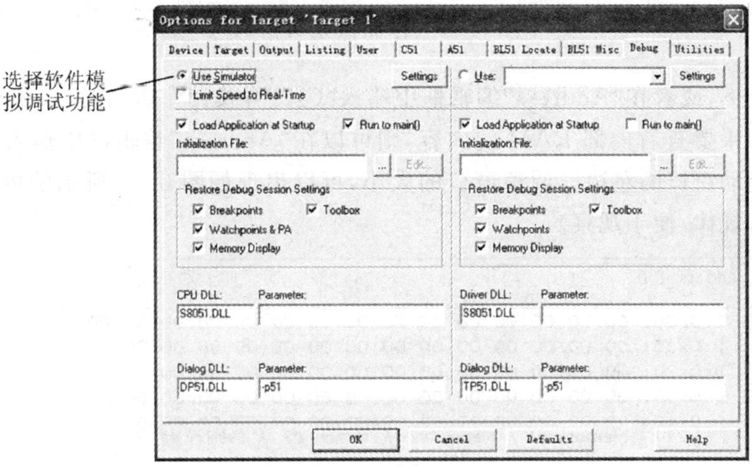

图 3-3　“Options for Target”对话框的“Debug”页面

(2)跳入执行“Step into”。单击工具条上的“Step into”图标，则当执行到某个函数或者子程序时，可以跳入到函数或者子程序中运行程序。

(3)运行到光标所在行。单击工具条上的“Run to Cursor line”图标，或者从“Debug”菜单中选择“Run to Cursor line(Ctrl+F10)”菜单项，则可以使得程序运行到当前光标所在的行。

(4)设置断点。进入调试环境后，在要设置断点的行上单击鼠标右键，弹出如图3-4所示的菜单。在此菜单中，选择“Insert/Remove Breakpoint”菜单项，则可以在当前行插入或删除断点。只要在当前行设置了断点，则在当前行的前面会出现一个红色的小方块。也可以在相应代码行的行号上双击鼠标，进行断点的设置和删除。连续运行程序后，执行到该行时，程序会暂停运行。此时，用户可以查看程序运行的一些中间状态和结果。

图 3-4　设置断点的菜单项

(5)存储器查看。要查看存储器的内容，从“View”菜单中选择“Memory Window”菜单项，屏幕底部会出现如图 3-5 所示的窗口。

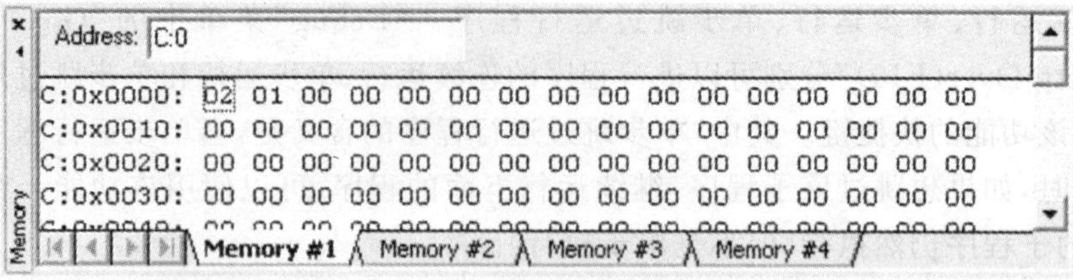

图 3-5　存储器查看窗口

默认情况下，或者在“Address”编辑框中输入“C:0”并按回车键，在窗口中显示程序存储器的内容。如果要查看内部 RAM 的内容，则可以在“Address”编辑框中输入“D:0”并按回车键即可。拖动窗口的左边框调整窗口的大小，可以出现如图 3-6 所示的内容（这样地址出现得比较有规律，便于观察）。

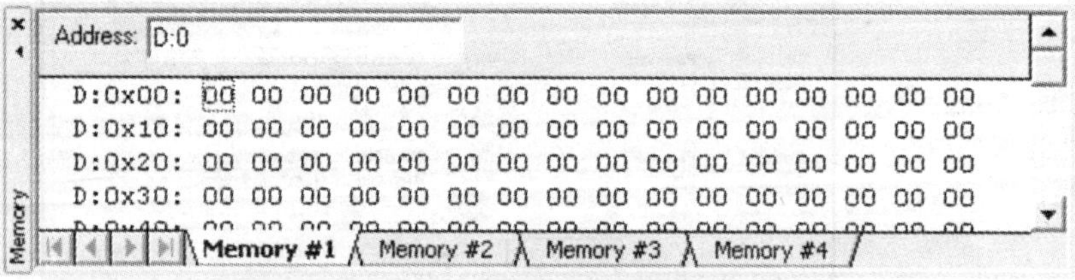

图 3-6　片内 RAM 存储器查看窗口

同样，输入“X:0”并按回车键可以查看外部 RAM 数据。当然，可以使用窗口底部的“Memory ＃1”、“Memory ＃2”、“Memory ＃3”和“Memory ＃4”分页窗口显示不同存储器的内容。要改变某个单元的内容，可在该单元上单击右键，然后选择“Modify Memory”菜单项，并在对话框中输入数值即可（输入十进制时，可不带后缀；输入十六进制时，需带“H”后缀，如 26H）。可连续输入多个单元的内容，各个数值之间使用逗号分割。

(6)查看变量。从“View”菜单中选择“Watch & Call Stack Window”菜单项。在屏幕的底部会出现如图 3-7 所示的窗口。在其中可以查看程序中用到的变量的值。

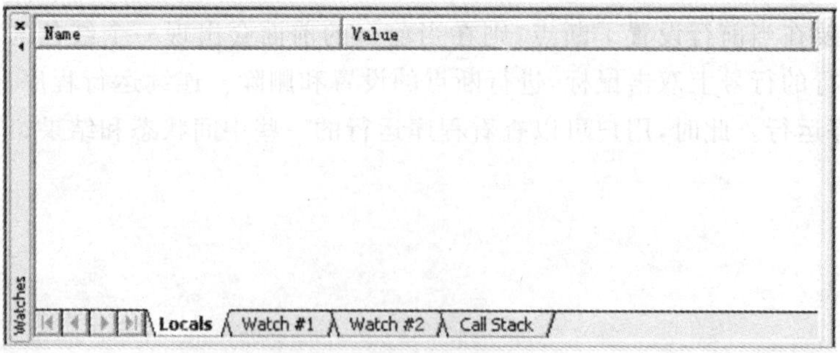

图 3-7　“Watch”窗口

(7)查看外围。从“Peripherals”菜单中选择不同的菜单项，可以查看单片机的某些资源的状态。包括：

“Reset CPU”：复位 CPU。

“Interrupt”：打开中断向量表窗口，在窗口里显示了所有的中断向量。对选定的中断向量可以用窗口下面的复选框进行设置。

“I/O-Ports”：打开输入输出端口(P0～P3)的观察窗口，在窗口里显示了程序运行时的端口的状态，可以随时修改端口的状态，从而可以模拟外部的输入。

例如，打开 P1 口的观察窗口，可以观察程序执行时 P1 口的状态变化，如图 3－8 所示。

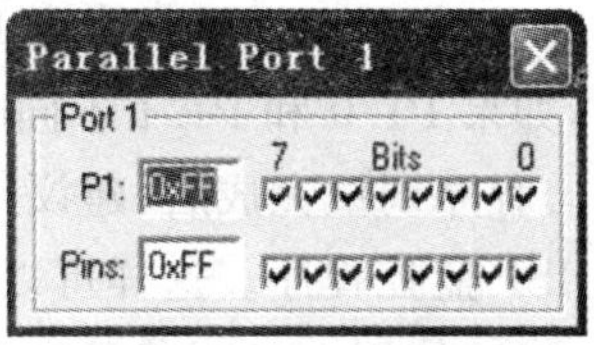

图 3－8　P1 口的观察窗口

其中，具有“√”标记的位为 1，没有的为 0。图 3－8 中所示的上一行对应的状态是锁存器的值，下一行对应的状态是引脚的值。

除此以外，对于不同的单片机，在“Peripherals”菜单中会出现很多与单片机相关的外设资源菜单项。

其他资源的查看，读者可自行实验。

掌握了上述的操作过程，就可以进行基本的程序调试工作了。Keil 集成环境的更详细的描述，请读者阅读有关的参考书。

3.3　利用 ISP 工具将程序下载到单片机中验证程序

3.3.1　ISP 下载程序的运行过程

STC12 系列单片机内部固化有 ISP 系统引导固件，通过它，用户可以把用户程序下载到单片机中进行程序的实际运行测试。ISP 下载程序的过程如图 3－9 所示。

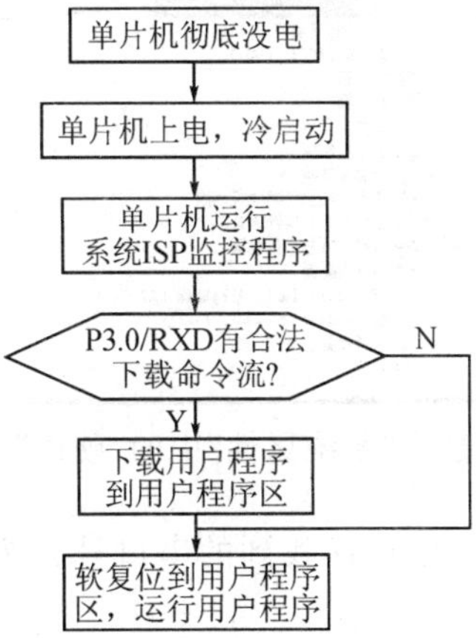

图 3－9　STC12C5A60S2 单片机 ISP 编程流程

单片机重新上电(冷启动)时，将首先运行系统 ISP 程序，如 P3.0/RXD 检测到合法的下载命令流就下载用户程序，如检测不到就复位到用户程序区，运行用户程序。

使用 ISP 功能时，需要注意以下几点：

(1)如果用户系统的 P3.0 和 P3.1 连接到 RS-485 电路，下载程序时，需要将其断开。并且，建议在下载选项中选择“下次冷启动时需 P1.0/P1.1＝0/0 才可以下载程序”。

(2)要使用 ISP 功能，必须让单片机掉电后重新上电，外部手动复位或者看门狗复位都不能使单片机运行 ISP 程序。

(3)单片机运行ISP程序时,检测有无合法下载命令流,需要几十毫秒～几百毫秒,如果没有合法的下载命令流,则立即运行用户程序。

(4)如果已设置只有当P1.0和P1.1同时为0时,才判断是否下载用户程序,则冷启动后,如果P1.0和P1.1不同时为0,则直接运行用户程序,只会占时50μs,可忽略不计。

程序调试完成后,建议用户选择P1.0和P1.1不同时为0,立即运行用户程序,跨过系统ISP监控程序。这样可以加快用户系统的启动速度。

(5)使用ISP下载程序时,计算机端的控制软件必须先发下载命令流,再给单片机上电复位。

3.3.2 使用ISP工具下载程序的步骤

在第2章中,已介绍了使用ISP工具下载程序的步骤,在此只强调一下串口的选择问题。

在“串口号”下拉列表框中选择计算机所用的串行口,如COM1、COM2等。有些新式笔记本电脑没有RS-232串行口,可以使用USB-RS232转接电缆。此时,获取串口的方法是,用鼠标右键单击计算机桌面上的“我的电脑”图标,从弹出的菜单中选择“管理”,然后点击系统工具下的设备管理器,在设备管理器中单击“端口”左边的“+”号,如图3-10所示。

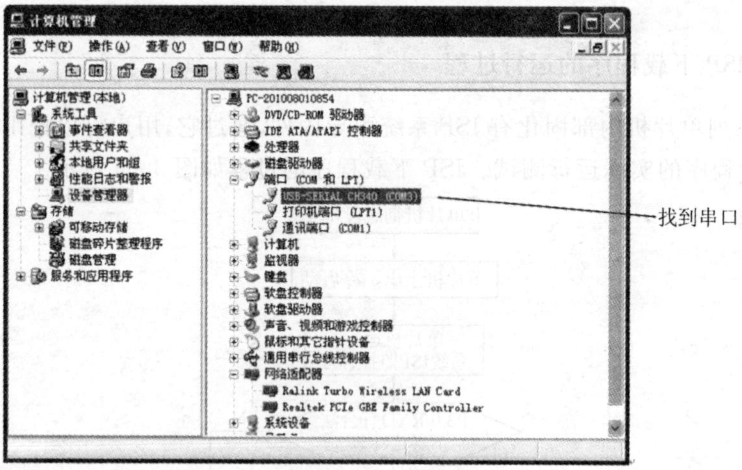

图3-10 “系统属性”中的“硬件”选项卡

找到串口号以后,在图2-16中选择找到的串口号。然后根据第2章所描述的下载程序过程下载程序即可。

3.4 典型汇编语言程序设计举例

本节给出汇编语言程序设计的几个实例。将实例中的代码放到上述给出的程序框架中,就构成了较完整的汇编语言程序,可以进行仿真调试。

3.4.1　分支程序设计

程序分支是通过条件转移指令实现的，即根据条件进行判断后决定程序的走向。条件满足则进行程序转移，不满足就顺序执行程序。

通过条件判断实现单分支程序转移的指令有 JZ、JNZ、CJNE 和 DJNZ 等。此外，还有以位状态为条件，进行程序分支的指令 JC、JNC、JB、JNB 和 JBC 等。使用这些指令，可以实现程序的条件转移。在实际应用中，常需要判断两个或两个以上的复合条件，实现多分支转移。下面举例介绍三分支程序设计。

例 3-2：编程实现下面的比较函数。设变量 x 存放在 R0，求得的 y 值存入 SIGN 单元。

$$y=\begin{cases}+1 & x>37\\ -1 & x<37\\ 0 & x=37\end{cases}$$

解：可以利用 CJNE 指令和进位位 C 状态控制转移(JC 指令)来实现三分支转移。源程序如下：

```
        SIGN    EQU  50H
        ORG     0000H
        LJMP    MAIN
        ORG     0100H
MAIN：  CJNE    R0,#37,NOTEQ ;R0 中数与 37 数比较，不相等则转 NOTEQ
        MOV     SIGN,#00H    ;若比较相等，则 SIGN←0
        LJMP    ENDM
NOTEQ： JC      NEG          ;两数不相等，若 R0<37 则转 NEG
        MOV     SIGN,#01H    ;R0>37 时，SIGN←+1
        LJMP    ENDM
NEG：   MOV     SIGN,#0FFH   ;R0<37 时，SIGN←-1(以补码形式给出)
ENDM：  NOP
        END
```

可以利用多条 CJNE 指令，通过逐次比较实现多分支程序。

3.4.2　查表程序设计

在计算机控制系统中，有些参数的计算非常复杂，用公式计算法计算不仅程序长，难于计算，而且需要耗费大量时间。还有一些非线性参数，无法用一般算术运算就可以计算出来，可能要涉及指数、对数、三角函数以及积分、微分等运算。这些运算用汇编语言编程都比较复杂，有些甚至无法建立相应的数学模型。为了解决这些问题，可以采用查表法。

所谓查表法，就是把事先计算或测得的数据按一定顺序编制成表格，查表程序根据被测参数的值或者中间结果，查出最终所需要的结果。它具有程序简单、执行速度快等优点。

查表程序在计算机控制系统中应用非常广泛。例如，在键盘处理程序中，查找按键相应的命令处理子程序的入口地址；在 LED 显示程序中，获得 LED 数码管的显示字模；在一些快速计算的场合，根据自变量的值，从函数表上查找出相应的函数值以及实现非线性修正、代码转换等等。

常用 MOVC A,@A+DPTR 查找程序存储器空间的代码或常数,每次传送一个字节。

例如,假如要显示的数据在累加器 A 中,采用共阳极 LED 显示,则可以采用下面的查表法获得 LED 显示字模:

```
        MOV   DPTR,#SEGTAB          ;获得字模表的首地址
        MOVC A,@A+DPTR              ;查表获得字模
        ……                          ;下面可以送出字模进行显示
SEGTAB: DB    0C0H                  ;0 的字模
        DB    0F9H                  ;1 的字模
        DB    0A4H                  ;2 的字模
        DB    0B0H                  ;3 的字模
        DB    99H                   ;4 的字模
        DB    92H                   ;5 的字模
        DB    82H                   ;6 的字模
        DB    0F8H                  ;7 的字模
        DB    80H                   ;8 的字模
        DB    90H                   ;9 的字模
```

3.4.3 循环程序设计

延时程序是典型的循环程序。下面就以延时程序为例,说明循环程序的设计方法。当对控制对象进行延时时间控制时,可以让单片机反复执行某段指令进行延时,以该段指令执行时间作为基本延时时间,利用循环程序控制执行该段指令的次数来控制总的延时时间长短。延时程序是典型的循环程序,流程图如图 3-11 所示。

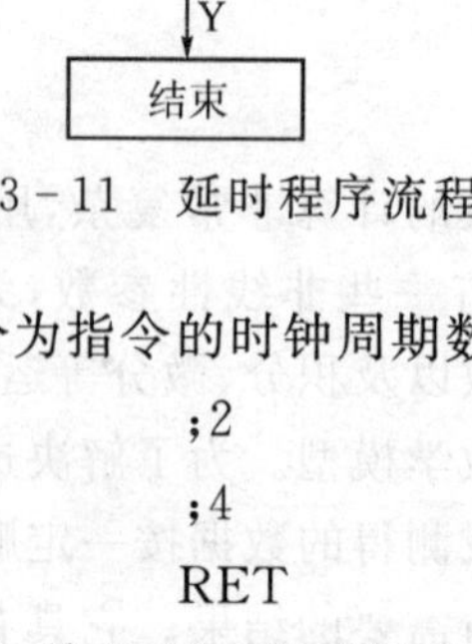

图 3-11 延时程序流程图

简单定时子程序如下(注释部分为指令的时钟周期数):

```
       MOV    R7,#150       ;2
LOOP:  DJNZ   R7,LOOP       ;4
              RET
```

STC12C5A60S2 为 1T 的 8051 单片机,当系统时钟为 6MHz 时,每个时钟周期为 $1/6\mu s$,上述程序可定时约 0.1ms。为了达到准确延时的目的,可以在适当的地方加入 NOP 指令。

若需要加长延时时间,可采用多重循环延时程序方法。下面介绍的延时程序,内循环为

单位延时(0.1ms),外循环次数可在调用前设定,根据设定值不同,可在 0.1～25.5ms 任选延时。

入口:设延时时间 N(以 0.1ms 为单位)送入 R0。

出口:延时到,退出程序,无参数传递。

```
DELAY:    MOV   R7,#150     ;当时钟为 6MHz 时,约延时 0.1ms
LOOP:     DJNZ  R7,LOOP
          DJNZ  R0,DELAY
          RET
```

3.4.4　定点数运算子程序设计

多字节无符号加法子程序和减法子程序设计较简单,在此介绍有代表性的多字节 BCD 码减法程序和多字节乘法程序的设计。

(1)多字节十进制 BCD 码减法。由于指令系统中只有十进制加法调整指令 DAA,也即该指令只有在加法指令(ADD、ADDC)后,才能得到正确的结果。为了用十进制加法调整指令对十进制减法进行调整,必须采用补码相加的办法,用 9AH 减去减数即得以十为模的减数的补码。多字节十进制 BCD 码减法子程序如下:

入口:被减数低字节地址存放于 R1,减数低字节地址存放于 R0,字节数存放于 R2。

出口:差(补码)的低字节地址存放于 R0,字节数存放于 R3。

　　07H 为符号位。0 表示结果为正,1 表示结果为负。

```
SUBCD:    MOV   R3,#00H       ;差字节数置 0
          CLR   07H           ;符号位清 0
          CLR   C             ;借位位 C 清 0
SUBCD1:   MOV   A,#9AH
          SUBB  A,@R0         ;相差
          ADD   A,@R1
          DA    A
          MOV   @R0,A
          INC   R0            ;地址值增 1
          INC   R1
          INC   R3            ;差字节增 1
          CPL   C             ;进位求反,以形成正确借位
          DJNZ  R2,SUBCD1     ;未减完继续,减完向下执行
          JNC   SUBCD2        ;无借位去 SUBCD2 返主,否则继续
          SETB  07H           ;差为负置"1"符号位
SUBCD2:   RET                 ;返回
```

程序中,减数求补后与被减数相加,方可利用 DAA 指令进行调整,若二者相加调整后结果无进位(C=0),实际上表示二者相减有借位;若二者相加调整后有进位(C=1),则进行求反操作。可以使用:求 BCD 码 8943H－7649H=? 为例进行测算。

先对低位字节运算:

```
        10011010   9A
一)     01001001   49
        ─────────────────
        01010001   得 49 对 100 补码 51
十)     01000011   加 43
        ─────────────────
     0  10010100   差为 94
```

C=0 无进位,表示二者相减有借位。应对借位标志求反使 C=1。

再对高字节运算:

```
        10011010   9A
一)     01110110   76
        ─────────────────
        00100100   得 76 对 100 补码为 24
一)     00000001   减去借位位 C=1
        ─────────────────
        00100011   得减数减 1 后的值为 23
一)     10001001   加被减数 89
        ─────────────────
        10101100
十)     01100110   对结果加 66 修正
        ─────────────────
     1  00010010   差为 12
```

高字节减数变补与减数相加有进位,实际上表示两者相减无借位,为正确反映借位情况应对进位标志求反使 C=0(减去时 C=1,表示有借位;C=0,表示无借位)。

最后运算结果差为 1294H,且无借位,计算正确。

(2)多字节乘法运算子程序。STC12C5A60S2 单片机指令系统中只有单字节的乘法指令 MUL AB,而在工程应用中常需 8 位乘 16 位、两个 16 位数相乘的运算。在此,以两个 16 位无符号数相乘为例说明多字节乘法程序设计。设被乘数存放在 R2、R3 两单元(高字节在前),乘数存放在 R6、R7 两单元,两个双字节无符号数相乘,结果送 33H、32H、31H、30H。该算法的示意图如图 3-12 所示。

```
                              R2          R3
                              R6          R7
                      ─────────────────────────
                           (R3R7)H (R3R7)L
                 (R2R7)H (R2R7)L
                 (R3R6)H (R3R6)L
      + (R2R6)H (R2R6)L
  ─────────────────────────────────────────────
        33H        32H        31H        30H
```

图 3-12 多字节乘法运算流程

其中(R3R7)L 表示 R3×R7 的低 8 位,(R3R7)H 表示 R3×R7 的高 8 位,其余几项的含义类似。程序如下:

```
DMUL:  MOV    A,R3
       MOV    B,R7
       MUL    AB          ;R3×R7
       MOV    30H,A       ;(30H)←(R3×R7)L
       MOV    31H,B       ;(31H)←(R3×R7)H
       MOV    A,R2
       MOV    B,R7
```

```
      MUL     AB           ;R2×R7
      ADD     A,31H        ;(R3×R7)H+(R2×R7)L
      MOV     31H,A
      CLR     A
      ADDC    A,B
      MOV     32H,A        ;(32H)←(R2×R7)H
      MOV     A,R3
      MOV     B,R6
      MUL     AB           ;R3×R6
      ADD     A,31H
      MOV     31H,A
      MOV     A,B
      ADDC    A,32H        ;(R2×R7)H+(R3×R6)H
      MOV     32H,A
      MOV     F0,C         ;暂存 Cy
      MOV     A,R2
      MOV     B,R6
      MUL     AB           ;R2×R6
      ADD     A,32H
      MOV     32H,A
      CLR     A
      MOV     ACC.0,C
      MOV     C,F0         ;加前次加法的进位
      ADDC    A,B
      MOV     33H,A
      RET
```

3.4.5 数据排序程序设计

数据排序是将数据块中的数据按升序或降序排列。下面以数据的升序排序为例，说明数据排序程序的设计方法。

数据升序排列常采用冒泡法。冒泡法是一种相邻数据互换的排列方法，同查找极大值的方法一样，一次冒泡即找到数据块的极大值放到数据块最后，再一次冒泡时，次大数排在倒数第二位置，多次冒泡实现升序排列。

例如，将片内 RAM 30H～37H 中的数据从小到大升序排列。

设 R7 为比较次数计数器，初值为 07H。F0 为冒泡过程中是否有数据交换的状态标志，F0＝0 表示无交换发生，F0＝1 表示有互换发生，须继续循环。R0 为指向 RAM 单元的地址指针初值为 30H。流程图如图 3－13 所示。

程序如下：

```
SORT:   MOV     R6,#07H
GOON:   CLR     F0              ;交换标志清 0
```

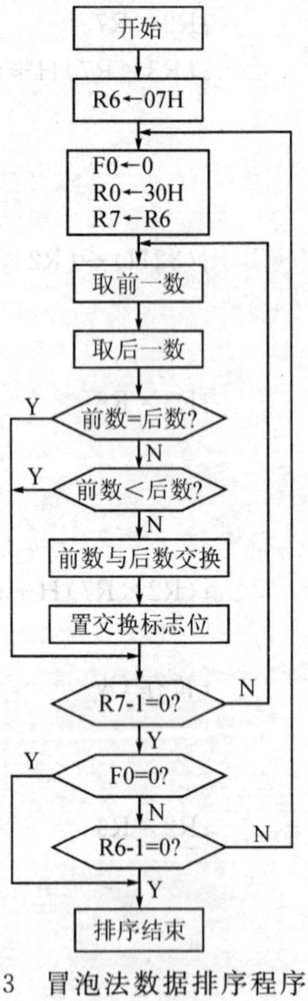

图 3-13　冒泡法数据排序程序流程图

```
        MOV     R0,#30H         ;数据首址送 R0
        MOV     A,R6
        MOV     R7,A            ;各次冒泡比较次数送 R7
LOOP:   MOV     A,@R0           ;取前数
        MOV     3BH,A           ;存前数
        INC     R0
        MOV     3AH,@R0         ;取后数
        CJNE    A,3AH,EXCH
        LJMP    NEXT
EXCH:   JC      NEXT            ;前数小于后数不交换
        MOV     @R0,3BH
        DEC     R0
        MOV     @R0,3AH         ;前后数交换
        INC     R0
        SETB    F0              ;置交换标志位
NEXT:   DJNZ    R7,LOOP         ;未比较完,进行下一次比较
        JNB     F0,DONE         ;一次也没有交换,说明已经按顺序排列
        DJNZ    R6,GOON         ;更新下一轮比较次数
```

```
DONE:     RET          ;返回
```

3.4.6　代码转换程序设计

在汇编语言程序设计中，数据输入/输出、A/D、D/A 转换等常采用 BCD 码，字符的存储用 ASCII 码，算术逻辑运算又采用二进制数。因此，需要各代码间的相互转换。除了用硬件逻辑实现转换外，可采用算法处理和查表方法软件实现。

(1)4 位二进制数转换为 ASCII 代码。从 ASCII 编码表可知，若 4 位二进制数小于 10，则此二进制数加上 30H 即变为相应的 ASCII 码，若大于 10(包括等于 10)，则应加 37H。

入口：转换前 4 位二进制数存 R2。

出口：转换后的 ASCII 码存 R2。

```
ASCB1:    MOV     A,R2
          ANL     A,#0FH          ;取出 4 位二进制数
          CJNE    A,#0AH,NOTA     ;影响 CY 标志，但是不改变 A 中的值
NOTA:     JC      LOOP            ;该数<10 去 LOOP
          ADD     A,#07H          ;否则加 07H
LOOP:     ADD     A,#30H          ;加 30H
          MOV     R2,A            ;转换之 ASCII 码送 R2 中
          RET                     ;返回
```

(2)ASCII 码转换为 4 位二进制数。这是上述转换的逆过程，程序如下：

入口：转换前 ASCII 码送 R2。

出口：转换后二进制数存 R2 中。

```
BCDB1:    MOV     A,R2
          CLR     C
          SUBB    A,#30H          ;ASCII 码减 30H
          MOV     R2,A            ;得二进制数送 R2
          SUBB    A,#0AH
          JC      LOOP            ;该数<10 返回主程序
          MOV     A,R2
          SUBB    A,#07H          ;否则再减 07H
          MOV     R2,A            ;所得二进制数送 R2
LOOP:     RET                     ;返回
```

(3)BCD 码转换为二进制码子程序。设有用 BCD 码表示的 4 位十进制数分别存于 R1、R2 中，其中 R2 存千位和百位数，R1 存十位和个位数，要把其转换成二进制码，可用由高位到低位逐位检查 BCD 码的数值，然后累加各十进制位对应的二进制数来实现。其中，1000＝03E8H，100＝0064H，10＝000AH(个位数的 BCD 码与二进制码相同)。子程序如下：

入口：待转换的 BCD 码存于 R1、R2 中，分配如下

十位数	个位数	低位字节 R1
千位数	百位数	高位字节 R2

出口：结果存在 20H、21H 单元中，其中 20H 存低字节，21H 存高字节。

```
BCDB11:   MOV    20H,#00H
          MOV    21H,#00H      ;存结果单元清0
          MOV    R3,#0E8H
          MOV    R4,#03H       ;1千的二进制数送R3、R4
          MOV    A,R2
          ANL    A,#0F0H       ;取千位数
          SWAP   A             ;将千位数移至低四位
          JZ     BRAN1         ;千位数为0去BRAN1
LOOP1:    DEC    A
          LCALL  ADDT          ;千位数不为0,加千位数二进制码
          JNZ    LOOP1
BRAN1:    MOV    R3,#64H
          MOV    R4,#00H       ;百位数的二进制码送R3、R4
          MOV    A,R2
          ANL    A,#0FH        ;取百位数
          JZ     BRAN2         ;百位数是0去BRAN2,否则继续
LOOP2:    DEC    A
          LCALL  ADDT
          JNZ    LOOP2         ;加百位数的二进制码
BRAN2:    MOV    R3,#0AH
          MOV    A,R1
          ANL    A,#0F0H       ;取十位数
          SWAP   A
          JZ     BRAN3         ;十位数为0去BRAN3,否则继续
LOOP3:    DEC    A
          LCALL  ADDT
          JNZ    LOOP3         ;加十位数的二进制码
BRAN3:    MOV    A,R1
          ANL    A,#0FH
          MOV    R3,A
          LCALL  ADDT
          RET
ADDT:     PUSH   PSW
          PUSH   ACC
          CLR    C
          MOV    A,20H         ;在20H、21H单元中
          ADD    A,R3          ;累计转换结果
          MOV    20H,A
          MOV    A,21H
          ADDC   A,R4
```

```
        MOV     21H,A
        POP     ACC
        POP     PSW
        RET
```

3.4.7　STC12C5A60S2 单片机双数据指针的使用

STC12C5A60S2 单片机具有两个 16 位的数据指针：DPTR0 和 DPTR1。它们的逻辑地址相同，但是物理上是独立的。利用这两个数据指针，可以方便地进行数据的迁移和拷贝。这两个数据指针在指令中只能以 DPTR 的形式出现，因此，在使用中，需要进行切换。这种切换是通过设置辅助寄存器 AUXR1 中的 DPS 位实现的。当 DPS 选择位为 0 时，选择 DPTR0；当 DPS 选择位为 1 时，选择 DPTR1。辅助寄存器 AUXR1 各位定义如下：

位　号	B7	B6	B5	B4	B3	B2	B1	B0
位名称	S1_S0	CCP_S0	SPI_S0	S2_S0	GF2	ADRJ	0	DPS

DPS：DPTR 寄存器选择位。

0：选择 DPTR0；　　　　1：选择 DPTR1

例 3-3：编程实现将单片机内部扩展 RAM 中 0000H～000FH 单元中的内容传送到 0040H～004FH 单元中。

解：可以分别由 DPTR0 和 DPTR1 分别指向源数据地址和目的数据地址。编程如下：

```
AUXR1   DATA    0A2H
        ORG     0000H
        LJMP    MAIN
        ORG     0100H
MAIN：  MOV     SP,#30H         ;设置堆栈指针
        MOV     R2,#10H         ;设置计数值
        ANL     AUXR1,#0FEH     ;DPS.0=0,选择 DPTR0
        MOV     DPTR,#0000H     ;设置源数据地址指针
        ORL     AUXR1,#01H      ;DPS.0=1,选择 DPTR1。
                                ;该句可用 INC AUXR1 代替(思考:为何?)
        MOV     DPTR,#0040H     ;设置目的数据地址指针
LOOP：  ANL     AUXR1,#0FEH     ;该句可用 INC AUXR1 代替(思考:为何?)
        MOVX    A,@DPTR
        INC     DPTR            ;修正源数据地址指针
        ORL     AUXR1,#01H      ;该句可用 INC AUXR1 代替(思考:为何?)
        MOVX    @DPTR,A
        INC     DPTR            ;修正目的数据地址指针
        DJNZ    R2,LOOP
        SJMP    $               ;$表示本条语句的地址。
                                ;SJMP $相当于 HERE:SJMP HERE
        END
```

3.4.8 STC12C5A60S2 单片机数据 Flash(EEPROM)的使用

STC12C5A60S2 单片机片内集成了 1KB 的数据 Flash 存储器,可以作为 EEPROM 使用,用来保存程序的设置参数。

例 3-4:一个完整的数据 Flash 操作实例。

```
    $INCLUDE  (STC12.INC)  ;包含 STC12C5A60S2 寄存器定义文件
    ;定义 ISP/IAP 命令
    ISP_IAP_BYTE_READ       EQU  1H  ;字节读
    ISP_IAP_BYTE_PROGRAM EQU  2H  ;字节编程
    ISP_IAP_SECTOR_ERASE    EQU  3H  ;扇区擦除
    ;定义 Flash 操作等待时间及允许 IAP/ISP 操作的常数(设置 IAP_CONTR)
    ENABLE_IAP   EQU   82H  ;系统工作时钟<20MHz 时
    DEBUG_DATA EQU   5AH  ;EEPROM 单元的测试值,如正确应等于该值
    START_ADDRESS   EQU   0000H   ;EEPROM 测试起始地址
    ORG      0000H
    LJMP     MAIN
    ORG      0100H
MAIN:
    MOV         SP,#70H             ;堆栈指针指向 70H 单元
    LCALL       Delay               ;延时
    ;读出 EEPROM 测试起始地址单元的内容
MAIN1:
    MOV    DPTR,#START_ADDRESS;将 EEPROM 测试起始地址送 DPTR 数据指针
    LCALL  Byte_Read
    MOV    40H,A                    ;将 EEPROM 的值送 40H 单元保存
    CJNE   A,#DEBUG_DATA,NOT_EQU_DEBUG_DATA   ;数据不正确时跳转
                                    ;数据正确时,可以进行其他操作
    LCALL  Delay    ;延时
    SJMP     $      ;数据正确,CPU 在此无限循环执行此句
NOT_EQU_DEBUG_DATA:
    ;EEPROM 里的数据错误时,需要进行的处理
    ;将该 EEPROM 所在的扇区整个擦除,将正确的数据写入
    LCALL  Delay    ;延时
    MOV    DPTR,#START_ADDRESS;将 EEPROM 测试起始地址送 DPTR 数据指针
    LCALL  Sector_Erase                ;擦除整个扇区
    MOV    DPTR,#START_ADDRESS ;将 EEPROM 测试起始地址送 DPTR 数据指针
    MOV    A,#DEBUG_DATA               ;写入 EEPROM 的数据为#DEBUG_DATA
```

```
LCALL  Byte_Program              ;字节编程
SJMP    $      ;字节编程后,CPU 在此无限循环执行此句
;--------------------------------读一字节--------------------------------
;读一字节,调用前须打开 IAP 功能,入口:DPTR=字节地址
;返回:A=读出字节
Byte_Read:
    MOV   IAP_CONTR,#ENABLE_IAP;打开 IAP 功能,设置 Flash 操作等待时间
    MOV   IAP_CMD,#ISP_IAP_BYTE_READ   ;设置为 IAP/ISP 字节读模式
命令
    MOV   IAP_ADDRH,DPH   ;设置目标单元地址的高 8 位地址
    MOV   IAP_ADDRL,DPL   ;设置目标单元地址的低 8 位地址
    MOV   IAP_TRIG,#5AH   ;先送 5AH,再送 A5H 到 ISP/IAP 触发寄存器
    MOV   IAP_TRIG,#0A5H   ;送完 A5H,ISP/IAP 命令立即被触发启动
    NOP
    MOV   A,IAP_DATA   ;读出的数据在 IAP_DATA 单元中,送入累加器 A
    LCALL   IAP_Disable      ;关闭 IAP 功能,清相关的特殊功能寄存器
    RET
;--------------------------------字节编程--------------------------------
;字节编程,调用前需打开 IAP 功能,入口:DPTR=字节地址,A=需写入的数据
Byte_Program:
    MOV   IAP_CONTR,#ENABLE_IAP;打开 IAP 功能,设置 Flash 操作等待时间
    MOV   IAP_CMD,#ISP_IAP_BYTE_PROGRAM   ;设置为字节编程模式命令
    MOV   IAP_ADDRH,DPH   ;设置目标单元地址的高 8 位地址
    MOV   IAP_ADDRL,DPL   ;设置目标单元地址的低 8 位地址
    MOV   IAP_DATA,A        ;要编程的数据先送进 ISP_DATA 寄存器
    MOV   IAP_TRIG,#5AH   ;先送 5AH,再送 A5H 到 ISP/IAP 触发寄存器
    MOV   IAP_TRIG,#0A5H   ;送完 A5H 后,ISP/IAP 命令立即被触发启动
    NOP
    LCALL   IAP_Disable   ;关闭 IAP 功能,清相关的特殊功能寄存器
    RET
;-----------------------擦除扇区-----------------------------
;擦除扇区,入口:DPTR=扇区地址
Sector_Erase:
    MOV   IAP_CONTR,#ENABLE_IAP;打开 IAP 功能,设置 Flash 操作等待时间
    MOV   IAP_CMD,#03H   ;设置为 IAP/ISP 扇区擦除模式命令
    MOV   IAP_ADDRH,DPH   ;设置目标单元地址的高 8 位地址
    MOV   IAP_ADDRL,DPL  ;设置目标单元地址的低 8 位地址
    MOV   IAP_TRIG,#5AH   ;先送 5AH,再送 A5H 到 ISP/IAP 触发寄存器
    MOV   IAP_TRIG,#0A5H   ;送完 A5H,ISP/IAP 命令立即被触发启动
    NOP
```

```
    LCALL  IAP_Disable   ;关闭 IAP 功能,清相关的特殊功能寄存器
    RET
;------------------关闭 IAP 功能------------------
IAP_Disable:      ;关闭 IAP 功能,清相关的特殊功能寄存器
                  ;一次连续的 IAP 操作完成之后建议关闭 IAP 功能,不需要每次都关
MOV    IAP_CONTR,#0    ;关闭 IAP 功能
MOV    IAP_ADDRH,#0FFH   ;送地址高字节单元为 FFH,指向非 EEPROM 区
MOV    IAP_ADDRL,#0FFH   ;送地址低字节单元为 FFH,防止误操作
RET
;------------------延时子程序------------------
Delay:
    CLR    A
    MOV    R0,A
    MOV    R1,A
    MOV    R2,#20H
Delay_Loop:
    DJNZ   R0,Delay_Loop
    DJNZ   R1,Delay_Loop
    DJNZ   R2,Delay_Loop
    RET
    END
```

字节读操作可以使用 MOVC 指令,使用 MOVC 访问数据 Flash 存储器时,其地址范围为 F000H～F3FFH。

习 题

1. 设 ACC＝12H,B＝64H,,SP＝60H,30H 中存放的数据是 78H,试分析下列程序执行后,ACC、B、30H、SP 中的内容分别为多少,并画出堆栈示意图。

```
程序:    PUSH   ACC
         PUSH   B
         PUSH   30H
         POP    ACC
         POP    B
         POP    30H
```

2. 下面是一个压缩 BCD 码相加的程序,阅读后设计一个 2 字节压缩 BCD 码加法程序。

```
BCDAD:   CLR    C
         MOV    A,30H     ;A 中为加数
         ADDC   A,40H     ;实现 8 位相加
```

```
        DA      A           ;十进制调整
        MOV     30H,A       ;送回原处
        RET
```

3. 已知在 33H～30H 中放有一个 32 位二进制数，要求将其转换为补码送入原地址之中。其中高位地址放高位数据。

4. 执行下面的指令：

```
MOV   A,#34H
MOV   B,#40H
MUL   AB
```

执行后，A 寄存器中的数据是(　)，B 寄存器中的数据是(　)。

5.
```
XRL     A,A
INC     A
ADDC    A,#0A6H
DA      A
```

上述指令执行后，A 的内容是(　)，CY 的内容是(　)。

6. 假定 30H 单元开始的 4 个字节存放的是一个 32 位无符号数，40H 单元开始的 4 个字节存放的是另一个 32 位无符号数，低位地址中存放低位数据，试说明下列程序段完成什么功能？请给每条指令后加上注释。

```
        MOV     R0,#33H
        MOV     R1,#43H
        MOV     R2,#04
LOOPA:  MOV     A,@R0
        CJNE    A,@R1,L1
        DEC     R0
        DEC     R1
        DJNZ    R2,LOOPA
EQUAL:  SJMP    L3          ;两数相等
L1:     JNC     L4          ;第一个数大
        SJMP    L5          ;第一个数小
        ……
L3:     ……
        ……
L4:     ……
        ……
L5:     ……
        ……
```

7. 指令 DJNZ　R0,LOOPN 的循环执行条件是(　)。

A) R0≠0 并且 R0－1＝0　　　　B) R0≠0 或 CY＝1

C) R0≠0 或 R0＋1＝0　　　　D) R0≠0 并且 R0－1≠0

8. 已知一数据区中的数据为：

```
STR1    DB 0,1,
STR2    DB '45'
NUMB    DB 2DUP(0)
NUMW    DB 10H,-60H
```

请画出该数据区中数据存储的形式。

9.根据下列程序段回答问题(1)至(5)。其中 BUF1、BUF2 均为字节存储区首址。

```
        MOV R0,#BUF1
        MOV R1,#BUF2
        MOV R2,#16
LOOPA:  MOV A,@R0
        MOV @R1,A
        INC R0
        INC R1
        DJNZ R2,LOOPA
```

(1)该程序段完成了什么工作?

(2)若将指令"MOV R2,#16"误写成"MOV R2,#0",循环体被执行多少次?

(3)若漏掉了指令"MOV R2,#16",循环体执行次数能确定吗?为什么?

(4)若漏掉了指令"INC R0",程序运行结果如何?

(5)若不小心将标号 LOOPA 上移了一行,即将标号标在了指令"MOV R0,#16"这句指令上,程序运行情况如何?

第4章　中断系统

> 中断系统是计算机的重要组成部分。实时控制、自动故障处理、计算机与外围设备间的数据传送往往采用中断系统。中断系统的应用大大提高了计算机效率。本章介绍中断系统的原理及应用。

4.1 中断概述

4.1.1　中断的概念

计算机在执行程序的过程中,由于CPU之外的某种原因,需要中止当前程序的执行,转而去执行相应的处理程序,待处理程序结束之后,再返回来继续执行从断点处开始的原程序。这种程序在执行过程中由于外界的原因而被中间打断的情况称为"中断"。中断之后,CPU执行的处理程序,称为中断服务程序,而把中断之前原来运行的程序称为主程序或调用程序。主程序或调用程序被断开的位置(地址)称为"断点"。能够向CPU发出中断申请的来源,称为"中断源",它是引起CPU中断的原因。中断源向CPU要求服务的请求称为中断请求或中断申请。

CPU响应中断,进行中断处理类似于调用子程序。其区别在于,由于引起中断的原因是随机发生的,因而转向中断服务程序进行中断处理也是随机的;而调用子程序,则是在程序中事先安排好的,是由调用指令进行调用的。

中断的方法是CPU与外设进行数据交换的重要方法,它可以协调主机与具有不同工作速度的外设之间的工作,提高CPU的工作效率,同时可以使CPU及时响应系统控制下的各种突发事件。因此,中断工作方式在协调外设工作和实时测控场合是一种重要的有效工作方式。

随着计算机软硬件技术的发展,中断技术也在不断发展之中,中断已成为评价计算机整体性能的一项重要指标。

4.1.2　中断的特点

4.1.2.1　分时操作

中断可以解决快速的CPU与慢速的外设之间的矛盾,使CPU和外设同时工作。CPU在启动外设工作后继续执行主程序,同时外设也在工作。每当外设做完一件事就发出中断申请，请求 CPU 中断它正在执行的程序，转去执行中断服务程序(一般情况是处理输入/输出数据)，中断处理完整之后，CPU 恢复执行主程序，外设也继续工作。这样，CPU 可以启动多个外设同时工作，大大地提高了 CPU 的效率。

4.1.2.2 实时处理

在实时控制中，现场的各种参数、信息均随时间和现场而变化。这些外界变量可根据要求随时向 CPU 发出中断申请，请求 CPU 及时处理中断请求。如中断条件满足，CPU 马上就会响应，进行相应的处理，从而实现实时处理。

4.1.2.3 故障处理

针对难以预料的情况或故障，如掉电、存储出错、运算溢出等，可以通过中断系统由故障源向 CPU 发出中断请求，再由 CPU 转到相应的故障处理程序进行处理。

4.1.3 中断系统的功能

为了满足分时操作、实时处理和故障处理等各种情况下的中断要求，中断系统一般应具有如下功能。

4.1.3.1 实现中断响应和中断返回

当某一中断源发出中断申请时，若 CPU 允许响应这个中断请求，则 CPU 在现行指令执行完后，把断点处的 PC 值(即下一条要执行指令的地址)、有关寄存器的内容和标志位的状态推入堆栈保存下来(称为保护断点和现场)，然后再转到相应的中断服务程序的入口，同时清除中断请求触发器。当中断服务程序执行完以后，再恢复被保留的寄存器的内容和标志位的状态(称为恢复现场)，并将断点地址从堆栈中弹出到 PC(称为恢复断点)，使 CPU 返回断点处，继续执行主程序。这一过程如图 4-1 所示。

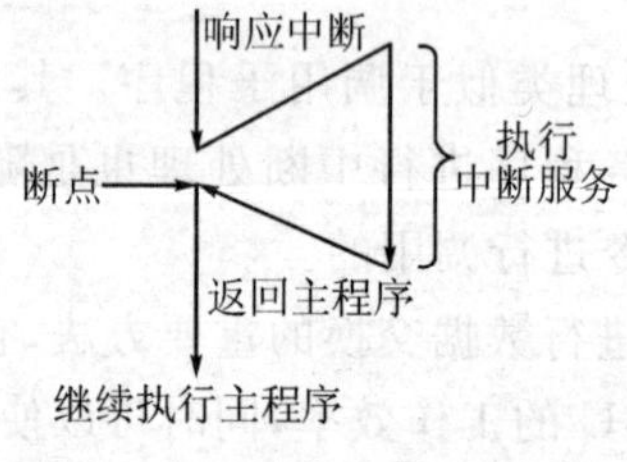

图 4-1 中断过程示意图

4.1.3.2 实现中断优先权排队

通常，系统中有多个中断源，当有多个中断源同时发出中断请求时，要求计算机能确定哪个中断更紧迫，以便首先响应。为此，计算机给每个中断源规定了优先级别，称为优先权。这样，当多个中断源同时发出中断请求时，优先权高的中断能先被响应，只有优先权高的中断处理结束后才能响应优先权低的中断。计算机按中断源优先权高低逐次响应的过程称优先权排队，这个过程可通过硬件电路来实现，亦可通过软件查询来实现。

4.1.3.3　实现中断嵌套

当 CPU 响应某一中断源请求而进行中断处理时，若有优先级别更高的中断源发出中断申请，则 CPU 应能中断正在执行的中断服务程序，保留这个程序的断点(类似于子程序嵌套)，响应优先权级别高的中断，在高级中断处理完后，再返回被中断的中断服务程序，继续原先的处理。这个过程就是中断嵌套。优先权低的中断不能中断优先权高的中断处理。因此，当 CPU 正在进行某一优先权的中断处理时，如果有同级或优先权级别低的中断源提出中断申请，则 CPU 暂不响应这个中断申请，直至正在处理的中断服务程序执行完以后才去处理新的中断申请。中断嵌套示意图如图 4－2 所示。

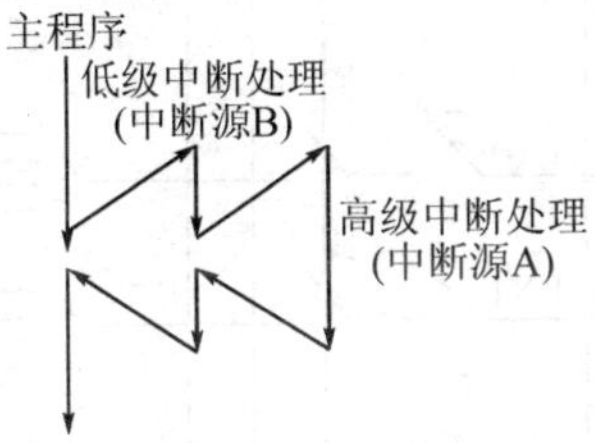

图 4－2　中断嵌套示意图

4.2　STC12C5A60S2 单片机的中断系统

4.2.1　中断源及中断系统构成

4.2.1.1　中断源

中断源是指能发出中断请求，引起中断的装置或事件。STC12C5A60S2 单片机提供 10 个中断请求源，其中包括：

2 个外部中断请求

2 个片内定时/计数器 T0 和 T1 的溢出中断请求 TF0 和 TF1

2 个片内串行口中断请求

1 个 ADC 中断

1 个 SPI 中断

1 个低电压检测中断

1 个 PCA 中断。

这些中断请求信号分别锁存在特殊功能寄存器 TCON、SCON、S2CON、CCON、SPSTAT和 ADC_CONTR 中。

4.2.1.2　中断系统的构成

STC12C5A60S2 系列单片机的中断系统结构示意图如图 4－3 所示。

外部中断 0($\overline{INT0}$)和外部中断 1($\overline{INT1}$)既可低电平触发，也可下降沿触发。请求两个外部中断的标志位是位于寄存器 TCON 中的 IE0/TCON.0 和 IE1/TCON.3。当外部中断服务程序被响应后，中断请求标志位 IE0 和 IE1 会自动被清 0。TCON 寄存器中的 IE0/TCON.0 和 IT1/TCON.2 决定了外部中断 0 和 1 是低电平触发方式还是下降沿触发方式。如果 ITx=0(x=0,1)，那么系统在 INTx(x=0,1)脚探测到低电平后可产生外部中断。如果 ITx=1(x=0,1)，那么系统在 INTx(x=0,1)脚探测到下降沿后可产生外部中断。外部中断 0($\overline{INT0}$)和外部中断 1($\overline{INT1}$)还可以用于将单片机从掉电模式唤醒。

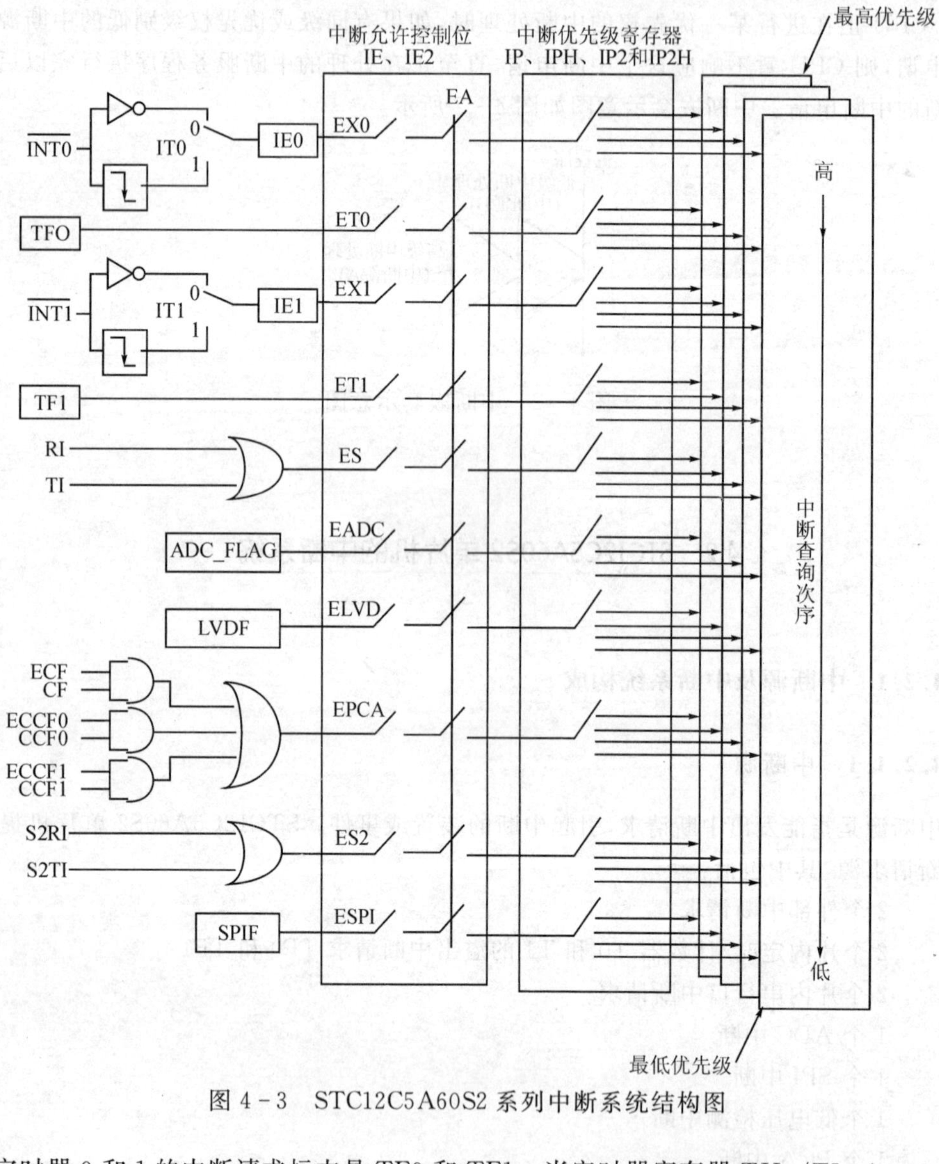

图 4-3 STC12C5A60S2 系列中断系统结构图

定时器 0 和 1 的中断请求标志是 TF0 和 TF1。当定时器寄存器 THx/TLx(x=0,1)溢出时，溢出标志位 TFx(x=0,1)会被置位，定时器中断发生。当单片机转去执行该定时器中断时，定时器溢出标志位 TFx(x=0,1)会被硬件清除。

当串行口 1 接收中断请求标志位 RI 和串行口 1 发送中断请求标志位 TI 中的任何一个被置为 1 后，串行口中断都会产生。

A/D 转换的中断是由 ADC_FLAG/ADC_CONTR.4 请求产生的。该位需用软件清除。

低压检测(LVD)中断是由 LVDF/PCON.5 请求产生的。该位也需用软件清除。

各个中断触发行为总结见表 4-1。

表 4-1 中断触发

中断源	触发行为
$\overline{\text{INT0}}$(外部中断 0)	(IT0/TCON.0=1):下降沿(IT0/TCON.0=0):低电平
Timer 0	定时器 0 溢出
$\overline{\text{INT1}}$(外部中断 1)	(IT1/TCON.2=1):下降沿(IT1/TCON.2=0):低电平
Timer 1	定时器 1 溢出
UART1	发送或接收完成
ADC	A/D 转换完成
LVD	电源电压下降到低于 LVD 检测电压

4.2.2 中断寄存器与中断优先级

4.2.2.1 中断寄存器

(1)中断允许寄存器 IE 和 IE2。STC12C5A60S2 系列单片机 CPU 对中断源的开放或屏蔽,每一个中断源是否被允许中断,是由内部的中断允许寄存器 IE 和 IE2 控制的。

中断允许寄存器 IE(字节地址为 0A8H,可位寻址)的各位定义如下:

位　号	B7	B6	B5	B4	B3	B2	B1	B0
位名称	EA	ELVD	EADC	ES	ET1	EX1	ET0	EX0

EA:CPU 的总中断允许控制位,EA=1,CPU 开放中断,EA=1,CPU 屏蔽所有中断申请。

EA 的作用是使中断允许形成两极控制。即各中断源首先受 EA 控制,其次还受各中断源自己的中断允许控制位控制。

ELVD:低压检测中断允许控制位。ELVD=1,允许低压检测中断;ELVD=0,禁止低压检测中断。

EADC:A/D 转换中断允许位。EADC=1,允许 A/D 转换中断;EADC=0,禁止 A/D 转换中断。

ES:.串行口 1 中断允许位。ES=1,允许串行口 1 中断;ES=0,禁止串行口 1 中断。

ET1:定时/计数器 T1 溢出中断允许位。ET1=1,允许 T1 中断;ET1=0,禁止 T1 中断。

EXl:外部中断 1 允许位。EX1=1,允许外部中断 1 中断;EX1=0,禁止外部中断 1 中断。

ET0:T0 的溢出中断允许位。ET0=1,允许 T0 中断;ET0=0,禁止 T0 中断。

EX0:外部中断 0 允许位。EX0=1,允许外部中断 0 中断;EX0=0,禁止外部中断 0 中断。

中断允许寄存器 IE2(字节地址为 0AFH)的各位定义如下:

位　号	B7	B6	B5	B4	B3	B2	B1	B0
位名称	—	—	—	—	—	—	ESPI	ES2

ESPI:SPI 中断控制允许位。ESPI=1,允许 SPI 中断;ESPI=0,禁止 SPI 中断。

ES2:串行口 2 中断允许位。ES2=1,允许串行口 2 中断;ES2=0,禁止串行口 2 中断。

STC12C5A60S2 系列单片机复位以后,IE 和 IE2 被清 0,由用户程序置"1"或清"0" IE 和 IE2 相应的位,实现允许或禁止各中断源的中断申请,若使某一个中断源允许中断必须同时使 CPU 开放中断。更新 IE 的内容可由位操作指令来实现(SETB BIT;CLR BIT),也可用字节操作指令来实现(如 MOV IE,#DATA;ANL IE,#DATA;ORL IE,#DATA;MOV IE,A 等)。更新 IE2(不可位寻址)的内容可用 MOV IE2,#DATA 指令来解决。

(2)中断优先级控制器 IP、IP2 和 IPH、IP2H。传统 8051 单片机具有两个中断优先级,即高优先级和低优先级,可以实现两级中断嵌套。STC12C5A60S2 系列单片机通过设置新增加的特殊功能寄存器(IPH 和 IP2H)中的相应位,可将中断优先级设置为 4 个中断优先级;如果只设置 IP 和 IP2,那么中断优先级只有两级,与传统 8051 单片机两级中断优先级完全兼容。

STC12C5A60S2 系列单片机的优先级由优先级控制寄存器 IP、IPH 和 IP2、IP2H 确定。各个优先级控制寄存器的格式如下:

IPH:中断优先级控制寄存器高(字节地址为 0B7H,不可位寻址)

位　号	B7	B6	B5	B4	B3	B2	B1	B0
位名称	PPCAH	PLVDH	PADCH	PSH	PT1H	PX1H	PT0H	PX0H

IP:中断优先级控制寄存器低(字节地址为 0B8H,可位寻址)

位　号	B7	B6	B5	B4	B3	B2	B1	B0
位名称	PPCA	PLVD	PADC	PS	PT1	PX1	PT0	PX0

PPCAH,PPCAH:PCA 中断优先级控制位。

当 PPCAH=0 且 PPCA=0 时,PCA 中断为最低优先级中断(优先级 0)

当 PPCAH=0 且 PPCA=1 时,PCA 中断为较低优先级中断(优先级 1)

当 PPCAH=1 且 PPCA=0 时,PCA 中断为较高优先级中断(优先级 2)

当 PPCAH=1 且 PPCA=1 时,PCA 中断为最高优先级中断(优先级 3)

PLVDH,PLVD:低压检测中断优先级控制位。

当 PLVDH=0 且 PLVD=0 时,低压检测中断为最低优先级中断(优先级 0)

当 PLVDH=0 且 PLVD=1 时,低压检测中断为较低优先级中断(优先级 1)

当 PLVDH=1 且 PLVD=0 时,低压检测中断为较高优先级中断(优先级 2)

当 PLVDH=1 且 PLVD=1 时,低压检测中断为最高优先级中断(优先级 3)

PADCH,PADC:A/D 转换中断优先级控制位。

当 PADCH=0 且 PADC=0 时,A/D 转换中断为最低优先级中断(优先级 0)

当 PADCH=0 且 PADC=1 时,A/D 转换中断为较低优先级中断(优先级 1)

当 PADCH=1 且 PADC=0 时,A/D 转换中断为较高优先级中断(优先级 2)

当 PADCH=1 且 PADC=1 时,A/D 转换中断为最高优先级中断(优先级 3)

PSH,PS:串口 1 中断优先级控制位。

当 PSH=0 且 PS=0 时，串口 1 中断为最低优先级中断（优先级 0）

当 PSH=0 且 PS=1 时，串口 1 中断为较低优先级中断（优先级 1）

当 PSH=1 且 PS=0 时，串口 1 中断为较高优先级中断（优先级 2）

当 PSH=1 且 PS=1 时，串口 1 中断为最高优先级中断（优先级 3）

PT1H，PT1：定时器 1 中断优先级控制位。

当 PT1H=0 且 PT1=0 时，定时器 1 中断为最低优先级中断（优先级 0）

当 PT1H=0 且 PT1=1 时，定时器 1 中断为较低优先级中断（优先级 1）

当 PT1H=1 且 PT1=0 时，定时器 1 中断为较高优先级中断（优先级 2）

当 PT1H=1 且 PT1=1 时，定时器 1 中断为最高优先级中断（优先级 3）

PX1H，PX1：外部中断 1 优先级控制位。

当 PX1H=0 且 PX1=0 时，外部中断 1 为最低优先级中断（优先级 0）

当 PX1H=0 且 PX1=1 时，外部中断 1 为较低优先级中断（优先级 1）

当 PX1H=1 且 PX1=0 时，外部中断 1 为较高优先级中断（优先级 2）

当 PX1H=1 且 PX1=1 时，外部中断 1 为最高优先级中断（优先级 3）

PT0H，PT0：定时器 0 中断优先级控制位。

当 PT0H=0 且 PT0=0 时，定时器 0 中断为最低优先级中断（优先级 0）

当 PT0H=0 且 PT0=1 时，定时器 0 中断为较低优先级中断（优先级 1）

当 PT0H=1 且 PT0=0 时，定时器 0 中断为较高优先级中断（优先级 2）

当 PT0H=1 且 PT0=1 时，定时器 0 中断为最高优先级中断（优先级 3）

PX0H，PX0：外部中断 0 优先级控制位。

当 PX0H=0 且 PX0=0 时，外部中断 0 为最低优先级中断（优先级 0）

当 PX0H=0 且 PX0=1 时，外部中断 0 为较低优先级中断（优先级 1）

当 PX0H=1 且 PX0=0 时，外部中断 0 为较高优先级中断（优先级 2）

当 PX0H=1 且 PX0=1 时，外部中断 0 为最高优先级中断（优先级 3）

IP2H：中断优先级高字节控制寄存器高（字节地址为 0B6H，不可位寻址）

位　号	B7	B6	B5	B4	B3	B2	B1	B0
位名称	—	—	—	—	—	—	PSPIH	PS2H

IP2：中断优先级控制寄存器（字节地址为 0B5H，不可位寻址）

位　号	B7	B6	B5	B4	B3	B2	B1	B0
位名称	—	—	—	—	—	—	PSPI	PS2

PSPIH，PSPI：SPI 中断优先级控制位。

当 PSPIH=0 且 PSPI=0 时，SPI 中断为最低优先级中断（优先级 0）

当 PSPIH=0 且 PSPI=1 时，SPI 中断为较低优先级中断（优先级 1）

当 PSPIH=1 且 PSPI=0 时，SPI 中断为较高优先级中断（优先级 2）

当 PSPIH=1 且 PSPI=1 时，SPI 中断为最高优先级中断（优先级 3）

PS2H，PS2：串口 2 中断优先级控制位。

当 PS2H=0 且 PS2=0 时，串口 2 中断为最低优先级中断（优先级 0）

当 PS2H=0 且 PS2=1 时，串口 2 中断为较低优先级中断（优先级 1）

当 PS2H=1 且 PS2=0 时，串口 2 中断为较高优先级中断（优先级 2）

当 PS2H=1 且 PS2=1 时，串口 2 中断为最高优先级中断(优先级 3)

中断优先级控制寄存器 IP、IPH 和 IP2H 的各位都可由用户程序置“1”或清“0”。IP 寄存器可位操作，可用位操作指令或字节操作指令更新 IP 的内容。而 IP2、IPH 和 IP2H 寄存器不能位寻址，它们的内容只能用字节操作指令来更新。STC12C5A60S2 系列单片机复位后 IP、IP2、IPH 和 IP2H 均为 00H，各个中断源均为低优先级中断。

(3)定时/计数器控制寄存器 TCON。TCON 为定时/计数器 T0、T1 的控制寄存器，同时也锁存 T0、T1 溢出中断源和外部请求中断源等，TCON 格式如下：

TCON：定时/计数器控制寄存器(字节地址为 88H，可位寻址)

位　号	B7	B6	B5	B4	B3	B2	B1	B0
位名称	TF1	TR1	TF0	TR0	IE1	IT1	IE0	IT0

TF1：T1 溢出中断标志。T1 被允许计数后，从初值开始加 1 计数。当产生溢出时，由硬件置“1”，TF1 向 CPU 申请中断，一直保持到 CPU 响应中断时，才由硬件清“0”该标志位，TF0 也可用软件清“0”(查询方式)。

TR1：定时器 1 的运行控制位。

TF0：T0 溢出中断标志。T0 被允许计数后，从初值开始加 1 计数。当产生溢出时，由硬件置“1”，TF0 向 CPU 申请中断，一直保持到 CPU 响应中断时，才由硬件清“0”该标志位，TF0 也可用软件清“0”(查询方式)。

TR0：定时器 0 的运行控制位。

IE1：外部中断 1 请求源(INT1/P3.3)标志。IE1=1，外部中断 1 向 CPU 请求中断，当 CPU 响应外部中断时，由硬件清“0”该标志位。

IT1：外部中断 1 中断源类型选择位。IT1=0，$\overline{\text{INT1}}$/P3.3 引脚上的低电平信号可触发外部中断 1。IT1=1，外部中断 1 为下降沿触发方式。

IE0：外部中断 0 请求源(INT0/P3.2)标志。IE0=1，外部中断 0 向 CPU 请求中断，当 CPU 响应中断时由硬件清“0”该标志位。

IT0：外部中断 0 中断源类型选择位。IT0=0，$\overline{\text{INT0}}$/P3.2 引脚上的低电平信号可触发外部中断 0。IT0=1，外部中断 0 为下降沿触发方式。

(4)串行口控制寄存器 SCON。串行口控制寄存器 SCON(字节地址为 98H，可位寻址)的格式如下：

位　号	B7	B6	B5	B4	B3	B2	B1	B0
位名称	SM0/FE	SM1	SM2	REN	TB8	RB8	TI	RI

RI：串行口 1 接收中断标志。若串行口 1 允许接收且以方式 0 工作，则每当接收到第 8 位数据时置 1；若以方式 1，2，3 工作且 SM2=0 时，则每当接收到停止位的中间置 1；当串行口以方式 2 或方式 3 工作且 SM2=1 时，则仅当接收到的第 9 位数据 RB8 为 1 后，同时还要接收到停止位的中间时置 1。RI 为 1 表示串行口接收器正向 CPU 申请中断(接收中断)，RI 必须由用户的中断服务程序清“0”。

TI：串行口 1 发送中断标志。串行口 1 以方式 0 发送时，每当发送完 8 位数据，由硬件置 1；若以方式 1、方式 2 或方式 3 发送时，在发送停止位的开始时置 1。TI=1 表示串行口 1 正在向 CPU 申请中断(发送中断)。CPU 响应发送器中断请求，转向执行中断服务程序时并不清“0”TI，TI 必须由用户在中断服务程序中清“0”，即中断服务程序中必须有 CLR TI

或 ANL SCON,#0FDH 等清"0"TI 的指令。

SCON 寄存器的其他位与中断无关,在此不作介绍。

(5)低压检测中断相关寄存器:电源控制寄存器 PCON。电源控制寄存器 PCON(字节地址为 87H)的格式如下:

位　号	B7	B6	B5	B4	B3	B2	B1	B0
位名称	SMOD	SMOD0	LVDF	POF	GF1	GF0	PD	IDL

LVDF:低压检测标志位,同时也是低压检测中请求标志位。

在正常工作和空闲工作状态时,如果内部工作电压 V_{CC} 低于低压检测门槛电压,该位自动置 1,与低压检测中断是否被允许无关。即在内部工作电压 V_{CC} 低于低压检测门槛电压时,不管有没有允许低压检测中断,该位都自动为 1。该位要用软件清 0,清 0 后,如内部工作电压 V_{CC} 继续低于低压检测门槛电压,该位又被自动置 1。

在进入掉电工作状态前,如果低压检测电路未被允许可产生中断,则在进入掉电模式后,该低压检测电路不工作以降低功耗。如果被允许可产生低压检测中断,则在进入掉电模式后,该低压检测电路继续工作,在内部工作电压 V_{CC} 低于低压检测门槛电压后,产生低压检测中断,可将 MUC 从掉电状态唤醒。

电源控制寄存器 PCON 中的其他位与低压检测中断无关,在此不作介绍。

在中断允许寄存器 IE 中,低压检测中断相应的允许位是 ELVD/IE.6。

(6)A/D 转换控制寄存器 ADC_CONTR。ADC_CONTR 为 A/D 转换控制寄存器(字节地址为 0BCH),其格式如下:

位　号	B7	B6	B5	B4	B3	B2	B1	B0
位名称	ADC_POWER	SPEED1	SPEED0	ADC_FLAG	ADC_START	CHS2	CHS1	CHS0

ADC_POWER:ADC 电源控制位。当 ADC_POWER=0 时,关闭 ADC 电源;
当 ADC_POWER=1 时,打开 ADC 电源。

ADC_FLAG:ADC 转换结束标志位,可用于请求 A/D 转换的中断。当 A/D 转换完成后,ADC_FLAG=1,要用软件清 0。不管是 A/D 转换完成后由该位申请产生中断,还受由软件查询该标志位 A/D 转换是否结束,当 A/D 转换完成后,ADC_FLAG=1,一定要用软件清 0。

ADC_START:ADC 转换启动控制位,设置为"1"时,开始转换,转换结束后为 0。

A/D 转换控制寄存器 ADC_CONTR 中的其他位与中断无关,在此不作介绍。

在中断允许寄存器 IE 中,A/D 转换器的中断允许位是 EADC/IE.5

4.2.2.2　中断优先级

STC12C5A60S2 系列单片机的所有中断都具有 4 个中断优先级,对于这些中断请求源,可编程为高优先级中断或低优先级中断,可实现四级中断服务程序嵌套。一个正在执行的低优先级中断能被高优先级中断所中断,但不能被另一个低优先级中断所中断,一直执行到结束,遇到返回指令 RETI,返回主程序后再执行另一条指令才能响应新的中断申请。以上所述可归纳为下面两条基本规则:

(1)低优先级中断可被高优先级的中断所中断,反之不能。

(2)任何一种中断(不管是高级还是低级),一旦得到响应,不会再被它的同级中断所中断。

当同时收到几个同一优先级的中断要求时,哪一个要求得到服务,取决于内部的查询次序，这相当于在每个优先级内，还同时存在另一个辅助优先级结构，STC12C5A60S2 系列单片机各个中断优先查询次序见表 4-2。

表 4-2　各中断优先查询次序

中断号	中断源	查询次序
0	$\overline{\text{INT0}}$	高 ↓ 低
1	Timer 0	
2	$\overline{\text{INT1}}$	
3	Timer 1	
4	UART1	
5	ADC interrupt	
6	LVD	
7	PCA	
8	UART2	
9	SPI	

4.2.3　单片机中断处理过程

4.2.3.1　响应条件及响应过程

(1)单片机响应中断的条件是：

1)中断源有请求；

2)中断允许寄存器相应位置“1”；

3)CPU 中断开放(EA=1)。

(2)中断的响应过程。单片机一旦响应中断，首先置位相应的优先级有效触发器(中断系统包含了两个不可编程的“优先等级生效”触发器，一个用于指明已进行高优先级的中断服务，以阻止其他的中断请求，另一个用于指明已进入低优先级的中断服务，阻止除高优先级以外的全部其他中断请求)，然后执行一个硬件子程序调用，把断点地址压入堆栈，再把与各中断源对应的中断服务程序的首地址送程序计数器 PC，同时清除中断请求标志(有些标志不能自动清除，如 TI 和 RI)，从而控制程序转移到中断服务程序。以上过程均由中断系统自动完成。

单片机响应中断后，只保护断点而不保护现场(如标志位寄存器 PSW 的内容)，且不能清除某些中断请求标志，也无法清除外中断输入电平申请信号，所有这些应在用户编制中断处理程序时予以考虑。

各中断源所对应的中断服务程序首地址见表 4-3。

一个典型的中断服务程序：

```
        ORG     0003H        ;外部中断 0 入口地址
        LJMP    INT0_ISR
        …                    ;其他程序代码
INT0_ISR:                    ;外部中断 0 服务程序
```

```
…
RETI
```

表 4-3　各中断源的中断服务程序首地址

中断源	中断入口地址	中断号
外部中断 0	0003H	0
T0 溢出中断	000BH	1
外部中断 1	0013H	2
T1 溢出中断	001BH	3
串行口 UART1	0023H	4
ADC	002BH	5
LVD	0033H	6
PCA	003BH	7
串行口 UART2	0043H	8
SPI	004BH	9

4.2.3.2　中断服务

CPU 从入口地址开始执行中断服务程序直至遇到一条 RETI 指令为止。RETI 指令表示中断服务程序的结束，CPU 执行该指令，一方面清除中断响应时所置位的优先级有效触发器，一方面由栈顶弹出断点地址送程序计数器 PC，从而返回主程序。若用户在中断服务程序开始安排了保护现场指令（相应寄存器内容入栈），则在 RETI 指令前应有恢复现场（相应寄存器内容出栈）指令。这在编程时也应注意。

在编写中断服务程序时应注意以下两点：

(1) 单片机响应中断后，不会自动关闭中断系统。如果用户程序不希望出现中断嵌套，则必须在中断服务程序的开始处关闭中断，禁止更高优先级的中断请求中断当前的服务程序。

(2) 为了保证保护现场和恢复现场能够连续进行，可在保护现场和恢复现场之前先关中断，当现场保护或现场恢复结束后，再根据实际需要决定是否需要开中断。

4.3　中断系统的应用

4.3.1　中断程序编制举例

例 4-1：利用/INT1 引入单脉冲，每来一个负脉冲，将连接到 P1 口的发光二极管循环点亮。

解：利用/INT1 的下降沿触发中断。

汇编语言程序如下：

```
$INCLUDE  (STC12.INC)     ;包含 STC12C5A60S2 单片机寄存器定义文件
ORG     0000H
```

```
    LJMP    MAIN
    ORG     0013H
    LJMP    INT1_ISR
    ORG     0100H
MAIN:
    MOV     SP,#60H
    MOV     A,#0FEH
    MOV     P2,#0FFH
    SETB    IT1          ;设置下降沿触发中断
    SETB    EX1          ;开放外部中断1
    SETB    EA           ;开放总中断
    SJMP    $            ;等待,本指令相当于"HERE:LJMP HERE"
INT1_ISR:
    MOV     P2,A
    RL      A
    RETI
    END
```

对应的C语言版本如下：

```
#include "stc12.h"              //包含STC12C5A60S2单片机的寄存器定义文件
unsigned char i=0x01;
void main(void)
{
    P2=0xff;
    IT1=1;
    EX1=1;
    EA=1;
    while(1);                   //循环等待
}
void INT1_ISR(void) interrupt 2
{
    i<<=1;
    if (i==0) i=1;              //移位8次后,i将变为0,因此需要重新赋值
    P2=~i;                      //将i按位取反后送P2
}
```

例4-2:多个外部中断源扩展。

硬件连接如图4-4所示,各中断输入端为高电平有效,当某中断有效时点亮对应LED指示灯。当外部中断源多于2个时,可采用硬件申请与软件查询的方法,把多个中断源通过硬件"线或"或经或非门引入外中断源输入端,同时又连到某I/O口。这样,每个源都可能引起中断,在中断服务程序中通过软件查询便可确定哪一个是正在申请的中断源,其查询的次序则由中断源优先级决定,这就可实现多个外部中断源的扩展。

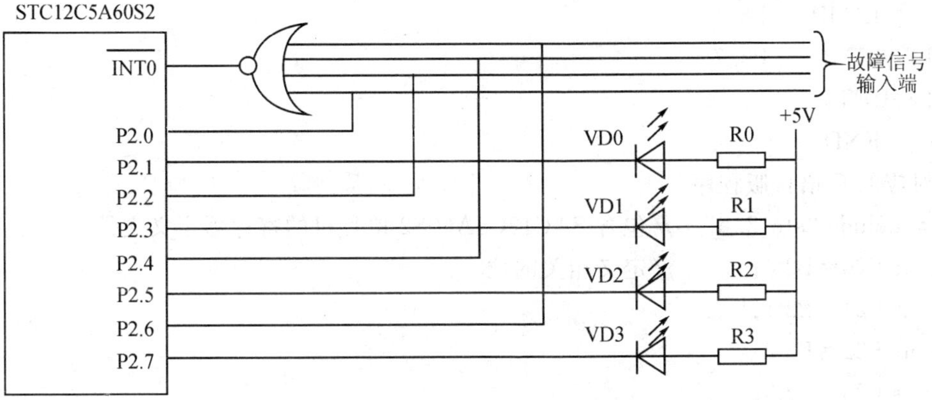

图 4-4　多个外部中断源扩展

解:汇编语言程序如下:

```
      $INCLUDE  (STC12.INC)       ;包含 STC12C5A60S2 单片机寄存器定义文件
      ORG       0000H
      LJMP      MAIN              ;转主程序
      ORG       0003H
      LJMP      INT0_ISR          ;转中断服务程序
      ORG       0100H
MAIN:
      MOV       SP,#60H
      SETB      IT0               ;为沿触发中断方式
      SETB      EX0               ;允许中断
      SETB      EA                ;CPU 开中断
      MOV       P2,#0AAH          ;灯全灭
      SJMP      $
INT0_ISR:
      JNB       P2.0,L1           ;中断服务程序
      CLR       P2.1              ;查询中断源,P2.0 为 0 转 L1,P2.0
      LJMP      L2                ;为 1,P2.1 送出"0"使对应的灯亮。
L1:SETB         P2.1
L2:JNB          P2.2,L3
      CLR       P2.3
      LJMP      L4
L3:SETB         P2.3
L4:JNB          P2.4,L5
      CLR       P2.5
      LJMP      L6
L5:SETB         P2.5
L6:JNB          P2.6,L7
      CLR       P2.7
```

```
    LJMP    L8
L7:SETB     P2.7
L8:RETI
    END
```

对应的C语言版程序：

```
#include "stc12.h"    //包含 STC12C5A60S2 单片机的寄存器定义文件
sbit P20=P2^0;        //定义相关的位
sbit P21=P2^1;
sbit P22=P2^2;
sbit P23=P2^3;
sbit P24=P2^4;
sbit P25=P2^5;
sbit P26=P2^6;
sbit P27=P2^7;
void main (void)
{
    IT0=1;            //外部中断0为边沿触发方式
    EX0=1;            //允许外部中断0
    EA=1;             //允许总的中断
    P2=0xaa;          //灯全灭
    while(1);
}
void INT0_ISR (void) interrupt 0    //外部中断函数
{
    P21=~P20;
    P23=~P22;
    P25=~P24;
    P27=~P26;
}
```

4.3.2 中断使用过程中需要注意的问题

4.3.2.1 寄存器保护

在主程序的执行过程中，在任何地方都有可能进入中断程序，因此，必须保证在任何时候都要做好中断现场的保护工作。

通常情况下，中断处理子程序需要保护下列寄存器：

(1)程序状态字(PSW)。

(2)数据指针(DPH/DPL)。

(3)累加器(ACC)。

(4)B寄存器(B)。

(5)R 寄存器(R0～R7)。

如果用 C 语言编写中断处理程序时，通常开发环境本身会自动进行寄存器保护，因此用户不必再编写现场保护代码。

4.3.2.2　使用中断常出现的问题

如果使用了中断，而程序又不能正确地执行或不能达到预期的目标，可以检查下面与中断有关的内容：

(1)寄存器保护。保证所有前面提及的寄存器被保护。如果忘记保护主程序使用的寄存器，那将产生错误结果。如果寄存器未按预期的愿望改变其中的值或者出现错误的值，这很可能是因为寄存器没有被保护。

(2)忘记恢复被保护的值。中断结束后忘记将保护数据从堆栈中弹出。例如将 ACC、B 和 PSW 压入堆栈进行保护，随后在中断结束后忘记恢复 B 中的值，因此将在堆栈中留下一个特殊的值。在使用 RETI 指令的时候，单片机将使用那个错误的值作为返回地址，其后果是无法预料的。

(3)使用了 RET 而不是 RETI。中断的结束应使用 RETI 指令，而有时却错用了 RET 指令。由于 RET 指令不能结束中断。通常情况下，使用 RET 指令代替 RETI 指令会引起主程序的混乱。如果发现中断仅仅执行了一次，那么可以检查子程序是否使用了 RETI 指令。

(4)中断程序尽量短小。中断服务子程序应该尽量短小，这样其执行速度更快。例如，一个接收串行中断应该从 SBUF 中读一个字节，并且将其复制到用户定义的临时缓冲区中，然后退出中断程序，由主程序来处理在缓冲区中的数据。中断的时间消耗越少，那么在中断发生时就可以更快地处理中断。

(5)注意中断标志的清除问题。某些中断的中断标志不是在响应相应中断时由硬件自动清除的，用户需要在中断服务程序返回前，使用软件将标志位清零，否则，中断返回后，还将产生一次新的中断。例如串行通信中断、ADC 中断、SPI 中断以及 PCA 中断。

习　题

1. 什么是中断？单片机采用中断有什么好处？

2. 什么叫中断源？STC12C5A60S2 单片机有哪几个中断源？中断源的触发方式是什么？

3. 什么是中断优先级？STC12C5A60S2 单片机的能设置几个优先级？同一级别的中断源同时发出中断请求，CPU 先响应哪一个？怎样确定？

4. 简述 STC12C5A60S2 单片机的中断响应条件及过程。

5. 参考例 4-2，利用 STC12C5A60S2 单片机，编程实现实现 16 路故障检测和显示，当系统的各部分工作正常时，16 个故障源输入端全为低电平，指示灯全熄灭。若当某部分出现故障，则对应的输入线由低电平变为高电平，从而引起单片机中断，相应的指示灯变亮。试设计判定故障源的电路图和程序。

6. 编写中断服务程序时，应该注意哪些事项？

第 5 章　定时/计数器

在自动控制系统或者自动检测系统中，经常要用到定时器或者计数器，用于定时完成相关的任务，或者对外部事件进行计数。这可以通过单片机集成的定时/计数器实现。本章主要介绍 STC12C5A60S2 单片机的定时/计数器的结构、工作原理及应用实例。

5.1　定时/计数器结构与功能

STC12C5A60S2 单片机定时/计数器的结构框图如图 5-1 所示。

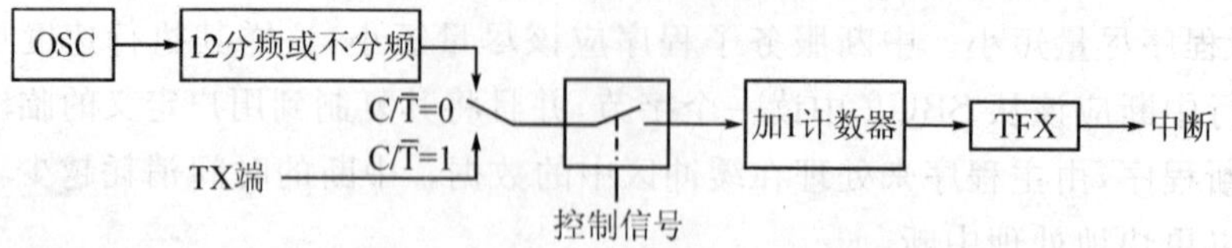

图 5-1　定时/计数器的结构框图(X=0、1)

由图 5-1 可见，定时/计数器的核心是一个加 1 计数器，加 1 计数器的脉冲有两个来源，一个是外部脉冲源，另一个是系统的时钟振荡器。计数器对这两个脉冲源之一进行输入计数，每输入一个脉冲，计数值加 1。当计数到计数器为全 1 时，再输入一个脉冲就使计数值回零，同时从最高位溢出一个脉冲使特殊功能寄存器 TCON 的 TF0 或 TF1 置 1，作为计数器的溢出中断标志。如果定时/计数器工作于定时状态，则表示定时时间到；若工作于计数状态，则表示计数回零。因此，加 1 计数器的基本功能是对输入脉冲进行计数，至于其工作于定时还是计数状态，则取决于脉冲源。当脉冲源为时钟振荡器(等间隔脉冲序列)时，在每个时钟周期寄存器加 1，由于计数脉冲为一时间基准，所以脉冲数乘以脉冲间隔时间就是定时时间，因此为定时功能。当脉冲源为间隔不等的外部脉冲时，就是外部事件的计数器，寄存器在其对应的外输入端 T0 或 T1 有一个 1→0 的跳变时加 1。外部输入信号的速率是不受限制的，但必须保证给出的电平在变化前至少被采样一次。

图 5-1 中有两个模拟的位开关，前者决定定时/计数器工作方式：是定时还是计数。后者受控制信号的控制，它实际上决定了脉冲源是否加到计数器输入端，即决定加 1 计数器的开启与运行。起这两个开关作用的是特殊功能寄存器 TMOD 和 TCON 的相应位，用户可对其各位进行设置，从而选择不同的工作方式(计数或定时)或启动时间，并可设置相应的控制条件。另外，AUXR 中的 T0x12 位和 T1x12 位确定是否对振荡时钟进行 12 分频。

单片机的 CPU、寄存器 TMOD、TCON 和 AUXR 与定时/计数器 0(以后简称 T0)、定时/计数器 1(以后简称 T1)之间的关系如图 5-2 所示。

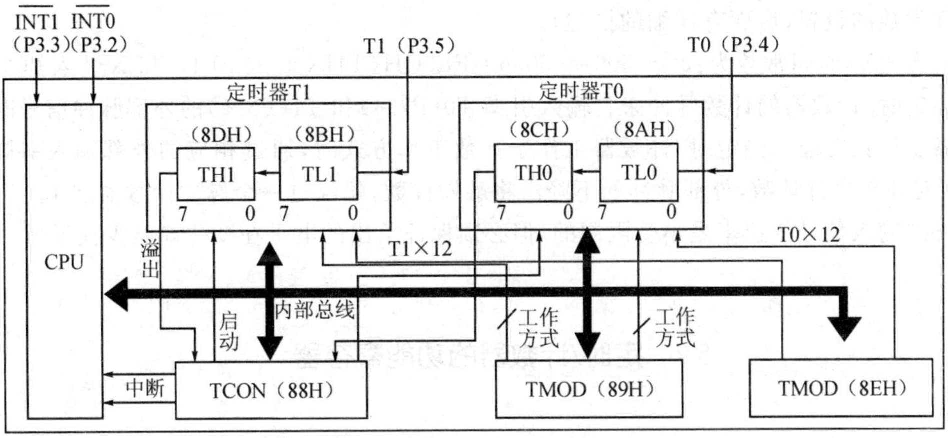

图 5-2　定时/计数器结构原理图

定时/计数器 T0、定时/计数器 T1 是两个 16 位的定时/计数器,分别由两个 8 位专用寄存器组成。其中 TH0、TL0 是 T0 的 8 位专用寄存器,TH1、TL1 是 T1 的 8 位专用寄存器。每个寄存器均可单独访问,用于存放定时或计数的初值。工作方式控制寄存器 TMOD 用于设置定时/计数器的工作方式。控制寄存器 TCON 用于启动和停止内部计数器工作,还可以保存 T0、T1 的溢出和中断标志。特殊功能寄存器 AUXR 中 T0x12 和 T1x12 用于设置是否将时钟分频(作为定时器使用时)。

当定时/计数器的计数脉冲来自单片机的内部时钟时,它就具备了定时的功能。定时/计数器每过一个单位时间,计数器加 1,直到计数器计满溢出。如果加 1 信号由振荡器的 12 分频信号产生,则对每 12 个时钟周期计数一次。此时,计数的单位时间为

$$T_u = \frac{1}{f_c \times \frac{1}{12}} (\mu s)$$

其中,T_u 为计数的单位时间(单位为 μs);f_c 为晶振频率(单位为 MHz)。

如果晶振频率为 12MHz,则单位时间为

$$T_u = \frac{1}{12\text{MHz} \times \frac{1}{12}} = 1(\mu s)$$

单片机的任务设置定时时间 T_C 为:$T_C = XT_u$。其中,T_u 为单位时间,T_C 为定时时间,X 为所需计数次数。

STC12C5A60S2 单片机的定时/计数器是对脉冲不断加 1 进行计数的,是加 1 计数器。因此,不能直接将实际的计数值作为计数初值送入计数寄存器 THX、TLX 中,而必须将实际计数值以 2^8,2^{13},2^{16} 为模求补,以补码作为计数初值设置 THX 和 TLX。即应装入计数/定时器的初值为

$$N = 2^n - \frac{T_C}{T_u}$$

其中,定时器工作于方式 2 或者方式 3 时,$n=8$;工作于方式 0 时,$n=13$;工作于方式 1 时,$n=16$。

例如:已知 $T_u = 2\mu s$,要求定时 $T_C = 1ms$,则 $\frac{T_C}{T_u} = \frac{1ms}{2\mu s} = 500$。

对方式 0，计数初值为：$2^{13}-500=7692=1E0CH$（THX 装入 0F0H，TLX 装入 0CH，对于时间常数的设置，后面有详细的描述）。

对方式 1，时间常数为：$2^{16}-500=65036=FE0CH$（THX 装入 FEH，TLX 装入 0CH）。

当定时/计数器的计数脉冲来自输入引脚 T0（P3.4）和 T1（P3.5）的外部脉冲信号时，它就具备了计数功能。当定时/计数器工作于计数工作方式时，通过相应的外部输入引脚 T0 和 T1 对外部事件计数，外部脉冲的下降沿将触发计数，每经过一个脉冲计数器加 1。

外部输入信号的速率是不受限制的，但必须保证给出的电平在变化前至少被采样一次。

5.2 定时/计数器的功能寄存器

定时/计数器是一种可编程部件，在定时/计数器开始工作之前，CPU 必须将一些命令（称为控制字）写入定时/计数器。将控制字写入定时/计数器的过程叫定时/计数器初始化。在初始化过程中，要将工作方式控制字写入方式寄存器，工作状态字（或相关位）写入控制寄存器，赋定时/计数初值。与定时/计数器相关的特殊功能寄存器有 TMOD、TCON 和 AUXR。其中，

TMOD 控制定时/计数器的工作方式；

TCON 控制定时器 T0、T1 的启动和停止，并包含了定时器的状态；

AUXR 用于设置定时器的速度。

5.2.1 TMOD：定时器工作方式控制寄存器

工作方式控制寄存器 TMOD（地址为 89H，复位值为 00H）用于设定定时/计数器的工作方式，其各位定义如下：

位号	B7	B6	B5	B4	B3	B2	B1	B0
定时器名	用于定时器 1				用于定时器 0			
位名称	GATE	C/$\overline{T}$	M1	M0	GATE	C/$\overline{T}$	M1	M0

（1）M1 和 M0：方式选择控制位。定时器的方式选择见表 5-1。

表 5-1 定时/计数器的方式选择

M1	M0	工作方式	功能说明
0	0	0	13 位定时/计数器（兼容 8048 定时器模式，一般不用）
0	1	1	16 位定时/计数器
1	0	2	可自动装入的 8 位计数器
1	1	3	定时器 0：分成两个 8 位计数器 定时器 1：停止计数

对于方式 0～2，定时/计数器 0 和定时/计数器 1 的结构和工作过程是相同的。

（2）C/：功能选择位。

1：计数器功能（对 T0 或 T1 引脚的负跳变进行计数）。

0:定时器功能(对时钟周期进行计数)。

(3)GATE:门控位。GATE 用于选通控制。

1:为高电平且 TRX 置位时,启动定时器工作。

0:每当 TRX 置位时,就启动定时器工作。

GATE 位的作用也可以看做是,设定定时器是由硬件还是软件启动或关闭。

当 GATE=0 时,软件控制定时器 0 和定时器 1 的启动关闭。使用指令"SETB TR0"启动定时器 0,"CLR TR0"关闭定时器 0;"SETB TR1"启动定时器 1,"CLR TR1"关闭定时器 1。

当 GATE=1 时,定时器的启动由 TR0(TR1)和外部中断引脚 P3.2(P3.3)共同控制。只有 INT0(INT1)为高电平时,TR0(TR1)置 1 定时器启动。

注意:TMOD 寄存器不能进行位寻址,设置时只能用字节传送指令对整个寄存器赋值。

5.2.2 TCON:定时器控制寄存器

TCON(地址为 88H,复位值为 00H)作用是控制定时器的启动、停止,标志定时器溢出和中断情况,其格式如下:

位 号	B7	B6	B5	B4	B3	B2	B1	B0
位名称	TF1	TR1	TF0	TR0	IE1	IT1	IE0	IT0

(1)TF1:T1 溢出标志位。T1 启动计数后,T1 从初值开始加 1 计数,最高位产生溢出时,TF1 由硬件置 1,并向 CPU 请求中断,一直保持到 CPU 响应中断时,由硬件清零。TF1 也可以由程序查询或清零。

(2)TR1:T1 的运行控制位。该位由软件置位和清零。当 GATE(TMOD.7)=0,TR1=1 就启动 T1 开始计数,TR1=0 时停止 T1 计数。当 GATE(TMOD.7)=1,TR1=1 且 $\overline{\text{INT1}}$输入高电平时,才允许 T1 计数。

(3)TF0:定时/计数器 0 溢出标志位。含义和功能与 TF1 相似。

(4)TR0:定时器 T0 的运行控制位。含义和功能与 TR1 相似。

TCON 的 0~3 位与外部中断有关,请参见"中断"一章的介绍。

TCON 可以进行位寻址,其位地址(由低位到高位)为 88H~8FH。

由于定时/计数器是可编程的,所以在任何一个定时/计数器开始计数或定时之前,必须对其写入相应的控制字。把方式控制字写入 TMOD 选择定时器的工作方式,把初值写入 THX、TLX 控制计数长度,将 TCON 相应位(TRX)置 1 或清零实现启动或停止计数。在运行过程中,还可以读出 THX、TLX 和 TCON 的内容来随时查询 T0、T1 的状态。

5.2.3 AUXR:辅助寄存器

辅助寄存器 AUXR 主要用来设置定时器 0 和定时器 1 以及串口 UART 的波特率控制。

STC12C5A60S2 单片机是 1T 的 8051 单片机,为了兼容传统 8051 单片机,定时器 0 和定时器 1 复位后是传统 8051 的速度,即 12 分频,但此时指令执行速度仍然是 1T 的速度。通过设置特殊功能寄存器 AUXR 中相关的位,定时器也可不进行 12 分频,实现真正的 1T 速度。

辅助寄存器 AUXR(地址为 8EH,复位值为 00H)各位定义如下:

位　号	B7	B6	B5	B4	B3	B2	B1	B0
位名称	T0x12	T1x12	UART_M0x6	BRTR	S2SMOD	BRTx12	EXTRAM	S1BRS

与定时器速度相关的控制位有:

(1)T0x12:定时器 0 速度控制位。

0:定时器 0 的速度是传统 8051 单片机定时器的速度,即 12 分频。

1:定时器 0 的速度是传统 8051 单片机定时器速度的 12 倍,即不分频。

(2)T1x12:定时器 1 速度控制位。

0:定时器 1 的速度是传统 8051 单片机定时器的速度,即 12 分频。

1:定时器 1 的速度是传统 8051 单片机定时器速度的 12 倍,即不分频。

如果 UART 串口用 T1 作为波特率发生器,T1x12 位决定 UART 串口是 12T 还是 1T。

UART_M0x6、BRTR、S2SMOD、BRTx12 和 S1BRS 用于控制 UART 串口的速度。EXTRAM 用于设置是否允许使用内部 1024 字节的扩展 RAM。

5.3 定时/计数器的工作方式

定时/计数器 T0 或 T1 无论用作定时器或计数器都有 4 种工作方式:方式 0、方式 1、方式 2 和方式 3。除方式 3 外,T0 和 T1 有完全相同的工作状态。下面以 T0 为例,分述各种工作方式的特点和用法。

通过对寄存器 TMOD 中 M1、M0 的设置,定时/计数器有 4 种不同的工作方式。

5.3.1 方式 0 和方式 1

T0 和 T1 方式 0 和方式 1 的原理框图如图 5-3 所示。

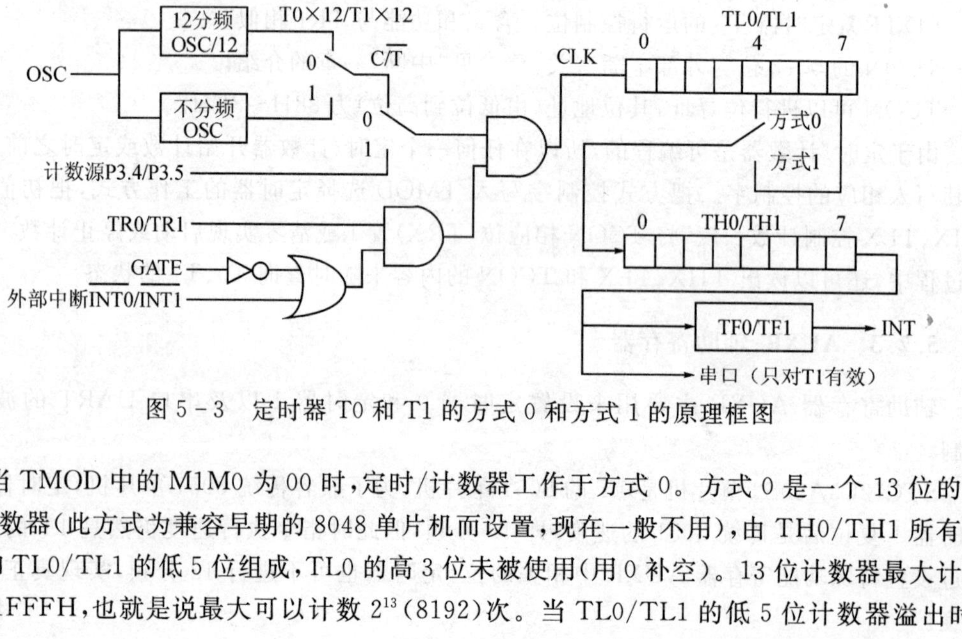

图 5-3 定时器 T0 和 T1 的方式 0 和方式 1 的原理框图

当 TMOD 中的 M1M0 为 00 时,定时/计数器工作于方式 0。方式 0 是一个 13 位的定时/计数器(此方式为兼容早期的 8048 单片机而设置,现在一般不用),由 TH0/TH1 所有的 8 位和 TL0/TL1 的低 5 位组成,TL0 的高 3 位未被使用(用 0 补空)。13 位计数器最大计数值为 1FFFH,也就是说最大可以计数 2^{13}(8192)次。当 TL0/TL1 的低 5 位计数器溢出时,向 TH0/TH1 进位，而 TH0/TH1 溢出时，向中断标志 TF0/TF1 进位，同时申请中断。当单片机进入中断服务程序时，由内部硬件自动清除标志 TF0/TF1。

当 $C/\overline{T}=0$ 时，多路开关连接振荡器的分频输出，T0/T1 对时钟周期计数，这就是定时工作方式。由 T0×12 决定是否对振荡时钟进行分频，当 T0×12=0 时，使用 12 分频（与传统 8051 单片机兼容）；当 T0×12=1 时，直接使用振荡器时钟（即不分频）。

当 $C/\overline{T}=1$ 时，多路开关连接外部脉冲输入（P3.4/P3.5），即计数工作方式。

选通控制位 GATE 的作用：一般情况下，应使 GATE=0。这样，定时/计数器运行控制仅由 TR0/TR1 位的状态确定（TR0/TR1=1 时启动，TR0/TR1=0 时停止）。只有在启动计数功能要由外部输入 $\overline{INT0}/\overline{INT1}$ 控制时，才使 GATE=1。由图 7－3 可知，GATE 为 1，TR0/TR1 为 1 时，只有 $\overline{INT0}/\overline{INT1}$ 引脚输入高电平，T0/T1 才被允许计数。利用 GATE 的这一功能，可以很方便地测量脉冲宽度。

STC12C5A60S2 单片机的定时器有两种计数速率：一种是 12T 模式，每 12 个时钟加 1，与传统 8051 单片机相同；另一种是 1T 模式，每个时钟加 1，速度是传统 8051 单片机的 12 倍。T0 和 T1 的速率分别由特殊功能寄存器 AUXR 中的 T0×12 和 T1×12 决定，如果 T0×12=1，T0 则工作在 1T 模式。如果 T1×12=1，T1 则工作在 1T 模式。

下面说明定时器工作在方式 0 下的编程方法。

假设定时器工作在方式 0，12T 模式时，产生一个 500μs 的延时，晶振频率为 12MHz。

(1)计算计数初值：$N=1^{13}-\dfrac{500\mu s}{1\mu s}=7692$；

(2)将计数值转换为二进制，即：7692=11110000 01100B；

(3)把高八位装入 TH0，低五位装入 TL0，即：TH0=1111 0000B，TL0=0000 1100 B；

(4)转换成十六进制数：TH0=0F0H，TL0=0CH。

所以计数/定时器计数初值为 0F00CH。

程序设置：

```
        ORG     0000H
START:
        MOV     SP,#80H
        MOV     TMOD,#00H   ;设置工作方式 0
LOAD:   MOV     TL0,#0CH    ;计数初值 F00CH 载入 TL0 和 TH0 中
        MOV     TH0,#0F0H
        SETB    TR0         ;启动 T0 计数器
CHECK:  JNB     TF1,CHECK   ;检测计数器溢出位，当 TF0=1，跳出
        CLR     TR0         ;关闭计数器 0
        CLR     TF0         ;TF0 清 0
        ……
        LJMP    START       ;循环
        END
```

上述程序代码使用的查询标志的方法，在实际应用中，为了提高 CPU 的工作效率，尽量采用中断的方式。

当 TMOD 中的 M1M0 为 01 时，定时/计数器工作于方式 1。方式 1 和方式 0 的差别仅

仅在于计数器的位数不同。方式1为16位的计数器，由THX作为高8位，由TLX作为低8位。16位计数器最大计数值FFFFH，也就是说最大可以计数 2^{16}(65536)次。其结构和操作几乎与方式0完全相同。

若上述定时器工作于方式1，则计数初值为 $N=2^{16}-\frac{500\mu s}{1\mu s}=65036$，转换为16进制为0FE0CH，把高八位装入TH0，低八位装入TL0，即TH0＝0FEH，TL0＝0CH。编程过程类似，在此从略。

5.3.2 方式2

当TMOD中的M1M0为10时，定时/计数器工设定为工作方式2。T0和T1方式2的原理框图如图5-4所示。

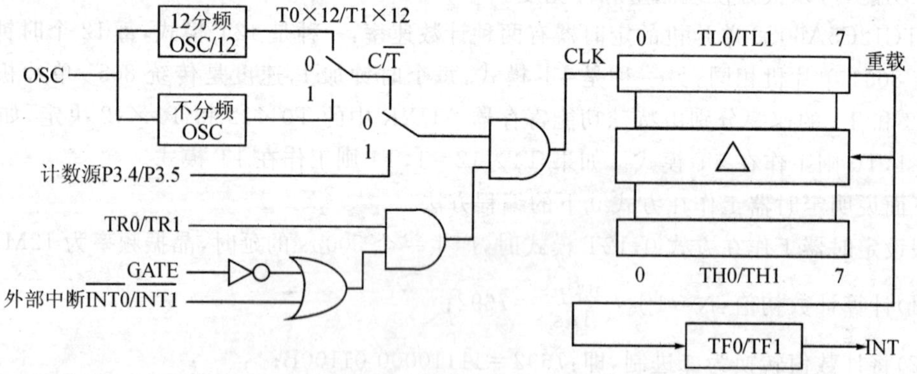

图5-4 定时/计数器的工作方式2原理框图

方式0、方式1若用于循环重复定时/计数时，每次计满溢出，寄存器全部清零，第二次计数需要重新装入计数初值。这样不仅编程麻烦，而且影响定时精度。

方式2是能自动重置初值的8位定时/计数器，具有自动恢复初值(即初值的自动再装入)的功能。由TL0/TLl构成8位计数器，TH0/THl仅用来存放时间常数。当TL0/TL1计数溢出时，不仅置位溢出标志TF0/TF1，还自动将TH0/TH1的内容送入TL0/TL1，使TL0/TL1从初值开始重新计数。用户可以通过程序把时间常数预置在TH0/TH1中，再装入后，TH0/TH1的内容保持不变。这种工作方式可省去用户软件中重载定时常数的程序，可产生高精度的定时时间，适合用作较精确的定时脉冲信号发生器。

当然，这种方式的定时/计数范围要小于方式0和方式1。计数器最大计数值FFH，也就是说最大可以计数 2^8(256)次。

例如：使用定时器0以工作方式2产生100μs定时，在P1.0输出周期为200μs的连续正方波脉冲。假设晶振频率fosc＝6MHz，12分频。

(1)计算计数初值。6MHz晶振下，12分频时，一个计数时间单位为2μs，以TH0作重装载的预置寄存器，TL0作8位计数器，假设计数初值为 X，则：

$$(2^8-X)\times 2\times 10^{-6}=100\times 10^{-6}$$

求解得：

X＝206＝11001110B＝0CEH

把0CEH分别装入TH0和TL0中：

TH0＝0CEH，TL0＝0CEH

(2)TMOD 寄存器初始化。定时/计数器 0 为工式方式 2,M1M0=10;为实现定时功能 $C/\overline{T}=0$;为实现定时/计数器 0 的运行 GATE=0;定时/计数器 1 不用,有关位设定为 0。

综上情况,TMOD 寄存器的状态应为 02H。

程序设置代码如下:

```
        MOV   IE,#00H          ;禁止中断
        MOV   TMOD,#02H        ;设置定时器 0 为方式 2
        MOV   TH0,#0CEH        ;保存计数初值
        MOV   TL0,#0CEH        ;设置计数初值
        SETB  TR0              ;启动定时
LOOP:
        JBC   TF0,LOOP1        ;查询计数溢出
        AJMP  LOOP
LOOP1:
        CPL   P1.0             ;输出方波
        AJMP  LOOP             ;重复循环
```

由于方式 2 具有自动重装载功能,因此计数初值只需设置一次,以后不再需要软件重置。

5.3.3　方式 3

当 TMOD 中的 M1M0 为 11 时,定时/计数器工设定为工作方式 3。方式 3 只适用于 T0,T0 在方式 3 下的等效框图如图 5-5 所示。

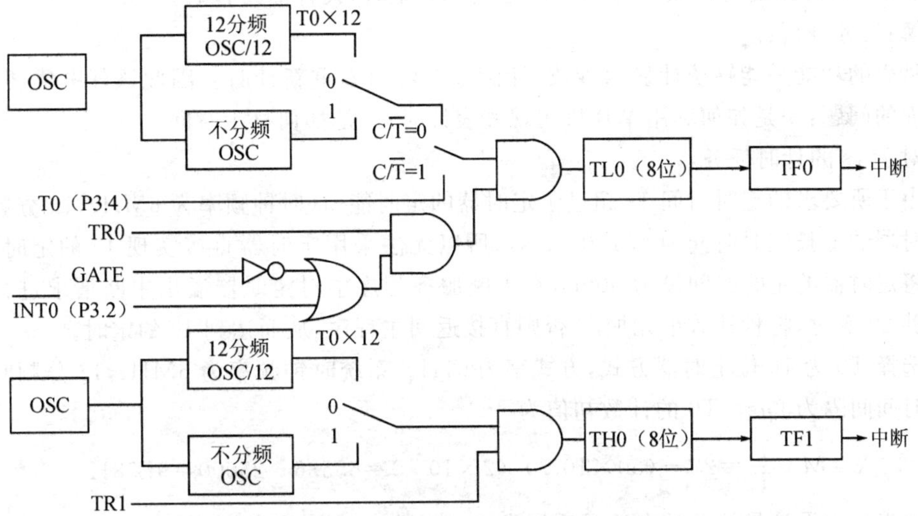

图 5-5　定时/计数器工作方式 3 下的等效框图

Tl 在方式 3 时停止计数(相当于 TR1=0)。T0 在方式 3 下被拆成两个独立的 8 位计数器 TL0 和 TH0。其中,TL0 既可用作定时器,又可用作计数器。TL0 使用 T0 的所有控制位:$C/\overline{T}$、GATE、TR0、$\overline{INT0}$和 TF0。TH0 则被限制为一个定时器(对振荡脉冲或其分频后的脉冲进行计数),并使用 T1 的 TR1 和 TF1,即借用 T1 的中断标志和运行控制位。

这种方式可以使 STC12C5A60S2 单片机增加一个附加的 8 位定时/计数器。一般来

说，当系统需要增加一个额外的 8 位定时器时，才设置 T0 工作于方式 3。当 T0 工作于方式 3 时，由于 TH0 使用了 T1 的中断，此时 T1 虽可定义为方式 0、方式 1 和方式 2，但只能用在不需要中断控制的场合。例如，工作于自动装载方式(方式 2)，作为串行口的波特率发生器使用。因此，方式 3 是为了使单片机有 1 个独立的定时/计数器、1 个定时器以及 1 个串行口波特率发生器的应用场合而特地提供的。这时，可把定时器 1 用于工作方式 2，把定时器 0 用于工作方式 3。

5.4 定时/计数器应用举例

一般定时/计数器的应用采用中断方式，因此，编程时主要考虑两点：一是正确初始化，包括写入控制字、时间常数的计算并装入；二是中断服务程序的编写，在中断服务程序中编写实现需要定时完成的任务代码。定时/计数器初始化部分的一般步骤大致如下：

(1)设置工作方式，将控制字写入 TMOD 寄存器。(注意 TMOD 不能进行位寻址)

(2)设置分频方式，将控制字写入 AUXR 寄存器。默认的情况是 12 分频(兼容传统 8051 单片机)，如果使用传统 8051 单片机模式，可以不进行设置。

(3)计算定时/计数初值，并将其装入 TLX、THX 寄存器。

(4)置位 ETX 和 EA 允许定时/计数器中断(如果需要)。

(5)置位 TRX 以启动定时/计数。

在中断服务程序中，需要注意计数初值的重新装入问题。

例 5-1：设系统时钟频率为 6MHz，利用 T0 定时，设计简易秒表。

解：任务分析：

秒表的功能是能够统计显示秒数，计满 60s 可归零重新计时。因此该任务需要解决两个方面的问题：一是如何利用单片机实现秒表计时；二是如何显示时间。

对于 1s 的计时任务，

由于所要求的定时时间 1s 超过了定时器的定时能力(时钟频率为 6MHz，12 分频时，16 位定时器的最长定时时间为 131.072ms)，所以无法采用定时器直接实现 1s 的定时。这时可以将定时器的定时时间设为 50ms，在中断服务程序中对定时器溢出中断请求进行计数，当计够 20 次时，将秒计数单元加 1，否则直接返回主程序，从而达到 1s 的定时。

选择 T0 为 16 位定时器方式，方式字为 01H。系统时钟频率为 6MHz，12 分频时，计数单位时间间隔为 2μs。T0 的计数初值为

$$X=M-\frac{T_c}{T_u}=2^{16}-(50\times10^{-3})/(2\times10^{-6})=65536-25000=9E58H$$

秒表显示设计最简单的办法是采用发光二极管，用单片机 I/O 端口 P1 控制 8 个发光二极管显示秒表的 BCD 码。可以用模拟实现简易秒表的基本功能，从 00 开始计时至 59s 后，自动归零重新计时。

汇编语言程序如下：

```
$INCLUDE (STC12.INC)   ;包含 STC12C5A60S2 寄存器定义文件
SEC  EQU   40H
CNT  EQU   41H
```

```
        ORG     0000H
        LJMP    MAIN            ;转主程序
        ORG     000BH           ;T0 中断服务程序入口地址
        LJMP    T0_ISR
        ORG     0100H
MAIN:   MOV     SP,#60H         ;设置堆栈指针
        MOV     TMOD,#01H       ;T0 初始化
        MOV     TL0,#58H
        MOV     TH0,#9EH
        MOV     CNT,#20         ;计数 CNT 置 20
        MOV     SEC,#00H
        MOV     P1,#0FFH        ;初始化显示
        SETB    ET0             ;允外 T0 中断
        SETB    EA              ;CPU 开中断
        SETB    TR0             ;启动 T0 计数
        SJMP    $               ;等待
T0_ISR: MOV     TL0,#58H
        MOV     TH0,#9EH        ;重新装入时间常数
        DJNZ    CNT,EXIT        ;计数器内容减 1,并判断是否为 0
        MOV     CNT,#20         ;计数器重载 20
        MOV     A,SEC
        ADD     A,#1            ;秒值加 1
        DA      A               ;将十六进制秒表值转换成 BCD 码
        CJNE    A,#60H,NOT60    ;60s 时秒单元清零
        MOV     A,#0
NOT60:  MOV     SEC,A
        CPL     A               ;秒表的 BCD 码取反
        MOV     P1,A            ;点亮发光二极管
EXIT:   RETI
        END
```

习　题

1. 简述 STC12C5A60S2 单片机的定时/计数器各工作方式的特点。
2. 如何对定时器的定时范围进行扩展？
3. 设计程序从 P2.1 输出周期为 2s 的方波。
4. 设计程序通过 P2.0 和 P2.1 分别输出周期为 200μs 和 400μs 的方波。

第6章 串行通信

在实际应用中，CPU与其外部设备之间或计算机之间常常要进行信息的交换，它们之间的信息交换，称为通信。本章主要介绍STC12C5A60S2单片机的串行通信模块的工作原理及应用。

6.1 串行通信的基础知识

基本的通信方式有两种：

并行通信——数据的各位同时传送，如图6-1(a)所示；

串行通信——数据一位一位的顺序传送，如图6-1(b)所示。

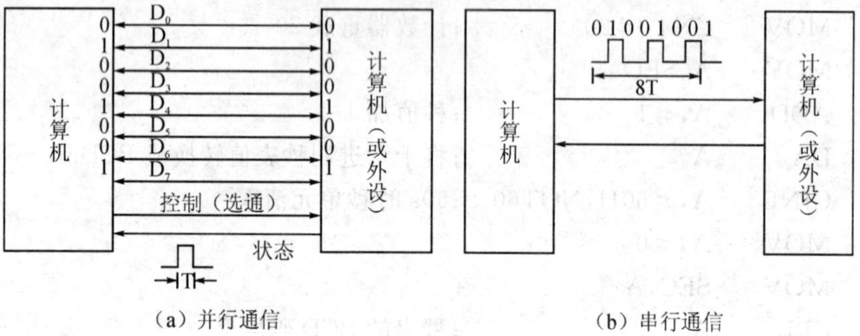

图6-1 计算机通信的基本方式

下面介绍串行通信的分类方法。

(1)按照通信格式的同步方式分类。按照通信格式的同步方式分类，串行通信分为异步通信和同步通信。

1)异步通信。在异步传送中，每一个字符要用起始位和停止位作为字符开始和结束的标志，它们是以字符位为单位一个个地发送和接收的。

异步传送时，每个字符组成格式如图6-2所示，首先是1位起始位表示字符的开始：后面紧跟着的是字符的数据字，数据字可以是7或8位数据，通常是7位的ASCII码，数字中可根据需要加入奇偶校验位；最后是停止位，其长度可以是1位或2位。串行传送的数据字加上成帧信号起始位和停止位就形成一个字符串行通信的帧。起始位用逻辑"0"低电平表示，停止位用逻辑"1"高电平表示。因此一个串行帧可由10位或11位构成。

图6-2所示为数据字为7位的ASCII码，第8位是奇偶校验位，加上起始位、停止位，一个字符由10位组成。这样加上成帧信号后，字符便可以从低位到高位1位接1位地传

送了。

在异步传送中，有时为了使收发双方有一定的操作间隙，在传送两个字符之间插入若干个空闲位。空闲位和停止位一样也为高电平。这样，接收和发送可以随时地或间断地进行而不受时间的限制。图 6－2(a)所示为加入了三个空闲位的情况，图 6－2(b)所示为无空闲位的情况。

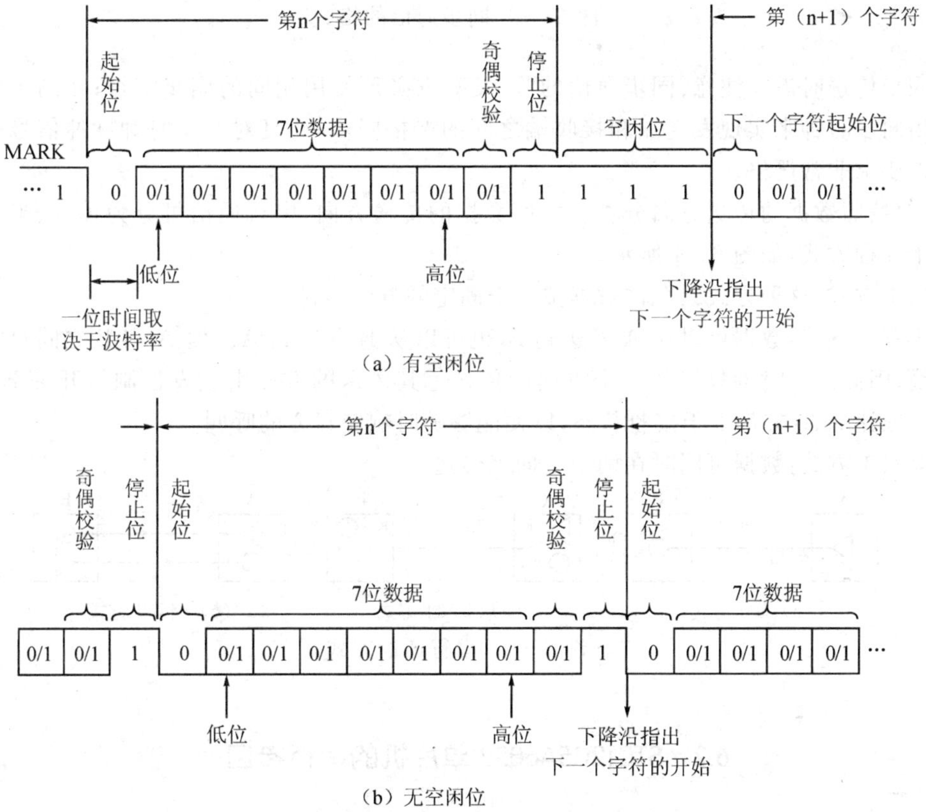

图 6－2　异步通信的格式

在异步数据传送中，CPU 与外设之间事先必须约好两项事宜：

①字符格式。双方要约好字符的编码形式、奇偶校验形式、起始位和停止位的规定。

②通信速率。通信速率通常使用比特率来表示。在数字通信中，比特率是数字信号的传输速率，它用单位时间内传输的二进制代码的有效位(bit)数来表示，其单位为每秒比特数 bit/s(bps)、每秒千比特数(Kbps)或每秒兆比特数(Mbps)来表示。

在描述通信速率中，还经常遇到波特率这个概念。波特率指数据信号对载波的调制速率，它用单位时间内载波调制状态改变次数来表示，其单位为波特(Baud)。波特率与比特率的关系是比特率＝波特率×单个调制状态对应的二进制位数。在信息传输通道中，携带数据信息的信号单元叫码元，每秒钟通过信道传输的码元数称为码元传输速率，简称波特率。波特率是传输通道频宽的指标。例如，数据传送速率为 120 字符/s(这个速率可以称为波特率)，而每一个字符为 10 位，则其传送的比特率为 10×120＝1200 位/s＝1200bit。在后面的描述中，为了适应习惯用法，将比特率和波特率统一使用波特率来表示。

2)同步通信。异步通信时每一个字符都要为其加入起始位和停止位作为字符开始和结束的标志，占用了传送时间。同步传送就是去掉异步传送时每个字符起始和停止位的成帧标志信号，仅在数据快开始处用一个或两个同步字符作为起始标志，在数据块的后面加校验字符，用于校验通信中是否发生传输错误，同步通信效率高，但线路复杂，适合于近距离通信。图 6－3 所示为同步通信的格式。

同步字符1	同步字符2	n个数据字节	校验字节1	校验字节2

图 6－3　同步通信的格式

同步传送时需要注意：同步通信的收/发双方必须使用相同的同步字符；在同步传送中要求用同步时钟来实现发送端和接收端之间的严格同步，而且对同步时钟脉冲信号的相位一致性要求非常严格。

(2)按照数据的传送方向分类。按照数据的传送方向，串行通信可分为单工、半双工和全双工 3 种方式，如图 6－4 所示。

单工方式：这种方式只允许数据按一个固定的方向传送。

半双工方式：数据可以从 A 发送到 B，也可以从 B 发送到 A。但 A 和 B 之间只有一根传输线，因此同一时刻只能作一个方向的传送。其传送的方向由收发控制器开关 K 控制。平时一般让 A、B 方都处于接收状态，以便能够随时响应对方的呼叫。

全双工方式：数据可同时在两个方向上传送。

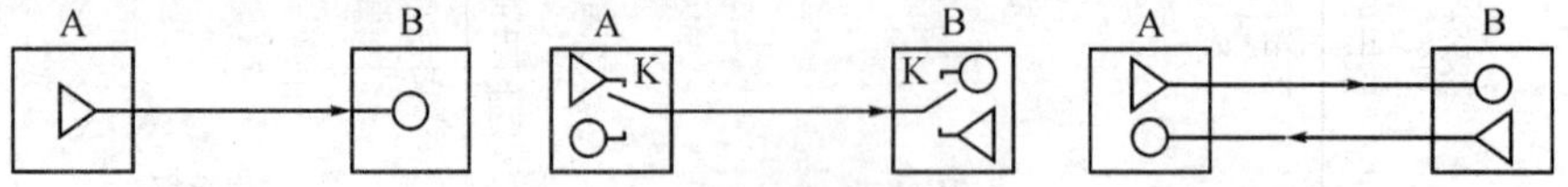

(a) 单工方式　　(b) 半双工方式　　(c) 全双工方式

图 6－4　串行通信方式

6.2 STC12C5A60S2 单片机的串行接口

单片机内部使用的数据都是并行数据，因此在发送端需要将并行数据转换为串行数据，而在接收端需要将串行数据转换为并行数据。这是由串行接口电路实现的，这种电路也称之为通用异步接收发送器(UART)。

STC12C5A60S2 单片机具有 2 个全双工串行通信接口(串口 1 和串口 2)。每个串口由 2 个数据缓冲器、1 个移位寄存器、1 个串行控制寄存器和一个波特率发生器等组成。每个串口的数据缓冲器由串行接收缓冲器和发送缓冲器构成，它们在物理上是独立的，既可以接收数据也可以发送数据，还可以同时发送和接收数据。接收缓冲器只能读出，不能写入，而发送缓冲器则只能写入，不能读出。它们共用一个地址号。串口 1 与传统 8051 单片机的串口完全兼容。串口 2 的结构、工作原理与串口 1 类似。

6.2.1　串行接口寄存器

要正确使用串行接口，需要掌握与串口相关的寄存器。下面分别加以介绍。

6.2.1.1　串口 1 控制寄存器 SCON

SCON 是 STC12C5A60S2 单片机可位寻址的特殊功能寄存器，主要用于控制串口 1 的串行数据通信。字节地址是 98H,复位后位 00H。各位的定义见表 6－1。

表 6－1　SCON 定义

位　号	B7	B6	B5	B4	B3	B2	B1	B0
位名称	SM0/FE	SM1	SM2	REN	TB8	RB8	TI	RI

SM0/FE:PCON 寄存器中的 SMOD0 位为 1 时,该位用于帧错误检测,当检测到一个无效停止位时,通过 UART 接收器设置该位。它必须由软件清零。PCON 寄存器中的 SMOD0 为 0 时,该位和 SM1 一起指定串行通信的工作方式,见表 6－2。

表 6－2　串行通信工作方式

SM0	SM1	工作方式	功能简述
0	0	工作方式 0	移位寄存器工作方式,波特率为 $f_{OSC}/12$
0	1	工作方式 1	8 位数据位的 UART 工作方式,波特率可变
1	0	工作方式 2	9 位数据位的 UART 工作方式,波特率为 $f_{OSC}/64$ 或 $f_{OSC}/32$
1	1	工作方式 1	9 位数据位的 UART 工作方式,波特率可变

SM2:多机通信控制位。因为多机通信是在方式 2 和方式 3 下进行的,因此,SM2 位主要用于方式 2 和方式 3 中。当串行口以方式 2 或方式 3 接收时,如果 SM2＝1,则只有当接收到的第 9 位数据(RB8)为 1 时,才将接收到的前 8 位数据送入 SBUF,并将 RI 置 1,产生中断请求;当接收到的第 9 位数据(RB8)为 0 时,则将接收到的前 8 位数据丢弃。而当 SM2＝0 时,则不论第 9 位数据是 1 还是 0,都将前 8 位数据送入 SBUF 中,并将 RI 置 1,产生中断请求。

在方式 1 时,如果 SM2＝1,则只有收到有效的停止位时才会将 RI 置 1。

在方式 0 时,SM2 必须为 0。

REN:允许串行接收位。由软件置 1 或清 0。若 REN.＝1,允许串行口接收数据;若 REN＝0,禁止串行口接收数据。

TB8:发送的第 9 位数据。在方式 2 和 3 时,TB8 是要发送的第 9 位数据。其值由软件置 1 或清 0。在双机通信时,TB8 一般作为奇偶校验位使用;在多机通信中用来表示主机发送的是地址帧还是数据帧,TB8＝1 为地址帧,TB8＝0 为数据帧。

RB8:接收到的第 9 位数据。在方式 2 和 3 时,TB8 存放接收到的第 9 位数据。在方式 1,如果 SM2＝0,则 RB8 是接收到的停止位。在方式 0,不使用 RB8。

TI:发送中断标志位。串行口工作在方式 0 时,串行发送第 8 位数据结束时由硬件置 1,在其他工作方式,串行口发送停止位的开始时置 1。TI＝1,表示一帧数据发送结束,可供软件查询,也可申请中断。CPU 响应中断后,在中断服务程序中向 SBUF 写入要发送的下一帧数据。TI 必须由软件清 0。

RI:接收中断标志位。串行口在工作方式 0 时,接收完第 8 位数据时,RI 由硬件置 1。在其他工作方式中,串行口接收到停止位时,该位置 1。RI＝1,表示一帧数据接收完毕,并申请中断,要求 CPU 从接收 SBUF 取走数据。该位的状态也可供软件查询。RI 必须由软件清 0。

6.2.1.2 串口 2 控制寄存器 S2CON

寄存器 S2CON，地址为 9AH，复位后为 00H，用于确定串口 2 的操作方式和控制串口 2 的某些功能，也可用于发送和接收第 9 个数据位（S2TB8、S2RB8），并设有接收和发送中断标志（S2RI 及 S2TI）位。S2CON 各位的定义见表 6-3。

表 6-3 S2CON 定义表

位　号	B7	B6	B5	B4	B3	B2	B1	B0
位名称	S2SM0	S2SM1	S2SM2	S2REN	S2TB8	S2RB8	S2TI	S2RI

寄存器 S2CON 的各个位与寄存器 SCON 的各个位含义和功能都类似，在此不再赘述。

6.2.1.3 电源控制寄存器 PCON

PCON，地址为 87H，复位值为 30H。各位的定义见表 6-4。

表 6-4 PCON 定义表

位　号	B7	B6	B5	B4	B3	B2	B1	B0
位名称	SMOD	SMOD0	LVDF	POF	GF1	GF0	PD	IDL

其中，与串行通信相关的位是 SMOD 和 SMOD0。

SMOD：串行口波特率系数控制位。复位后 SMOD=0。若 SMOD=1，使方式 1、方式 2 和方式 3 的波特率加倍。若 SMOD=0，各工作方式的波特率不加倍。

SMOD0：帧错误检测有效控制。复位后，SMOD0=0。若 SMOD0=1，SCON 寄存器中的 SM0/FE 位用于 FE（帧错误检测）功能。若 SMOD0=0，SCON 寄存器中的 SM0/FE 位用于 SM0 功能，和 SM1 一起指定串行通信的工作方式。

6.2.1.4 数据缓冲寄存器

数据缓冲寄存器用于保存要发送的数据或者从串口接收到的数据。串口 1 的数据缓冲器是 SBUF，串口 2 的数据缓冲器是 S2BUF。

对于串口 1，SBUF 是用来存放发送和接收数据的两个独立的缓冲寄存器，在特殊功能寄存器区的地址都是 99H。CPU 执行写指令 MOV SBUF，A 便开始触发串口的发送。SBUF 便一位一位地发送数据，发送完成后标志 TI=1；在 CPU 允许接收串行数据的时，外部串行数据经 RXD 送入 SBUF 时，电路便自动启动接收，第 9 位则装入 SCON 寄存器的 RB8 位，直至完成一帧数据后将 RI 置 1，当串口接收缓冲器接收到一帧数据时，可以执行 MOV A，SBUF 指令进行读取。

对于串口 2，S2BUF 在特殊功能寄存器区的地址是 9BH，功能与串口 1 相似，其第 9 位则装入 S2CON 寄存器中 S2RB8 位。

6.2.1.5 辅助寄存器

辅助寄存器 AUXR，地址为 8EH，复位后为 00H，各位的定义见表 6-5。

表 6-5　辅助寄存器 AUXR 定义表

位　号	B7	B6	B5	B4	B3	B2	B1	B0
位名称	T0x12	T1x12	UART_M0x6	BRTR	S2SMOD	BRTx12	EXTRAM	S1BRS

T0x12 和 T1x12 用于设置定时器 0 和定时器 1 的速度。

UART_M0x6：串行口模式 0 的通信速度设置位。

0：UART 串口模式 0 的速度是传统 12T 的 8051 速度，12 分频。

1：UART 串口模式 0 的速度是传统 12T 的 8051 的 6 倍，2 分频。

BRTR：独立波特率发生器运行控制位。

0：不允许独立波特率发生器运行。

1：允许独立波特率发生器运行。

S2SMOD：UART2 的波特率加倍控制位。

0：UART2 的波特率不加倍。

1：UART2 的波特率加倍。

EXTRAM 用于设置是否允许使用内部扩展的 1024 字节扩展 RAM。

BRTx12：独立波特率发生器计数控制位。

0：独立波特率发生器每 12 个时钟计数一次。

1：独立波特率发生器每 1 个时钟计数一次。

S1BRS：串口 1 波特率发生器选择位。

0：选择定时器 1 作为串口 1 波特率发生器。

1：选择独立波特率发生器作为串口 1 的波特率发生器，此时定时器 1 得到释放，可以作为独立定时器使用。

注意：对于具有串口 2 的 STC12C5A60S2 单片机，串口 2 只能使用独立波特率发生器作为波特率发生器，不能够选择定时器 1 作为波特率发生器；串口 1 可以选择定时器 1 作为波特率发生器，也可以选择独立波特率发生器作为波特率发生器。

STC12C5A60S2 单片机是 1T 的 8051 单片机，复位后兼容传统 8051 单片机。

如果用定时器 T1 作波特率发生器，AUXR 中的 T1×12 位控制 UART 串口速度是 12T 还是 1T。

6.2.1.6　独立波特率发生器寄存器 BRT

独立波特率发生器寄存器 BRT，地址为 9CH，复位后为 00H，用于保存重装时间常数。

6.2.1.7　从机地址控制寄存器

为了方便多机通信，STC12C5A60S2 单片机设置了从机地址控制寄存器 SADEN 和 SADDR。其中，SADEN 是从机地址掩模寄存器，地址为 B9H，复位后为 00H；SADDR 是从机地址寄存器，地址为 A9H，复位后为 00H。

6.2.2　串行接口的工作方式

STC12C5A60S2 单片机的串行接口有 4 种工作模式，可通过对 SCON 中的 SM0、SM1 位的设置或者对 S2CON 中的 S2SM0 和 S2SM1 的设置进行选择。

6.2.2.1　串口 1 的工作方式

(1)串口 1 工作方式 0。串行数据通过 RXD 输入输出，TXD 输出时钟。每次发送或者接收 8 位数据。方式 0 的帧格式如图 6－5 所示。波特率为 $f_{osc}/12$ 或者 $f_{osc}/2$(由 UART_M0x6 确定是 12 分频还是 2 分频)。当以中断方式传送数据时，CPU 响应中断并不会自动清除 TI、RI 标志，因此在中断服务程序中必须由指令清 0。

…	D0	D1	D2	D3	D4	D5	D6	D7	…

图 6－5　方式 0 帧格式

(2)串口 1 工作方式 1。串行数据通过 TXD 发送，RXD 接收。一帧数据是 10 位，包括一位起始位，8 位数据为和一位停止位。方式 1 的帧格式如图 6－6 所示。波特率是可变的，由定时器 1 或波特率发生器的溢出率和 SMOD 共同决定。方式 1 的波特率由下式确定：

$$\text{方式 1 的波特率}=\frac{2^{SMOD}}{32}\times\text{定时器 TI 的溢出率或 BRT 独立波特率发生器溢出率}$$

当一帧数据发送结束时，将串行控制寄存器 SCON 中的 TI 置 1，通知 CPU 数据发送已经结束，可以发送下一帧数据。

若 REN 处于允许接收状态，当一帧数据接收完毕后，将 SCON 中的 RI 置 1，通知 CPU 从 SBUF 取走接收到的数据。

起始位	D0	D1	D2	D3	D4	D5	D6	D7	停止位

图 6－6　方式 1 帧格式

(3)串口 1 工作方式 2。串行数据通过 TXD 发送，RXD 接收。每帧数据均为 11 位，包括 1 位起始位，8 位数据位，1 位可程控为 1 或 0 的第 9 位及 1 位停止位。方式 2 的帧格式如图6－7所示。

波特率由下式确定：

$$\text{方式 2 的波特率}=\frac{2^{SMOD}}{64}\times f_{OSC}$$

第 9 位数据可以自己定义，一般在双机通信时作为奇偶校验位，多机通信时作为地址/数据的标志位。在发送一帧数据时，CPU 除了要把 8 位数据送 SBUF 外，要先将第 9 位数据送到 SCON 的 TB8 中。

起始位	D0	D1	D2	D3	D4	D5	D6	D7	D8	停止位

图 6－7　方式 2 帧格式

(4)串口 1 工作方式 3。除了波特率外，串口 1 工作方式 3 和串口 1 方式 2 相同，方式 3 的波特率由下式确定：

$$\text{方式 3 的波特率}=\frac{2^{SMOD}}{32}\times\text{定时器 TI 的溢出率或 BRT 独立波特率发生溢出率}$$

6.2.2.2　串行口 2 工作方式

(1)串口 2 的工作方式 0。串行数据通过 RXD2/P1.2(RXD2/P4.2)接收和发送，TXD2/

P1.3(TXD2/P4.3)输出同步移位时钟，发送接收的是 8 位数据，低位在先，波特率为 $f_{osc}/12$。

(2)串口 2 的工作方式 1。10 位数据通过 TXD2 发送，通过 RXD2 接收。一帧数据包含一个起始位，8 个数据位和一个停止位。接收数据时，停止位进入特殊功能寄存器 S2CON 的 S2RB8 位。波特率由独立波特率发生器 BRT 的溢出率决定。

(3)串口 2 的工作方式 2。串行数据通过 TXD2/P1.3(TXD2/P4.3)发送，通过 RXD2/P1.2(RXD2/P4.2)接收。一帧数据包含一个起始位，8 个数据位，一个可程控的第 9 位和一个停止位。发送时，第 9 位数据由特殊功能寄存器 S2CON 的 S2TB8 位确定；接收时，第 9 位数据进入特殊功能寄存器 S2CON 的 S2RB8 位。波特率由下式确定：

$$\text{方式 2 的波特率}=\frac{2^{\mathrm{SMOD}}}{64}\times f_{\mathrm{OSC}}$$

(4)串口 2 的工作方式 3。波特率的确定方法与方式 1 相同，数据的传输模式和方式 2 相同。

6.2.3　波特率的设定

STC12C5A60S2 单片机的串行口 1 以方式 0 工作时，波特率为 $f_{osc}/12$ 或者 $f_{osc}/2$(由 UART_M0x6 确定是 12 分频还是 2 分频)；串口 2 以方式 0 工作时，波特率为 $f_{osc}/12$。

串行口工作于方式 2 时，若 SMOD＝1，波特率为振荡频率的 1/32；若 SMOD＝0，波特率为振荡频率的 1/64。

串行口以方式 1 或方式 3 工作时，波特率是可变的。波特率的计算公式为

$$\text{波特率}=\frac{2^{\mathrm{SMOD}}}{32}\times\text{定时器 TI 的溢出率或 BRT 独立波特率发生溢出率}$$

6.2.3.1　定时器 T1 产生波特率的计算

如果定时器 T1 用作波特率发生器，则就不能用作中断。在典型的应用中，T1 以定时器方式工作，并使用定时方式 2 即自动重新装载的模式，设置完后启动定时器 1。STC12C5A60S2 单片机是“一个时钟周期”的 8051 单片机，使用 T1 作为波特率发生器时，要注意时钟分频的设置与波特率之间的关系，若 T1×12＝1 即 1T 模式下的波特率是相同条件下 T1×12＝0 即 12T 模式下的 12 倍。设计数初值为 C，定时器 1 的溢出率为

$$\text{溢出率}=\frac{1}{\text{定时器 1 定时时间}}=\frac{f_{\mathrm{OSC}}}{12^{n}\times(256-C)}$$

其中，12T 模式时，$n=1$；1T 模式时，$n=0$。

则波特率为

$$\text{波特率}=\frac{2^{\mathrm{SMOD}}}{32}\times\frac{f_{\mathrm{OSC}}}{12^{n}\times(256-C)}$$

6.2.3.2　使用波特率发生器 BRT 产生波特率的计算

串口 2 必须使用独立波特率发生器。独立波特率发生器的溢出率为

$$\text{独立波特率发生器的溢出率}=\frac{f_{\mathrm{OSC}}}{12^{n}\times(256-\mathrm{BRT})}$$

其中，BRT 为 BRT 寄存器的值。对于独立波特率发生器 BRT，1T 模式是指 BRT×12＝1，12T 模式是指 BRT×12＝0。12T 模式时，$n=1$；1T 模式时，$n=0$。此时，串行口的波特

率计算公式为

$$波特率=\frac{2^{SMOD}}{32}\times\frac{f_{OSC}}{12^{n}\times(256-BRT)}$$

在实际应用时，经常根据已知波特率和时钟频率来计算初值，常用的波特率和初值间的关系如表 6-6 所示，以供查用。

表 6-6 常用波特率与系统时钟及重装时间常数之间的关系

时钟频率	分频模式	波特率	常数	
			SMOD=1	SMOD=0
18.432	1T	115200	F6H	FCH
		57600	ECH	F6H
		38400	E2H	ECH
		28800	D8H	E2H
		19200	C4H	D8H
		9600	88H	C4H
		4800		88H
	12T	19200	FBH	
		9600	F6H	FBH
		4800	ECH	F6H
		2400	D8H	ECH
		1200	B0H	D8H
11.0592	12T	57600	FFH	
		28800	FEH	FFH
		14400	FDH	FEH
		9600	FAH	FDH
		4800	F4H	FAH
		2400	E8H	F4H
		1200	D0H	E8H

6.3 单片机串行通信接口的应用

STC12C5A60S2 单片机具有 2 个全双工的异步串行口，兼容 8051 单片机的串行口，大大扩展了应用范围。

STC12C5A60S2 单片机串行口的输入、输出均为 TTL 电平。使用 TTL 电平进行串行数据的传送，传输距离短，抗干扰能力差。为了提高通信的可靠性，增大串行通信的距离，通常采用标准串行接口，如 RS-232、RS-422 以及 RS-485 等标准接口。

RS-232 是美国电子工业协会(EIA)的推荐标准，适用于短距离或带调制解调器的串行通信场合。为了提高串行数据传输率和通信距离以及抗干扰能力，EIA 又公布了 RS-422 和 RS-485 串行总线接口标准。

6.3.1　标准串行通信接口

6.3.1.1　RS-232C 接口

RS-232C 是异步串行通信中应用最广的标准串行接口，它定义了数据终端设备和数据通信设备之间的串行接口标准。

(1)RS-232C 信号引脚定义。RS-232C 标准规定了 25 针连接器，但许多信号是为了通信业务联系或信息控制而定义的，因此 PC 机配置的都是 9 针"D"型连接器。图 6－8 所示为 RS-232C 的"D"型 9 针插头的引脚定义。

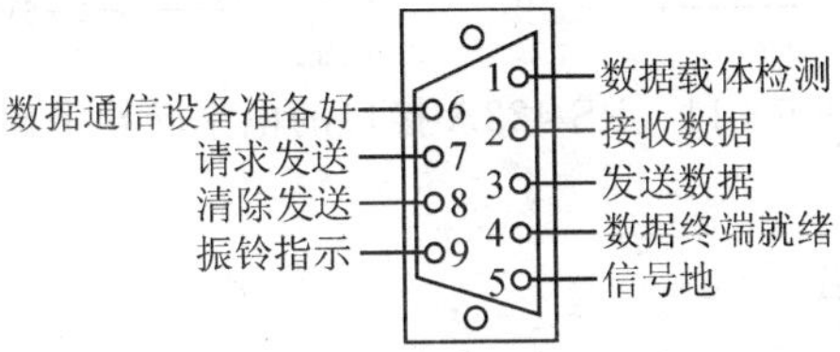

图 6－8　"D"型 9 针插头的引脚定义

(2)电气特性。RS-232C 上传送的数字量采用负逻辑，且与地对称。

逻辑 1：－3～－15V；

逻辑 0：＋3～＋15V。

RS-232C 标准的信号传输的最大电缆长度为 30m，最高数据传输速率位 20Kb/s。

(3)电平转换。由于 STC12C5A60S2 单片机串行口的输入、输出都是 TTL 电平，TTL 电平和 RS-232C 电平互不兼容，所以必须进行电平转换，常用的芯片是美国 MAXIM 公司的产品 MAX232 芯片。MAX232 是 RS-232C 双工发送器/接收器电路芯片，其外部引脚如图 6－9 所示，使用 MAX232 实现 TTL/RS-232C 之间的电平转换电路如图 6－10 所示。

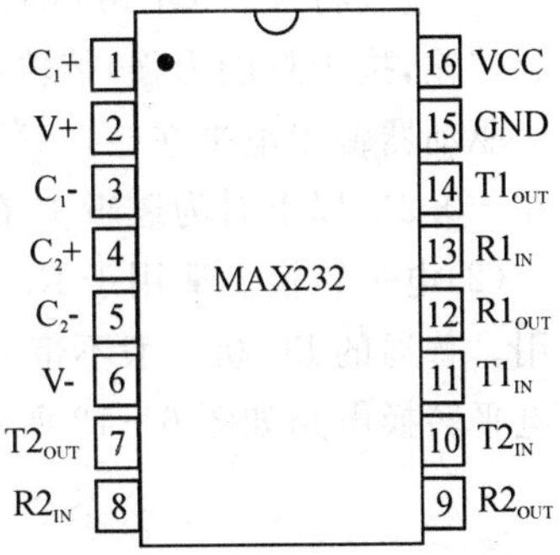

图 6－9　MAX232 芯片引脚图

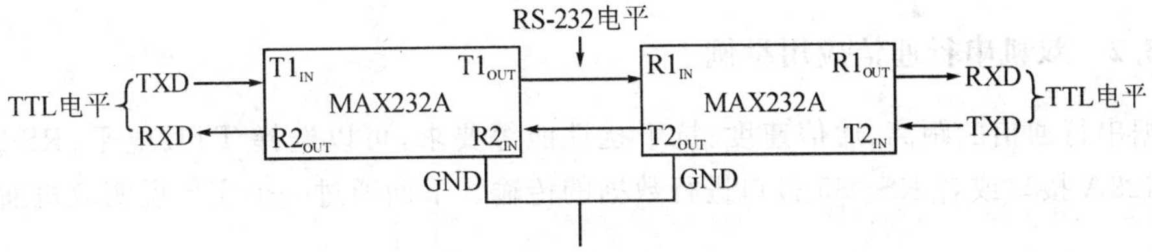

图 6－10　RS-232C 接口的电平转换电路

6.3.1.2　RS-422 接口

由于 RS-232C 传输的速率低、通信距离短、抗干扰能力差等，所以 EIA 又制定了 RS-422 标准。

(1)电气特性。RS-422 的全称是“平衡电压数字接口电路的电气特性”,全双工,传输信号为两对平衡差分信号线,因此 RS-422 的传输距离长,最大传输距离可达到 1200m,最大传输速率位 10Mb/s。

标准允许驱动器输出为±2～±6V,差分接收器可以检测的输入信号电平可低到 200mV。

(2)电平转换。TTL 电平转换成 RS-422A 电平的常用芯片有 MC3487、SN75174 等;RS-422A 电平转换成 TTL 电平的常用芯片有 MC3486、SN75175 等。典型的转换电路如图 6-11 所示。

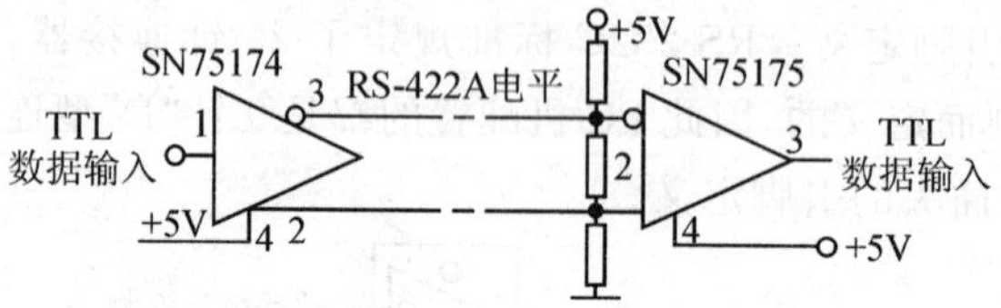

图 6-11　RS-422A 接口的电平转换电路

6.3.1.3　RS-485 接口

RS-485 是 RS-422A 的变形,它与 RS-422A 的区别是 RS-485 为半双工,采用 1 对平衡差分信号线。

(1)电气特性。RS-485 的信号传输采用两线间的电压来表示逻辑 1 和逻辑 0,数据采用差分传输,抗干扰能力强,传输距离可达到 1200m,传输速率可达 10Mb/s。

驱动器输出电平在－1.5V 以下时为逻辑 1,在＋1.5V 以上时为逻辑 0。接收器输入电平在－0.2V 以下时为逻辑 1,在＋0.2V 以上为逻辑 0。

(2)电平转换。适用于 RS-422 标准中所用的驱动器和接收器芯片,在 RS-485 中均可以使用。普通的 PC 机一般不带 RS-485 接口,因此要使用 RS-232/RS-485 转换器。RS-485 接口电平转换电路如图 6-12 所示。

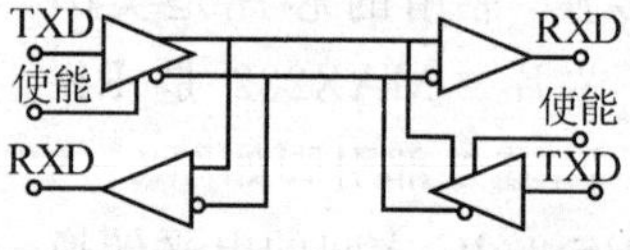

图 6-12　RS-485 点对点远程通信电路

6.3.2　双机串行通信应用举例

根据串行通信的距离、通信速度、抗干扰性能等要求,可以选择 TTL 电平、RS-232C 接口、RS-422A 接口或者 RS-485 接口进行数据的传输。下面通过一个实例说明双机通信的编程方法。

例 6-1:甲乙两机相距 10m 串行通信,要求:甲机是发送方,乙机是接收方,首先甲机发送数据 0F3H,乙机回数据 0F4H,表示乙机同意接收,此时甲乙两机握手成功。当甲机接收到 0F4H 后,开始发送数据,发送的数据个数在内部 RAM62H 单元中(数据个数小于 20 个),发送数据的首地址为内部 RAM63H,乙机接收到数据后将数据存储在内部 RAM63H 起始的单元;甲机每发送一个数据都要计算“校验和”,乙机接收到每个数据后也要计算“校验和”，当甲机数据块发送完毕后，将发送校验和，乙机接收到校验和后与乙机自己求出的校验和相比较，若相等则回复甲机 00H，若不等回复 0FFH，则要求甲机重新发送数据。甲机接收到 00H 后结束发送，若收到的是 0FFH，则重新发送数据，如果乙机接收到得还是错误的数据，则退出。甲乙两机时钟振荡频率为 11.0592MHz。

6.3.2.1　接口电路

根据题目中的要求，甲乙两机相距 10m，选择 RS-232C 接口进行通信。接口电路如图 6－13所示。

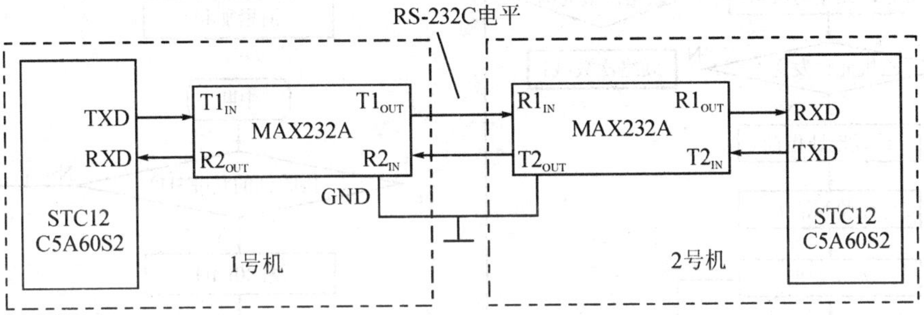

图 6－13　RS-232C 双机通信接口电路

6.3.2.2　通信协议

为了确保通信成功，通信双方必须在软件设计上有一系列的约定，通常称为通信协议或软件协议。根据题目中的要求规定双机异步通信的协议如下：

(1)通信的甲乙双方都可以发送和接收数据；

(2)通信的波特率为 2400bps，使用 STC12C5A60S2 单片机的串行口 1，定时器 T1 在定时器方式 2 模式下工作，对于时钟频率是 11.0592MHz，常数 C＝0F4H，SMOD＝0，分频模式 12T；

(3)双方均采用串行口工作方式 3；

(4)发送数据的首地址为内部 RAM63H，乙机接收到数据后将数据存储在内部 RAM63H 起始的单元；

(5)甲机每发送一个数据都要计算“校验和”，乙机接收到每个数据后也要计算“校验和”，当甲机数据块发送完毕后，将发送校验和，乙机接收到校验和后与乙机自己求出的校验和相比较，若相等则回复甲机 00H，若不等回复 0FFH，则要求甲机重新发送数据；

(6)甲机接收到 00H 后结束发送，若收到的是 0FFH，则重新发送数据；

(7)发送或接收到的数据帧格式位：

数据个数 n	数据 1	…	数据 n	校验和

数据 1～数据 n：所要发送的 n 个字节数据；

累加校验和：数据个数 n、数据 1、……、数据 n 这 $n+1$ 个字节的算术累加和。

6.3.2.3　程序设计

双机通信程序流程图如图 6－14 所示。

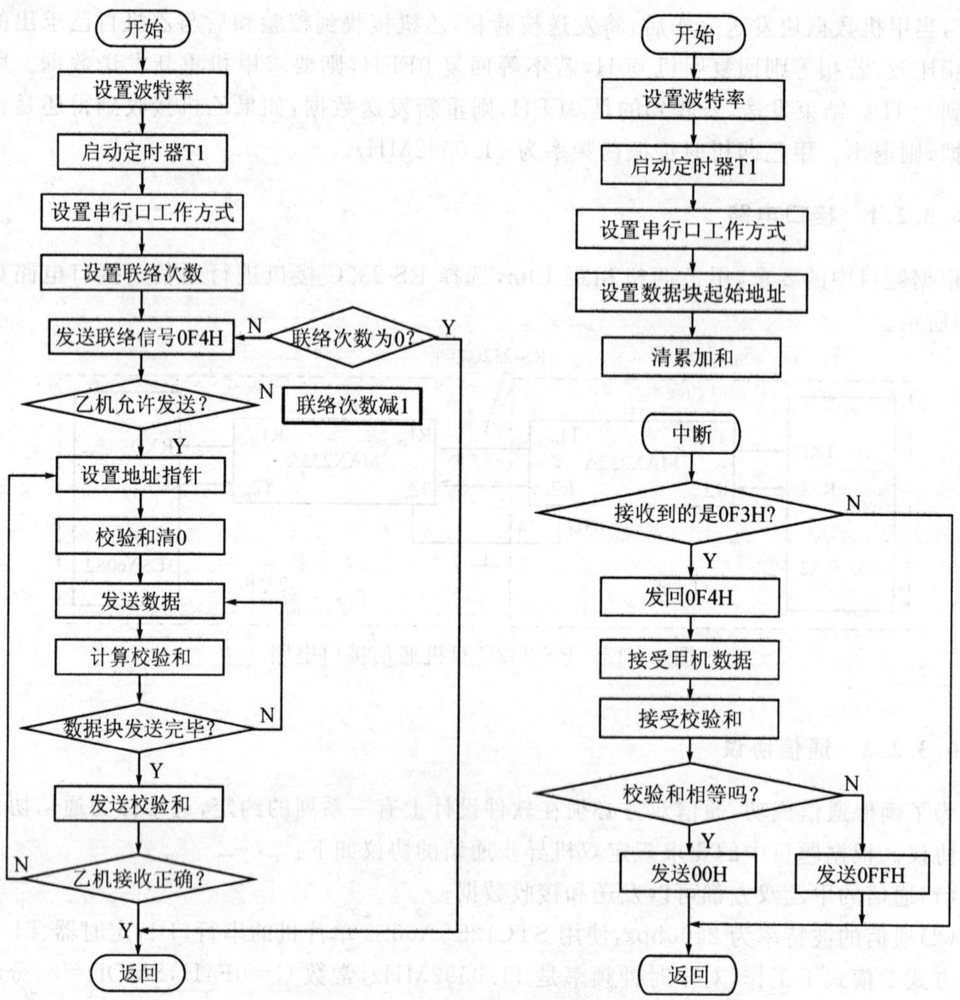

图 6-14　双机通信程序流程图

甲机程序：

```
        ORG     0000H
        LJMP    MAIN
        ORG     0100H
MAIN:   CLR     EA
        MOV     SP,#75H
        MOV     TMOD,#20H       ;定时器 1 工作方式 2
        MOV     TH1,#0F4H       ;2400bps 的时间常数,时钟频率 11.0592MHz
        MOV     TL1,#0F4H
        MOV     PCON,#00H       ;SMOD=0
        SETB    TR1             ;启动定时器
        CLR     ES
        CLR     ET1
MAIN1:  MOV     R4,#00H         ;累加校验和
```

```
        MOV     R7,#03H         ;设置联络次数
        MOV     SCON,#0F0H      ;串行口工作方式 3
        SETB    TB8
        CLR     RI
CONNECT:
        MOV     A,#0F3H         ;发送联络信号 0F3H
        MOV     SBUF,A
        JNB     TI,$            ;等待一帧数据发送完毕
        CLR     TI              ;清标志位,允许再次发送
        JNB     RI,$
        MOV     A,SBUF
        XRL     A,#0F4H         ;校验地址
        JZ      SEND_DATA       ;若为 0 表明握手成功
        DJNZ    R7,CONNECT      ;连接 3 次,不成功则退出
        LJMP    END1
SEND_DATA:      ;发送数据
        MOV     R0,#62H
        INC     62H             ;加上一个数据个数
        MOV     R5,62H          ;发送的数据个数
        CLR     TB8
NEXT_DATA:
        MOV     A,@R0           ;取数据
        MOV     SBUF,A
        ADD     A,R4            ;求累加和
        MOV     R4,A
        JNB     TI,$            ;等待发送一个字节完毕
        CLR     TI
        INC     R0
        DJNZ    R5,NEXT_DATA
        MOV     SBUF,R4
        JNB     TI,$
        CLR     TI
        CLR     SM2             ;等待接收数据
        CLR     RI
        JNB     RI,$
        CLR     RI
        MOV     A,SBUF
        JNZ     MAIN1
END1:   SJMP    $
        END
```

乙机程序：

```
         ORG    0000H
         LJMP   MAIN
         ORG    0023H
         LJMP   SINT
         ORG    0100H
MAIN:    MOV    SP,#70H
         MOV    TMOD,#20H          ;定时器1工作方式2
         MOV    TH1,#0F4H          ;2400bps的时间常数
         MOV    TL1,#0F4H
         MOV    PCON,#00H          ;SMOD=0
         SETB   TR1
         SETB   ES
         MOV    R0,#62H            ;设置数据块起始地址
         MOV    SCON,#0F0H         ;串行口工作方式3
         MOV    R4,#00H            ;R4计算累加和
         SETB   EA
         SJMP   $
SINT:    JB     RI,RECEIVE         ;串行中断程序
         JB     TI,SEND
         SJMP   END1
RECEIVE:
         CLR    RI                 ;接收
         JNB    RB8,RECDATA        ;接收的是地址还是数据
         MOV    A,SBUF
         XRL    A,#0F3H
         JNZ    END1
         MOV    A,#0F4H            ;发送应答信号0F4H
         SETB   TB8
         MOV    SBUF,A
         CLR    SM2                ;接收数据
         SJMP   END1
RECDATA:
         MOV    A,SBUF             ;接收的是数据
         MOV    @R0,A
         ADD    A,R4               ;计算累加和
         MOV    R4,A
         INC    R0
         DJNZ   62H,END1
         CLR    ES
```

```
         CLR     EA
         JNB     RI, $
         MOV     A,SBUF          ;接收校验和
         XRL     A,R4            ;与甲机的校验和比较
         JZ      L1
         MOV     A,#0FFH         ;数据错误,请求重发
SENHE:   LCALL   DELAY
         MOV     SCON,#0F0H      ;串行口工作方式 3
         CLR     TB8
         MOV     SBUF,A          ;发送回应数据
         JNB     TI, $
         CLR     TI
         SETB    SM2             ;恢复标志位
         SETB    ES              ;开中断
         SETB    EA
END1:    RETI
SEND:    CLR     TI              ;发送
         RETI
L1:      MOV     A,#00H          ;数据正确
         LJMP    SENHE
DELAY:
DL1:     MOV     22H,#100
DL2:     DJNZ    22H,DL2
         RET
         END
```

在本例中,甲机的串行通信采用查询标志的方法,而乙机的串行通信采用了中断的方法。读者可以认真领会应用。

6.3.3　多机串行通信应用举例

单片机的多机通信是指一台主机和多台从机之间的通信,在多机通信中,单片机构成分布式系统,主机与各从机可实现全双工通信,各从机之间只能通过主机交换信息。

6.3.3.1　接口电路

STC12C5A60S2 单片机多机通信系统逻辑连接图如图 6－15 所示。

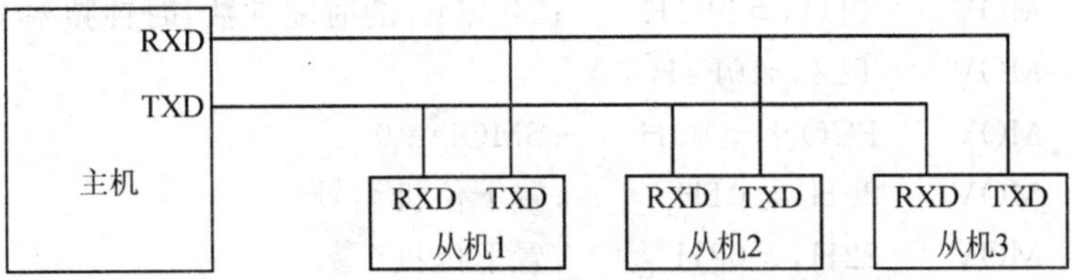

图 6－15　单片机多机通信系统逻辑连接图

6.3.3.2 通信协议

在单片机多机通信中，要确保主机与从机之间可靠地通信，必须保证通信接口具有识别功能，串行口控制器 SCON 的 SM2 就可以满足这一要求。当串行口以方式 2 或方式 3 工作时，发送和接收的每一帧信息都是 11 位，其中第 9 位数据是可编程的，通过对 SCON 中的 TB8 置“1”或清零，以区分发送的是地址还是数据，若 TB8 为 1 发送的是地址帧，否则发送的是数据帧。如果从机的控制位 SM2＝1，则当接收的是地址帧时，数据装入 SBUF，并置 RI＝1；如果接收的是数据帧时，则从机不予理睬，数据丢弃。若 SM2＝0，则无论接收地址帧还是数据帧都将 RI 置 1，数据装入 SBUF。因此，可以拟定多机通信的编程要求如下：

(1)将所有从机的 SM2 置 1，只接收地址帧；

(2)主机发送一帧地址信息，第 9 位为 1；

(3)当从机接收到地址帧后，与自己的地址相比较，若相同则从机将 SM 清零，否则从机维持 SM2＝1 不变。

(4)主机将第 9 位清零，发送数据或控制信息。对于已经被寻址的从机，因为 SM2＝0，故可以接收主机的信息；而其他从机因为 SM2＝1，对主机发来的信息不予理睬；

(5)主机发送数据后，发送校验数据，从机校验数据，确认正确后，给主机发送正确信息，否则要求主机重新发送。从机接校验数据正确后，恢复其 SM2＝1。

(6)当主机改为与另外从机联系时，再发出地址帧寻址其他从机。

串行通信一般可采用主机查询、从机中断方式的多机通信软件设计或者二者都采用中断的方式设计。

例 6-2：甲乙丙三机相距 100m 进行串行通信，要求：甲机是主机，乙机和丙机是从机，乙机的编号是 1，丙机的编号是 2；主机将要发送的 10 个数据存放在内部数据存储器 30H 开始的单元中，从机将接收到的数据放入内部数据存储器 30H 开始的单元中；主机和从机时钟振荡频率为 11.0592MHz。

解：

主机程序：

```
        ORG     0000H
        LJMP    MAIN
        ORG     0023H
        LJMP    SINT
        ORG     0100H
MAIN：  CLR     EA
        MOV     SP,＃70H        ;设置堆栈指针
        MOV     TMOD,＃20H      ;定时器 1 工作方式 2
        MOV     TH1,＃0F4H      ;2400bps 的时间常数，时钟频率 11.0592MHz
        MOV     TL1,＃0F4H
        MOV     PCON,＃00H      ;SMOD=0
        MOV     20H,＃01H       ;置下位机编号
        MOV     22H,＃02H       ;置下位机个数
MAIN1： MOV     SCON,＃0F0H     ;串行口工作方式 1，允许接收
```

```
        MOV     R0,#30H         ;设置数据起始地址
        MOV     21H,#0BH        ;设置要发送的数据个数
        SETB    TR1             ;启动定时器
        CLR     ET1
        CLR     RI
        SETB    ES              ;使用中断方式,开串行中断
        SETB    EA              ;开总中断
        SETB    TB8             ;发送地址,置 TB8
        MOV     A,20H
        MOV     SBUF,A          ;发送地址编号
        SJMP    $
SINT:   CLR     TI              ;清 TI
        CLR     TB8             ;清 TB8
SEND1:  DJNZ    21H,SDATA
        INC     20H             ;地址号加 1
        DJNZ    22H,SNEXT
        CLR     EA              ;通信结束,关中断
        CLR     ES
        LJMP    SRET
SDATA:  MOV     A,@R0
        MOV     SBUF,A
        INC     R0
        LJMP    SRET
SNEXT:  MOV     R0,#30H         ;与下一个从机通信,初始化起始地址
        MOV     21H,#0BH        ;置数据个数
        SETB    TB8             ;置 TB8,发送地址码
        MOV     A,20H
        MOV     SBUF,A          ;发送地址
SRET:   RETI                    ;中断返回
        END
```

从机程序:

```
        ORG     0000H
        LJMP    MAIN
        ORG     0023H
        LJMP    SINT
        ORG     0100H
MAIN:   MOV     SP,#70H         ;设置堆栈指针
        MOV     TMOD,#20H       ;定时器 1 工作方式 2
        MOV     TH1,#0F4H       ;2400bps 的时间常数,时钟频率为 11.0592MHz
        MOV     TL1,#0F4H
```

```
        MOV     PCON,#00H       ;SMOD=0
        MOV     R0,#30H         ;设置数据起始地址
        CLR     RI
        MOV     SCON,#0F0H      ;串行口工作方式1,允许接收,SM2=1
        MOV     21H,#0AH        ;置要接收的数据个数
        SETB    ES
        SETB    EA
        SETB    TR1             ;启动定时器
        SJMP    $
SINT:   CLR     RI
        MOV     C,RB8
        JNC     DATA1
        MOV     A,SBUF
        CJNE    A,#MYADDR,SRET  ;MYADDR为从机的编号
        CLR     SM2
        LJMP    SRET
DATA1:  MOV     A,SBUF
        MOV     @R0,A
        INC     R0
        DJNZ    21H,SRET
        SETB    SM2
        MOV     21H,#0AH
        MOV     R0,#30H
SRET:   RETI
        END
```

6.4 STC12C5A60S2 的 SPI 接口

6.4.1 SPI 接口结构

串行外设接口(Serial Peripheral Interface,简称 SPI)实际上是一种串行总线接口标准,SPI 方式可允许同时同步接收和传送 8 位数据,是一种全双工串行总线。其速度比 UART 串行接口要快。SPI 支持在同一总线上将多个从机连接到一个主机。同一总线上也可以有多个主机,当两个或多个主机试图同时进行数据传输时,需要进行碰撞检测。

STC12C5A60S2 单片机集成了 SPI 接口,其内部结构如图 6-16 所示。它是一个全双工高速同步通信接口,既可以和其他微处理器通信,也可以与具有 SPI 兼容接口的器件,如存储器、A/D 转换器、D/A 转换器、LED 或 LCD 驱动器等进行同步通信。SPI 也可以在一个多主机系统中负责内部处理器之间的通信。

SPI 接口有两种操作模式:主模式和从模式。在主模式中支持高达 3Mbit/s 的速率,从模式时速度无法太快,速度在 $f_{osc}/8$ 以内较好。

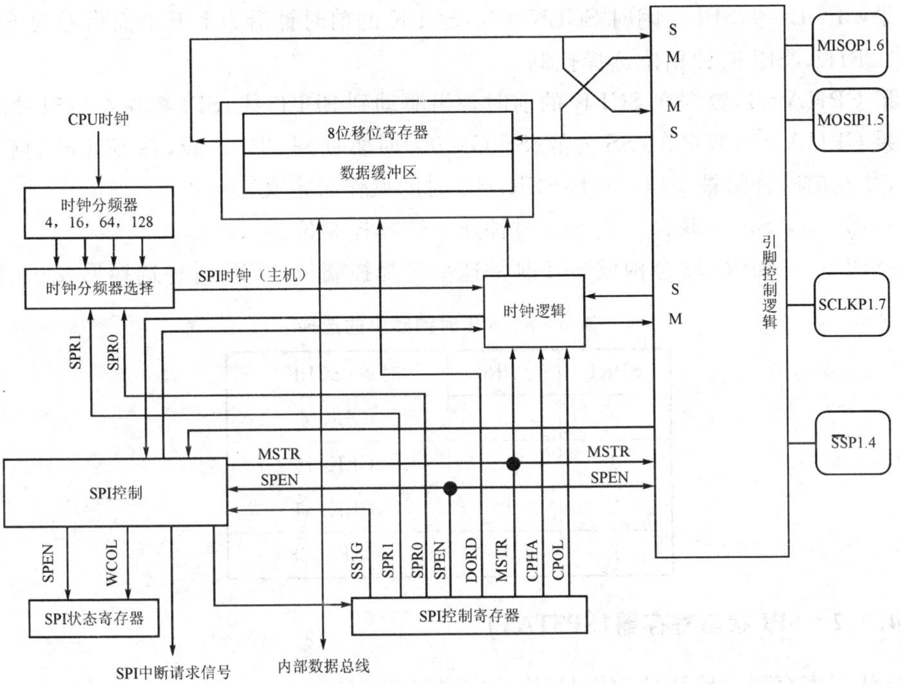

图 6－16　STC12C5A60S2 单片机的 SPI 功能方块图

6.4.2　与 SPI 相关的特殊功能寄存器

6.4.2.1　SPI 控制寄存器(SPCTL)

SPI 控制寄存器的地址是 0CEH,格式定义见表 6－7。

表 6－7　SPI 控制寄存器定义格式表

位　号	B7	B6	B5	B4	B3	B2	B1	B0
位名称	SSIG	SPEN	DORD	MSTR	CPOL	CPHA	SPR1	SPR0

(1)SSIG,/SS 忽略控制位。

如果 SSIG＝1,由 MSTR 位确定器件为主机还是从机。

如果 SSIG＝0,由/SS 脚用于确定器件为主机还是从机。/SS 脚可作为 I/O 口使用。

(2)SPEN,SPI 使能位。

如果 SPEN＝1,SPI 使能。

如果 SPEN＝0,SPI 被禁止,所有 SPI 管脚都作为 I/O 口使用。

(3)DORD,设定数据发送和接收的位顺序。

如果 DORD＝1:数据字的最低位(LSB)最先传送;

如果 DORD＝0:数据字的最高位(MSB)最先传送。

(4)MSTR,SPI 主/从模式选择位。具体选择方法,参见表 10－4(SPI 主/从模式选择表)。

(5)CPOL,SPI 时钟极性。

如果 CPOL=1,SPI 空闲时 SCLK=1。SCLK 的前时钟沿为下降沿而后沿为上升沿。

如果 CPOL=0,SPI 空闲时 SCLK=0。SCLK 的前时钟沿为上升沿而后沿为下降沿。

(6)CPHA,SPI 时钟相位选择控制。

如果 CPHA=1,数据在 SCLK 的前时钟沿驱动到 SPI 口线,SPI 模块在后时钟沿采样。

如果 CPHA=0,数据在/SS 为低(SSIG=00)时驱动到 SPI 口线,在 SCLK 的后时钟沿被改变,并在前时钟沿被采样。(注:SSIG=1 时的操作未定义)

(7)SPR1,与 SPR0 联合构成 SPI 时钟速率选择控制位。

(8)SPR0,与 SPR1 联合构成 SPI 时钟速率选择控制位。SPI 时钟选择见表 6-8。

表 6-8　SPI 时钟频率的选择

SPR1	SPR0	时钟(SCLK)
0	0	tCLK/4
0	1	tCLK/16
1	0	tCLK/64
1	1	tCLK/128

6.4.2.2　SPI 状态寄存器(SPSTAT)

SPI 状态寄存器的地址是 0CDH,格式定义见表 6-9。

表 6-9　SPI 状态寄存器定义表

位　号	B7	B6	B5	B4	B3	B2	B1	B0
位名称	SPIF	WCOL	—	—	—	—	—	—

(1)SPIF,传输完成标志。当一次传输完成时,SPIF 被置位。此时,如果 SPI 中断被打开(即 ESPI(IE2.1)=1,EA(IE.7)=1),将产生中断。当 SPI 处于主模式且 SSIG=0 时,如果/SS 为输入并被驱动为低电平,SPIF 也将置位,表示"模式改变"。SPIF 标志通过软件向其写入"1"而清零。

(2)WCOL,SPI 写冲突标志。当一个数据还在传输时,又向数据寄存器 SPDAT 写入数据,WCOL 将被置位。WCOL 标志通过软件向其写入"1"而清零。

6.4.2.3　SPI 数据寄存器(SPDAT)(地址为 CFH,复位值为 00H)

SPDAT 是 SPI 通信传输的数据。

6.4.2.4　辅助寄存器 1(AUXR1)

辅助寄存器 1 的格式见表 6-10。

表 6-10　辅助寄存器 1(AUXR1)格式表

位　号	B7	B6	B5	B4	B3	B2	B1	B0
位名称	—	PCA_P4	SPI_P4	S2_P4	GF2	ADRJ	—	DPS

(1)PCA_P4：

如果 PCA_P4=0,PCA 在 P1 口；

如果 PCA_P4=1,PCA/PWM 从 P1 口切换到 P4 口；EC1 从 P1.2 切换到 P4.1 口；PCA0/PWM0 从 P1.3 切换到 P4.2 口；PCA1/PWM1 从 P1.4 切换到 P4.3 口。

(2)SPI_P4：

如果 SPI_P4=0,SPI 在 P1 口；

如果 SPI_P4=1,SPI 从 P1 口切换到 P4 口；SPICLK 从 P1.7 切换到 P4.3 口；MISO从 P1.6 切换到 P4.2 口；MOSI 从 P1.5 切换到 P4.1 口；从 P1.4 切换到 P4.0 口。

(3)S2_P4：

如果 S2_P4=0,UART2 在 P1 口；

如果 S2_P4=1,UART2 从 P1 口切换到 P4 口；TXD2 从 P1.3 切换到 P4.3 口；RXD2 从 P1.2 切换到 P4.2 口。

(4)GF2：通用标志位；

(5)ADRJ：

如果 ADRJ=0,10 位 A/D 转换结果的高 8 位放在 ADC_RES 寄存器,低 2 位放在 ADC_RESL 寄存器。

如果 ADRJ=1,10 位 A/D 转换结果的最高 2 位放在 ADC_RES 寄存器的低两位,低 8 位放在 ADC_RESL 寄存器。

(6)DPS：

如果 DPS=0,使用数据指针 DPTR0；

如果 DPS=1,使用数据指针 DPTR1。

6.4.3　SPI 接口的数据通信

SPI 接口由 MISO(与 P1.6 共用)、MOSI(与 P1.5 共用)、SCLK(与 P1.7)和/SS(与 P1.4 共用)4 根信号线构成。

MOSI(Master Out Slave In,主出从入)：主出从入是主器件的输出和从器件的输入,用于主器件到从器件的串行数据传输。

MISO(Master In Slave Out,主入从出)：从器件的输出和主器件的输入。用于实现从器件到主器件的数据传输。当主机与一个从机通信时,其他从机应将其 MISO 引脚驱动置为高阻状态。

SCLK(SPI Clock,串行时钟信号)：串行时钟信号是主器件的输出和从器件的输入,用于同步主器件和从器件之间在 MOSI 和 MISO 线上的串行数据传输。当主器件启动一次数据传输时,自动产生 8 个 SCK 时钟周期信号给从机。因此,一次数据传输可以传输一个字节的数据。

/SS(Slave Select,从机选择信号)：这是一个输入信号。主器件用它来选择处于从模式的 SPI 模块。在主模式下,SPI 接口只能有一个主机,在该模式下/SS 不是必须的。主模式下通常将主机的/SS 引脚通过 10kΩ 的电阻上拉高电平。从机的/SS 接主机的 I/O 口,由主机控制电平高低,选择从机。在从机模式下,不论发送还是接收,/SS 信号必须有效。因此在一次数据传输开始之前必须将/SS 拉为低电平。

6.4.4 SPI 接口的数据通信方式

STC12C5A60S2 系列单片机的 SPI 接口的数据通信方式有 3 种:单主机-单从机方式/双器件方式和单主机-多从机方式。

6.4.4.1 单主机-单从机方式

单主机-单从机的配置连接如图 6-17 所示。

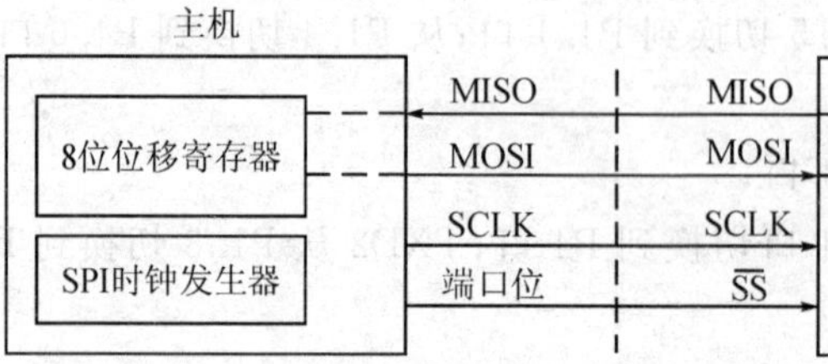

图 6-17 SPI 单主机-单从机配置

在这种方式中,SPI 主机可使用任何端口来驱动/SS 脚。主机 SPI 与从机 SPI 的 8 位移位寄存器连接成一个循环的 16 位移位寄存器。当主机程序向 SPDAT 寄存器写入一个字节时,立即启动一个连续的 8 位移位通信过程;主机的 SCLK 引脚向从机的 SCLK 引脚发出一串脉冲,在这串脉冲的驱动下,主机 SPI 的 8 位移位寄存器中的数据移动到了从机的 SPI 的 8 位移位寄存器中。与此同时,从机 SPI 的 8 位移位寄存器中的数据移动到了主机 SPI 的 8 位移位寄存器中。

6.4.4.2 双器件方式

SPI 双器件的配置连接如图 6-18 所示。

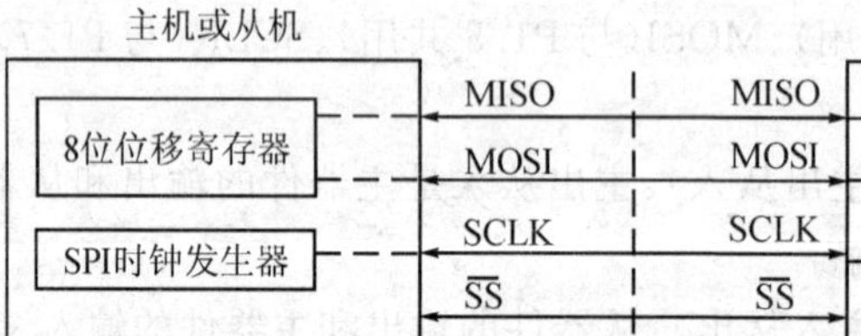

图 6-18 SPI 双器件配置(互为主机)

在这种方式中,当没有发生 SPI 操作时,两个器件都可配置为主机(MSTR=1),将 SSIG 清零并将 P1.4 配置为准双向模式,当其中一个器件启动传输时,它可将 P1.4 配置为输出并驱动为低电平,这样就强制另一个器件变为从机。

互为主从模式时,双方的 SPI 速率必须相同。如果使用外部晶体振荡器,双方的晶体频率也要相同。

6.4.4.3 单主机-多从机方式

单主机-多从机的配置连接如图 6-19 所示。

其中,从机的 SSIG 为 0,从机通过对应的信号被选中。SPI 主机可使用任何端口来驱动。

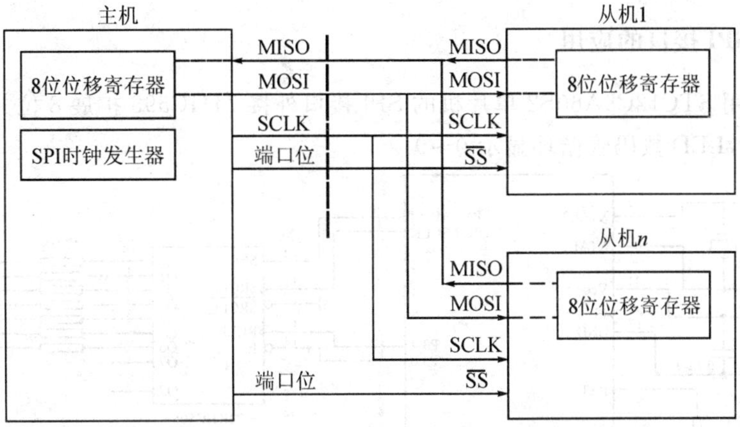

图 6-19　SPI 单主机-多从机配置

SPI 主从模式选择如表 6-11 所示。

表 6-11　SPI 主从模式选择

SPEN	SSIG	$\overline{SS}$ P1.4	MSTR	主或从模式	MISO P1.6	MOSI P1.5	SCLK P1.7	备　注
0	X	P1.4	X	SPI 功能禁止	P1.6	P1.5	P1.7	SPI 禁止。P1.4/P1.5/P1.6/P1.7 作为普通 I/O 使用
1	0	0	0	从机模式	输出	输入	输入	选择作为从机
1	0	1	0	从机模式未被选中	高阻	输入	输入	未被选中。MISO 为高阻状态，以避免总线冲突
1	0	0	1→0	从机模式	输出	输入	输入	P1.4/$\overline{SS}$配置为输入或准双向口。SSIG 为 0。如果$\overline{SS}$被驱动为低电平，则被选择作为从机。当$\overline{SS}$变为低电平时，MSTR 将清零。当$\overline{SS}$处于输入模式时，如被驱动为低电平且 SSIG＝0 时，MSTR 位自动清零。
1	0	1	1	主机模式（空闲）	输入	高阻	高阻	当主机空闲时 MOSI 和 SCLK 为高阻态以避免总线冲突。用户必须根据 CPOL/SPCTL.3 的值将 SCLK 上拉或下拉，以免 SCLK 出现悬浮状态
				主机模式（激活）		输出	输出	作为主机激活时，MOSI 和 SCLK 为推挽输出
1	1	P1.4	0	从机模式	输出	输入	输入	
			1	主机模式	输入	输出	输出	

6.4.5 SPI 接口的应用

例 6-3:用 STC12C5A60S2 单片机的 SPI 接口外接 74HC595 扩展 8 位并行输出口,如图 6-20 所示,LED 数码管循环显示 0～9。

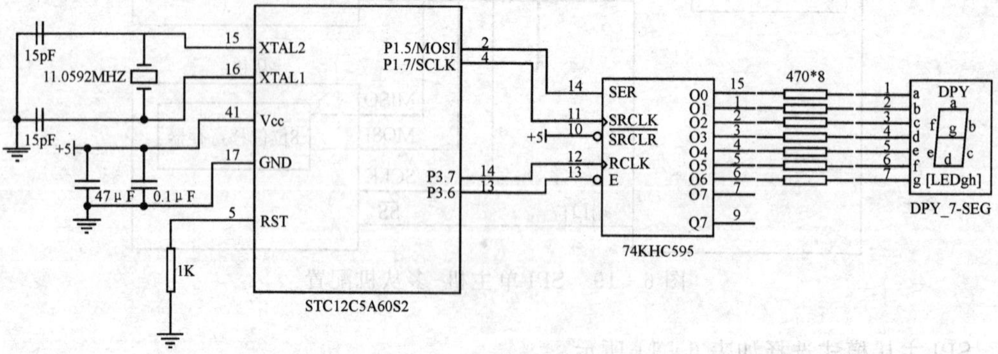

图 6-20 STC12C5A60S2 单片机 SPI 口扩展 74HC595 电路图

解:

```
$INCLUDE (STC12.INC)
        ORG     0000H
        LJMP    MAIN
        ORG     0100H
MAIN:   MOV     R3,#00H
        LCALL   INT                 ;初始化程序
MAIN1:  MOV     A,R3
        MOV     DPTR,#TAB
        MOVC    A,@A+DPTR           ;取段显示代码
        LCALL   DUAN                ;调用段显示子程序
        INC     R3
        CJNE    R3,#0AH,BJ
        MOV     R3,#00H
BJ:     AJMP    MAIN1
DUAN:   CLR     P3.6                ;置使能位
        MOV     SPDAT,A             ;开始输出
WAIT:   MOV     A,SPSTAT            ;是否发送完毕? 未完则等待
        JNB     ACC.7,WAIT
        SETB    p3.7
        LCALL   DELAY
        CLR     P3.7
        MOV     SPSTAT,#11000000B   ;清除标志位
        LCALL   DELAY1
        RET
INT:    MOV     SPSTAT,#11000000B   ;清零标志位 SPIF 和 WCOL
```

```
        MOV     SPCTL,#11111110B    ;忽略,设为主机,SPI使能,先传送低位
        ORL     P4SW,#20H
        CLR     EA
        RET
DELAY1: MOV     R5,#20
DL_2:   MOV     R7,#255             ;长延时
DL_1:   MOV     R6,#255
        DJNZ    R6,$
        DJNZ    R7,DL_1
        DJNZ    R5,DL_2
        RET
DELAY:  MOV     R7,#25              ;短延时
        DJNZ    R7,$
        RET
TAB:    DB 09H,03H,9fH,25H,0dH,99H,49H,41H,1fH,01H
        END
```

习　题

1. 简述串行口接收和发送数据的过程。

2. 串行口 1 有几种工作方式？有几种帧格式？各种工作方式的波特率如何确定？

3. 串行口 1 接收/发送数据缓冲器都用 SBUF,如果同时接收/发送数据时,是否会发生冲突？为什么？

4. 简述利用串行口进行多机通信的原理。

5. STC12C5A60S2 单片机传送数据的帧格式由 1 个起始位、8 个数据位和 1 个停止位组成。当该串口每分钟传送 7200 个字符时,试计算出波特率。

6. STC12C5A60S2 单片机晶振频率是 11.0592MHz,串行口 2 工作于方式 1,波特率是 4800bps,写出用独立波特率发生器的方式控制字和计数初值。

7. 简述 STC12C5A60S2 单片机的 SPI 口的特点。

第 7 章　模/数转换器

STC12C5A60S2 单片机内部集成了 8 路 10 位高速模/数转换器(ADC),速度可达到 250kHz(25 万次/秒),可用于温度检测、压力检测、电池电压检测、按键扫描、频谱检测等。本章介绍 STC12C5A60S2 单片机模/数转换器的结构及应用。

7.1　ADC 的结构及相关寄存器

STC12C5A60S2 单片机的 A/D 转换口与 P1 口复用,上电复位后 P1 口为弱上拉型 I/O 口;用户可以通过软件设置将 8 路中的任何一路设置为 A/D 转换,不作为模数转换器使用的口可继续作为 I/O 口使用。

7.1.1　ADC 的结构

STC12C5A60S2 单片机 ADC 的结构如图 7-1 所示。

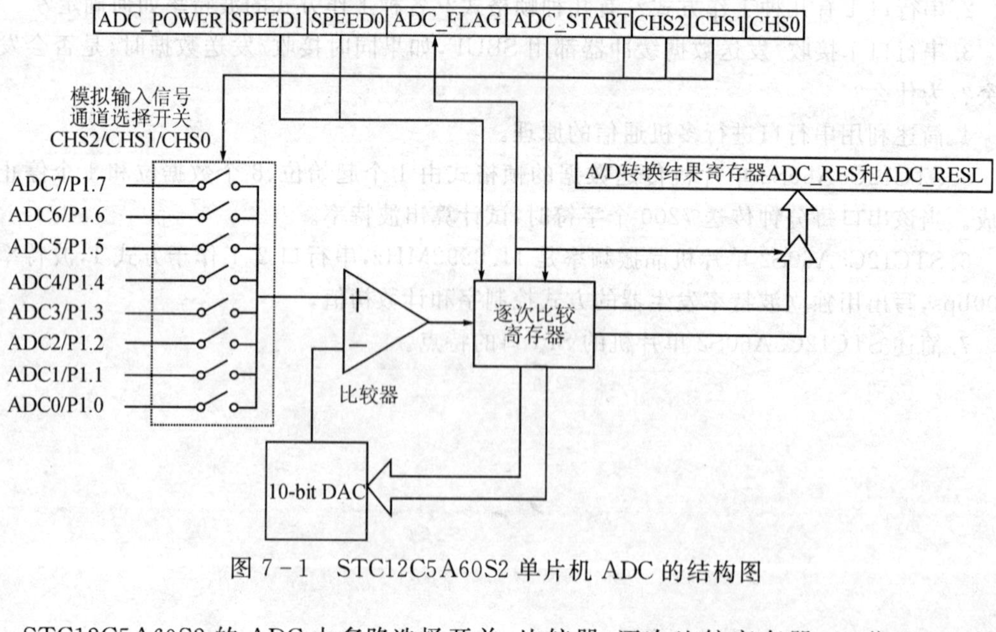

图 7-1　STC12C5A60S2 单片机 ADC 的结构图

STC12C5A60S2 的 ADC 由多路选择开关、比较器、逐次比较寄存器、10 位 DAC、转换结果寄存器(ADC_RESL)以及 ADC 控制寄存器 ADC_CONTR 构成。

STC12C5A60S2 的 ADC 是逐次比较型 ADC。逐次比较型 ADC 由一个比较器和 D/A

转换器构成，通过逐次比较逻辑，从最高位(MSB)开始，顺序地对每一输入电压与内置 D/A 转换器输出进行比较，经多次比较，使转换所得的数字量逐次逼近输入模拟量对应值。逐次比较型 A/D 转化器具有速度高、功耗低等优点，在低分辨率(＜12 位)时价格便宜，但高精度(＞12 位)时价格较高。

从图 7-1 中可以看出，通过模拟多路开关，将输入通道 ADC0～7 的模拟量送给比较器。上次转换的数字量经过数/模转换器 DAC 转换为模拟量，与本次输入的模拟量通过比较器进行比较，将比较结果保存到逐次比较寄存器，并通过逐次比较寄存器输出转换结果。A/D 转换结束后，将最终的转换结果保存在 ADC 转换结果寄存器 ADC_RES 和 ADC_RESL，同时，置位 ADC 控制寄存器 ADC_CONTR 中的 A/D 转换结束标志位 ADC_FLAG，以供程序查询或发出中断申请。模拟多路开关的选择控制由 ADC 控制寄存器 ADC_CONTR 中的 CHS2～CHS0 确定。ADC 的转换速度控制由 ADC 控制寄存器中的 SPEED1 和 SPEED0 确定。在使用 ADC 之前，应先给 ADC 上电，也就是置位 ADC 控制寄存器中的 ADC_POWER 位。

7.1.2　参考电压源

STC12C5A60S2 单片机 ADC 模块的参考电压源是输入工作电压 V_{CC}，一般不用外接参考电压源。如果 V_{CC}不稳定，如电池供电系统中，电池电压常常在 5.3～4.2V 之间漂移，此时 V_{CC}不稳定，则可以在 8 路 A/D 转换的一个通道外接一个稳定的参考电压源，计算出此时的工作电压 V_{CC}，再计算出其他几路 A/D 转换通道的电压。

7.2　与 ADC 相关的特殊功能寄存器

7.2.1　P1 口模拟功能控制寄存器 P1ASF

STC12C5A60S2 系列单片机的 A/D 转换通道与 P1 口复用，上电复位后 P1 口为弱上拉 I/O 口，用户可以通过软件设置将 8 路中的任何一路设置为 A/D 转换，不作为 A/D 使用的口可继续作为 I/O 口。

P1ASF 特殊功能寄存器的地址为 9DH，不能位寻址，复位后为 00H，各位的定义见表7-1。

表 7-1　P1ASF 特殊功能寄存器的定义表

位　号	B7	B6	B5	B4	B3	B2	B1	B0
位名称	P17ASF	P16ASF	P15ASF	P14ASF	P13ASF	P12ASF	P11ASF	P10ASF

如果要使用相应的模拟功能，需将 P1ASF 特殊功能寄存器中的相应位置为 1。例如，若要使用 P1.5 的模拟量功能，则需要将 P15ASF 设置为 1，可以使用汇编语言指令“ORL P1ASF，#20H”。

7.2.2　ADC 控制寄存器 ADC_CONTR

ADC_CONTR，地址为 BCH，复位后为 00H，各位定义见表 7-2。

表 7-2 ADC 控制寄存器 ADC_CONTR 定义表

位　号	B7	B6	B5	B4	B3	B2	B1	B0
位名称	ADC_POWER	SPEED1	SPEED0	ADC_FLAG	ADC_START	CHS2	CHS1	CHS0

(1)ADC_POWER:ADC 电源控制位。

0:关闭 ADC 电源。

1:打开 ADC 电源。

建议进入空闲模式前,将 ADC 电源关闭,即 ADC_POWER=0。启动 A/D 转换前一定要确定 ADC 电源已打开,A/D 转换结束后关闭 A/D 电源可降低功耗,也可以不关闭。初次打开内部 A/D 转换模拟电源,需适当延时,等内部模拟电源稳定后,再启动 A/D 转换。

建议启动 A/D 转换后,在 A/D 转换结束之前,不改变任何 I/O 口的状态,有利于提高 A/D 转换的精度。

(2)SPEED1、SPEED0:ADC 转换速度控制位。各种设置见表 7-3。

表 7-3 ADC 转换速度控制

SPEED1	SPEED0	A/D 转换所需时间
1	1	90 个时钟周期转换一次,CPU 工作频率为 21MHz,A/D 转换速度约为 300kHz,9 位精度
1	0	180 个时钟周期转换一次可达到 10 位精度
0	1	360 个时钟周期转换一次可达到 10 位精度
0	0	540 个时钟周期转换一次可达到 10 位精度

STC12C5A60S2 单片机 A/D 转换模块使用的时钟是外部晶体时钟或内部 RC 振荡器所产生的系统时钟,不是时钟分频寄存器 CLK_DIV 对系统时钟分频后所产生的供给 CPU 工作所产生的时钟。这样不仅可以使 ADC 用较高的频率工作,提高 A/D 的转换速度;而且让 CPU 用较低的频率工作,降低系统的功耗。

由于使用 2 套时钟,所以,设置 ADC_CONTR 控制寄存器后要加 4 个空操作延时才可以正确读到 ADC_CONTR 寄存器的值。设置 ADC_CONTR 控制寄存器的语句执行后,要经过 4 个 CPU 时钟的延时,其值才能够保证设置进 ADC_CONTR 控制寄存器。典型代码如下:

```
MOV ADC_CONTR,#DATA
NOP
NOP
NOP
NOP
MOV A,ADC_CONTR;经过 4 个时钟延时,才能正确读到 ADC_CONTR 控制寄存器的值。
```

(3)ADC_FLAG:A/D 转换结束标志位。A/D 转换完成后,ADC_FLAG=1,不论 A/D 转换完成后由该位申请产生中断,还是由软件查询该标志位判断 A/D 转换是否结束,当 A/D 转换完成后,ADC_FLAG=1,该位必须软件清零。

(4)ADC_START:A/D 转换启动控制位,ADC_START=1,开始转换;ADC_START=0,停止转换。

(5)CHS2、CHS1、CHS0:模拟输入通道选择,见表 7-4。

表 7-4　模拟输入通道选择

CHS2	CHS1	CHS0	模拟输入通道选择
0	0	0	选择 P1.0 作为 A/D 输入
0	0	1	选择 P1.1 作为 A/D 输入
0	1	0	选择 P1.2 作为 A/D 输入
0	1	1	选择 P1.3 作为 A/D 输入
1	0	0	选择 P1.4 作为 A/D 输入
1	0	1	选择 P1.5 作为 A/D 输入
1	1	0	选择 P1.6 作为 A/D 输入
1	1	1	选择 P1.7 作为 A/D 输入

ADC_CONTR 寄存器不能进行位操作,对其进行操作时,建议直接用 MOV 语句,不要用"与"(ANL)和"或"(ORL)语句。

7.2.3　A/D 转换结果存储格式控制及 A/D 转换结果寄存器

特殊功能寄存器 ADC_RES,地址为 BDH,复位后为 00H;ADC_RESL,地址为 BEH,复位后为 00H,ADC_RES 和 ADC_RESL 用于保存 A/D 转换结果。

A/D 转换结果存储格式由辅助寄存器 AUXR1(地址为 0A2H,复位值为 00H)中的 ADRJ 控制,ADRJ 是 AUXR1 中的 D2 位。

(1)ADRJ=0 时,10 位 A/D 转换结果的高 8 位放在 ADC_RES 寄存器,低 2 位放在 ADC_RESL 寄存器。储存格式见表 7-5。

表 7-5　储存格式表(1)

位名称 位号 / 寄存器	B7	B6	B5	B4	B3	B2	B1	B0
ADC_RES	ADC_RES9	ADC_RES8	ADC_RES7	ADC_RES6	ADC_RES5	ADC_RES4	ADC_RES3	ADC_RES2
ADC_RESL							ADC_RES1	ADC_RES0
AUXR1						ADRJ=0		

(2)当 DARJ=1 时,10 位 A/D 转换结果的最高 2 位放在 ADC_RES 寄存器的低 2 位,低 8 位放在 ADC_RESL 寄存器。存储格式见表 7-6。

A/D 转换结果计算公式如下:

ADRJ=0 时,取 10 位结果(ADC_RES[7:0],ADC_RESL[1:0]=1024×V_{in}/V_{CC}

ADRJ=0 时,取 8 结果 ADC_RES[7:0]=256×V_{in}/V_{CC}

ADRJ=1 时,取 10 位结果(ADC_RES[1:0],ADC_RESL[7:0])=1024×V_{in}/V_{CC}

式中,V_{in}为模拟输入通道输入电压;V_{CC}为单片机实际工作电压,用单片机工作电压作为模拟参考电压。

表 7-6 储存格式表(2)

位名称 位号 / 寄存器	B7	B6	B5	B4	B3	B2	B1	B0
ADC_RES							ADC_RES9	ADC_RES8
ADC_RESL	ADC_RES7	ADC_RES6	ADC_RES5	ADC_RES4	ADC_RES3	ADC_RES2	ADC_RES1	ADC_RES0
AUXR1						ADRJ=1		

7.2.4 与 A/D 转换中断有关的寄存器

中断允许控制寄存器 IE 中的 EADC 位(D5)用于开放 ADC 中断,EA 位(D7 位)用于开放 CPU 中断,中断优先级寄存器 IP 中的 PADC 位(D5 位)和 IPH 中的 PADCH 位(D5 位)用于设置 A/D 中断的优先级。在中断服务程序中,要使用软件将 A/D 中断标志位 ADC_FLAG(也是 A/D 转换结束标志位)清零。

7.3 ADC 的应用

例 7-1:如图 7-2 所示,编程实现利用 STC12C5A60S2 单片机 ADC 通道 1,2,3,4 采集外部温度信号,8 位精度,采用查询方式,采集 3 次,每次采集 4 个通道的数据,将采集结果保存在外部 RAM 0000H 起始的单元中,假设时钟频率为 11.0592MHz。

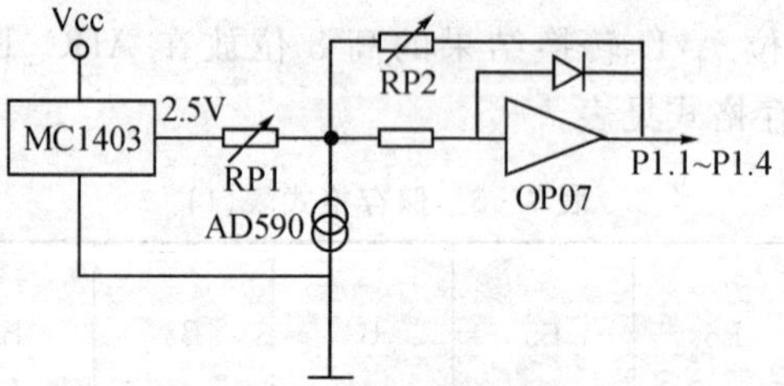

图 7-2 例 7-1 电路图

解:使用 STC12C5A60S2 单片机 ADC 通道编程要注意以下几点:打开 ADC 电源,第一次使用时要打开内部模拟电源,并进行适当延时,等内部模拟电源稳定,一般延时 1ms 以内即可;设置 P1ASF 寄存器,将对应的端口设置为 ADC 通道;通过设置 AUXR1 中的 ADRJ 位设置转换结果的存储格式;AD 转换结束后要将 ADC_FLAG 清零;切换通道要延时。

若使用 8 位精度,则将 ADRJ 设置为 0,直接使用转换结果寄存器 ADC_RES 的值。由于复位后,ADRJ=0,因此,将 ADC 初始化后,直接判断 ADC_FLAG 标志是否为 1,若为 1,则读出 ADC_RES 寄存器的值,并存入外部 RAM 中即可;若为 0,则继续等待。

汇编程序代码如下:

```
$INCLUDE  (STC12.INC)   ;包含 STC12C5A60S2 单片机寄存器定义文件
          ORG   0000H
```

```
            LJMP    MAIN
            ORG     0100H
MAIN:       MOV     SP,#70H             ;设置堆栈
            MOV     TR,#2000H           ;设置结果的起始地址
            MOV     R5,#03H             ;设置采集次数
            MOV     P1ASF,#00011110B ;设置 P1.1、P1.2、P1.3、P1.4 的模拟量
功能
            MOV     ADC_CONTR,#80H ;第一次使用时要打开内部模拟电源
AD_LOOP1:
            MOV     ADC_RES,#0          ;清除以前的结果
            MOV     R7,#4               ;设置采集的点数
            MOV     A,#20H
            LCALL   DELAY       ;开 A/D 转换电源后要加适当延时,1ms 以内即可
            MOV     R6,#11100010B       ;R6 用于存储 A/D 转换通道号
AD_LOOP:    MOV     A,R6
            MOV     ADC_CONTR,A         ;设置通道号
            MOV     A,#5                ;切换通道要适当延时
            LCALL   DELAY
WAIT_AD:
            ORL     ADC_CONTR,#00001000B ;启动转换
            MOV     A,#00010000B        ;判断转换是否完成
            ANL     A,ADC_CONT
            JZ      WAIT_AD
            ANL     ADC_CONTR,#11100111B ;清除标志位 ADC_FLAG
            MOV     A,ADC_RES           ;读取结果
            MOV     @DPTR,A             ;保存结果
            INC     DPTR                ;地址加 1
            INC     R6;
            DJNZ    R7,AD_LOOP          ;四个点采集是否完成
            DJNZ    R5,AD_LOOP1         ;3 次采集是否完成
            SJMP    $                   ;停机
DELAY:      MOV     R4,A                ;延时子程序
DELAY_LOOP0:
            MOV     R3,#100             ;2 个时钟周期
Delay_LOOP1:
            MOV     R2,#249             ;2 个时钟周期
DELAY_LOOP:
            DJNZ    R2,DELAY_LOOP       ;4 个时钟周期
            DJNZ    R3,DELAY_LOOP1      ;4 个时钟周期
            DJNZ    R4,DELAY_LOOP0      ;4 个时钟周期
```

```
RET
END
```

习　题

1. 简述 STC12C5A60S2 单片机 A/D 转换器的结构特点。

2. 利用 STC12C5A60S2 的 A/D 转换器，实现按键扫描功能。电路图如图 7-3 所示。试编程实现之。

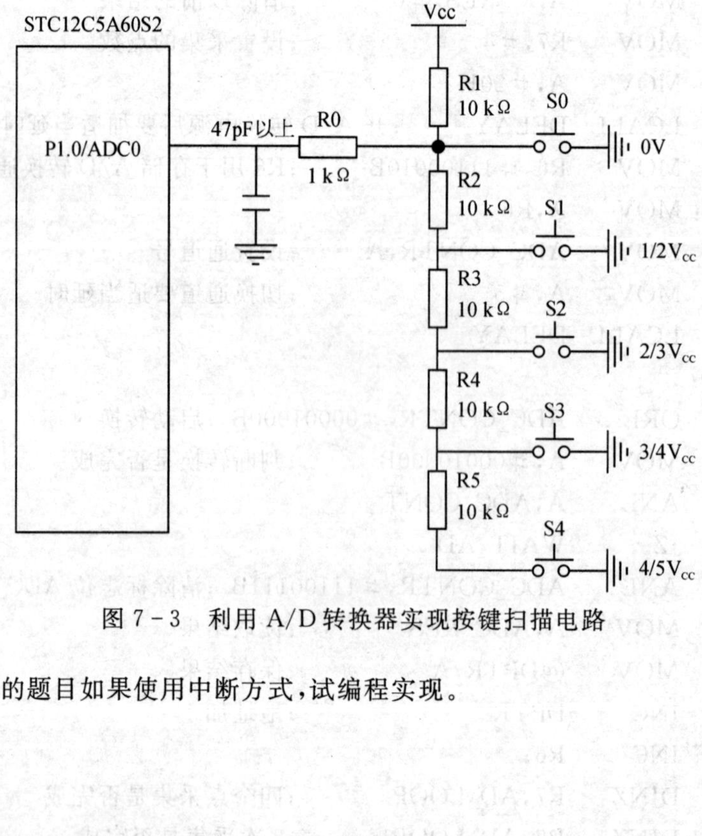

图 7-3　利用 A/D 转换器实现按键扫描电路

3. 例 7-1 的题目如果使用中断方式，试编程实现。

第 8 章 人机交互模块

人机交互模块是指人与计算机系统进行信息交互的接口，包括信息的输入和输出，是单片机应用系统不可缺少的组成部分。输入设备主要是键盘，常用的键盘设备包括独立式键盘、矩阵式键盘等；输出设备包括发光二极管、数码管显示器、液晶显示器等。本章将介绍这些输入、输出设备如何与单片机连接，以及如何编写相应的程序。

8.1 显示器及其接口电路

8.1.1 LED 数码管显示器

8.1.1.1 LED 数码管显示原理

LED(Light Emitting Diode)是发光二极管的缩写。由 LED 组成的显示器是单片机应用系统中常用的输出设备。LED 数码管显示器是由若干段发光二极管构成的，当某段发光二极管被施加一定的正向电压时导通，该段被点亮，多个被点亮的发光二极管就可以组合成字符。这种显示器能显示的字符少，但控制简单，使用方便。

LED 数码管显示器由 8 个发光二极管组成，其中 7 个发光二极管构成“日”字型的笔划，另一个发光二极管构成小数点，统称为段。显示器内部的发光二极管有共阴极和共阳极两种接法，如图 8－1 所示。

若为共阴极接法，8 段发光二极管阴极同时接地，则阳极输入高电平可使发光二极管点亮；若为共阳极接法，8 段发光二极管阳极同时接高电平，则阴极输入低电平可使发光二极管点亮。使用 LED 数码管显示器时，要注意区分两种不同的接法。为了显示数字或符号，要为 LED 数码管显示器提供字型码。字型码各位与 LED 各段的对应关系见表 8－1。

表 8－1 字型码各位与 LED 各段的对应关系

位	D7	D6	D5	D4	D3	D2	D1	D0
显示段	dp	g	f	e	d	c	b	a

用 LED 显示器显示的字型码见表 8－2。

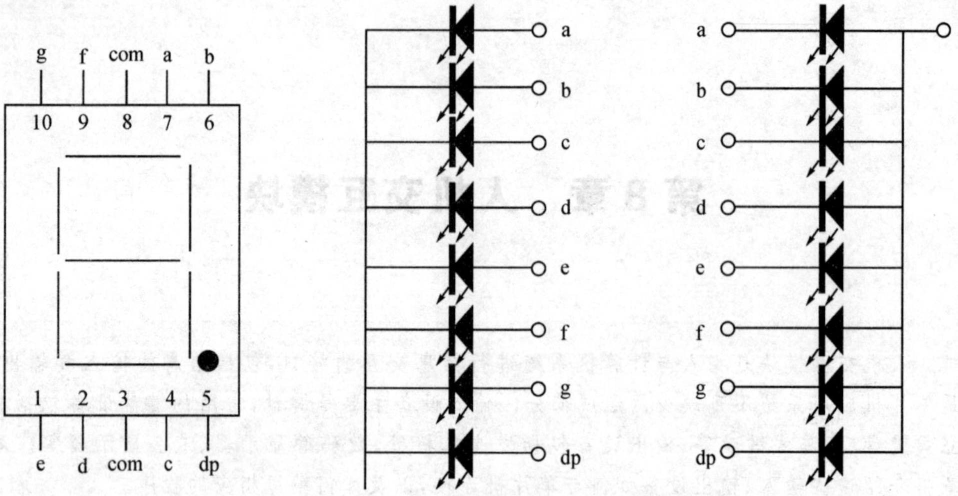

（a）数码LED外观　（b）共阴极数码LED　（c）共阳极数码LED

图 8-1　LED 数码管显示器

表 8-2　LED 数码管显示器字型码表

显示字符	共阴数码管	共阳数码管	显示字符	共阴数码管	共阳数码管
0	0x3F	0xC0	9	0x6F	0x90
1	0x06	0xF9	A	0x77	0x88
2	0x5B	0xA4	B	0x7C	0x83
3	0x4F	0xB0	C	0x39	0xC6
4	0x66	0x99	D	0x5E	0xA1
5	0x6D	0x92	E	0x79	0x86
6	0x7D	0x82	F	0x71	0x84
7	0x07	0xF8	灭	0x00	0xFF
8	0x7F	0x80			

8.1.1.2　LED 数码管的显示与驱动

LED 数码管显示器常用的显示方式分为静态显示和动态显示两种。

(1)静态显示方式。实际使用的 LED 数码管显示器往往由多位数码管构成，对多位数码管的控制包括字型控制(显示什么字符)和字位控制(哪些位显示)。静态显示方式是指当数码管显示字符时，发光二极管的公共端，也就是位被恒定选中，即显示器是打开状态。硬件连接上，在静态显示方式下，每一位显示器的字型控制线是独立的，通过接口驱动芯片分别接到一个 8 位的 I/O 口上，字位控制线连接在一起，共阴数码管接地，共阳数码管接+5V。

对于静态显示方式，LED 数码管显示器由接口芯片直接驱动，采用较小的驱动电流就可以得到较高的亮度，同时，由于每位 LED 显示器分别由一个 8 位 I/O 口控制字型码，所以显示器能稳定且独立地显示字符，这种方式编程简单，但当并行输出显示的 LED 位数较多时，需要并行 I/O 接口芯片的数量较多，可采用串行输出以节省单片机的内部资源。

串行输出时可以利用串口工作在方式 0(同步移位寄存器方式)，向串入并出的移位寄存器发送字型码实现显示，这种工作方式可以用最少的 I/O，实现多位 LED 显示。常用的移位寄存器有 74LS164 等。电路如图 8-2 所示。

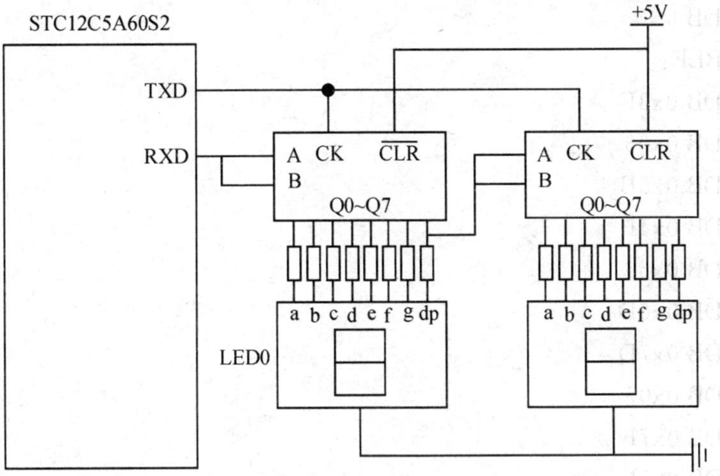

图 8－2　74LS164 构成的串行静态显示电路

例 8－1: 编程实现图 8－2 中，利用 74LS164 串行输出、静态显示方式实现 2 位数码管显示。

解: 源程序如下：

```
          ORG     0000H
          LJMP    MAIN
          ORG     0100H
MAIN：    MOV     SP,＃70H
          MOV     SCON,＃00H
          MOV     R0,＃02H
          MOV     A,＃00H
          MOV     R1,A
ROTATE：
          MOV     DPTR,＃DATA_TABLE
          MOVC    A,@A+DPTR        ;R1 为偏移量,R2 存储 led—data[i]
          MOV     DPTR,＃LED_TABLE
          MOVC    A,@A+DPTR
          INC     R1
          MOV     R3,A
          MOV     A,R1
          MOV     SBUF,R3
WAIT：    JNB     TI,WAIT          ;等待
          CLR     TI               ;清除标志位
          DEC     R0
          CJNE    R0,＃00H,ROTATE
HERE：    LJMP    HERE
DATA_TABLE：
          DB 5
```

```
        DB 6
LED_TABLE:
        DB 0x3F
        DB 0x06
        DB 0x5B
        DB 0x4F
        DB 0x66
        DB 0x6D
        DB 0x7D
        DB 0x07
        DB 0x7F
        DB 0x6F
        END
```

(2)动态显示方式。动态显示方式是指逐位轮流点亮每位数码管,在同一时刻只有一位数码管显示。虽然对于每一位数码管来说,每隔一段时间点亮一次,但是由于单片机工作速度很快,同时利用人眼的视觉暂留效应和发光二极管熄灭时的余辉,肉眼很难看出数码管闪烁,相反将会出现多个字符同时显示的现象。

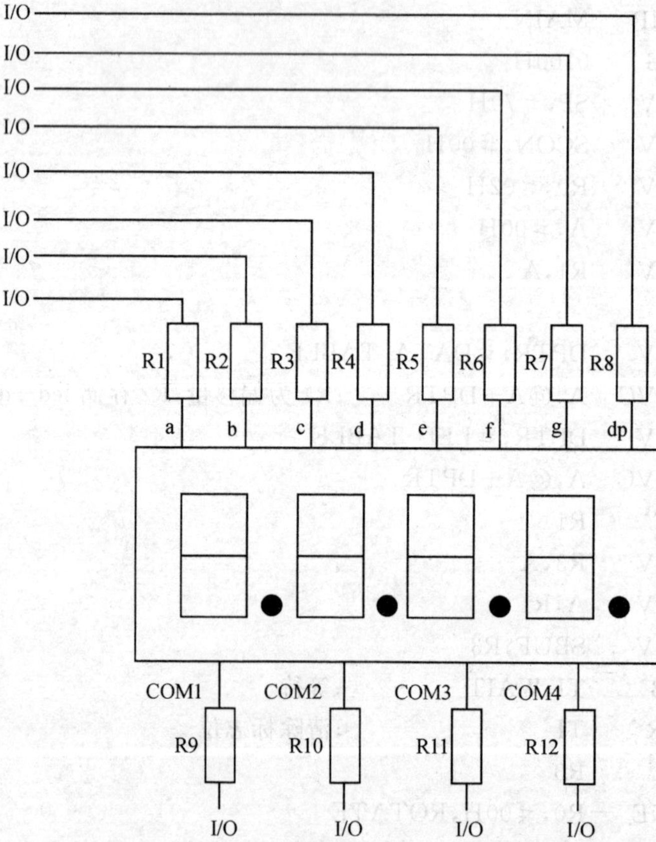

图 8-3　利用 I/O 口动态扫描驱动 4 个共阴极数码管参考电路图

为了实现 LED 显示器的动态显示,通常将所有位的字型控制线并联在一起,由一个 8

位I/O口控制，将每一位数码管的字位控制线分别由相应的I/O口控制。下面给出STC12C5A60S2单片机I/O口驱动数码LED显示的电路。

1)利用I/O口动态扫描驱动4个共阴极数码管参考电路图如图8-3所示。图中，R1～R12的电阻值为470Ω。

2)利用I/O口动态扫描驱动4个共阳极数码管参考电路图如图8-4所示。其驱动电路可以采用三极管、7407等。

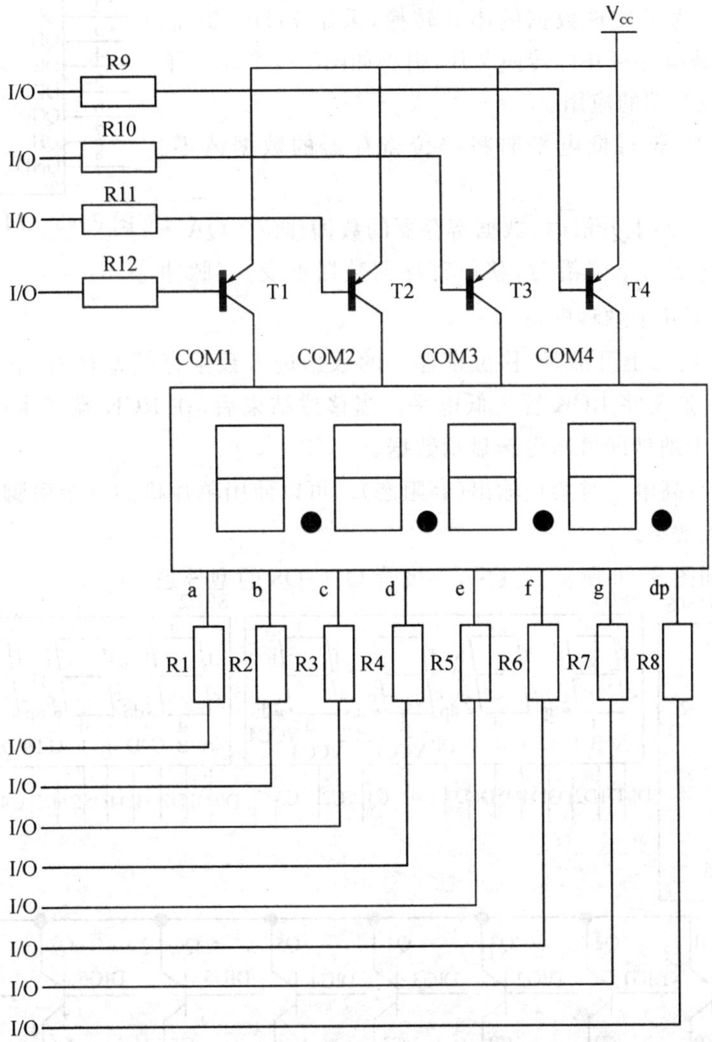

图8-4 利用I/O口动态扫描驱动4个共阳极数码管参考电路图

图中，R1～R8的电阻值为1kΩ，R9～R12的电阻值为4.7kΩ，T1～T4为9012。

动态扫描驱动数码管显示过程如下：

1)选通第一位LED，然后由8位I/O口输入要显示的字型码，点亮第一位LED；

2)关闭第一位LED，选通第二位LED，然后由8位I/O口输入要显示的字型码。

3)依此类推，当关掉最后一位LED时，再选通第一位LED，这样反复循环。

在使用动态显示过程中需要注意以下问题：

1)点亮时间。在动态显示过程中需调用延时子程序，以保证每一位显示器稳定地点亮一段时间,通常延时时间为1ms。

2)驱动能力。在动态显示方式下,LED显示器的工作电流较大,尤其是字位控制线上的驱动电流可达40～60mA,为了保证显示器具有足够的亮度,通常需连接驱动器提高驱动能力。

例8-2:编程实现使用8位数码管显示字符"76543210"。

解:本程序设计采用STC12C5A60S2单片机SPI接口实现数码管显示。为了实现数据的串并转换,采用74HC595芯片。74HC595是串行-并行转换芯片,引脚如图8-5所示。下面简单说明其控制端的应用。

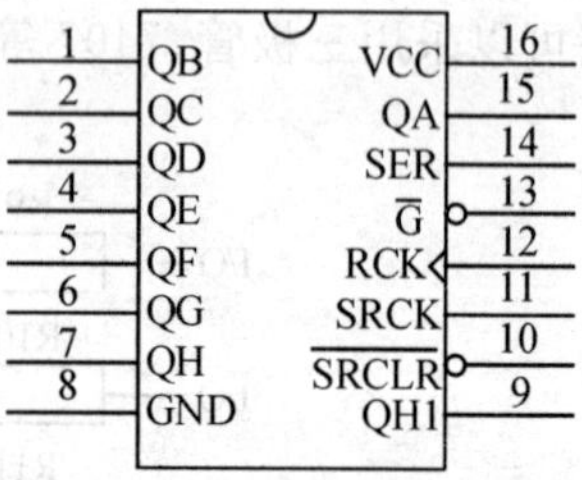

图8-5 74HC595引脚图

1)/SCLR(10脚):低电平时将移位寄存器的数据清零。通常可接V_{CC}。

2)SCK(11脚):上升沿时,数据寄存器的数据移位。QA→QB→QC→…→QH;下降沿时,移位寄存器数据不变。(脉冲宽度:5V时,大于几十纳秒即可。)

3)RCK(12脚):上升沿时,移位寄存器的数据进入数据存储寄存器;下降沿时,存储寄存器数据不变。通常将RCK置为低电平。当移位结束后,在RCK端产生一个正脉冲(5V供电时,大于几十纳秒即可),更新显示数据。

4)$\overline{G}$(13脚):高电平时禁止输出(高阻态)。可以使用单片机的一个引脚控制它,方便地产生闪烁和熄灭效果。

硬件电路如图8-6所示。其中,三极管Q1～Q8的型号是9012。

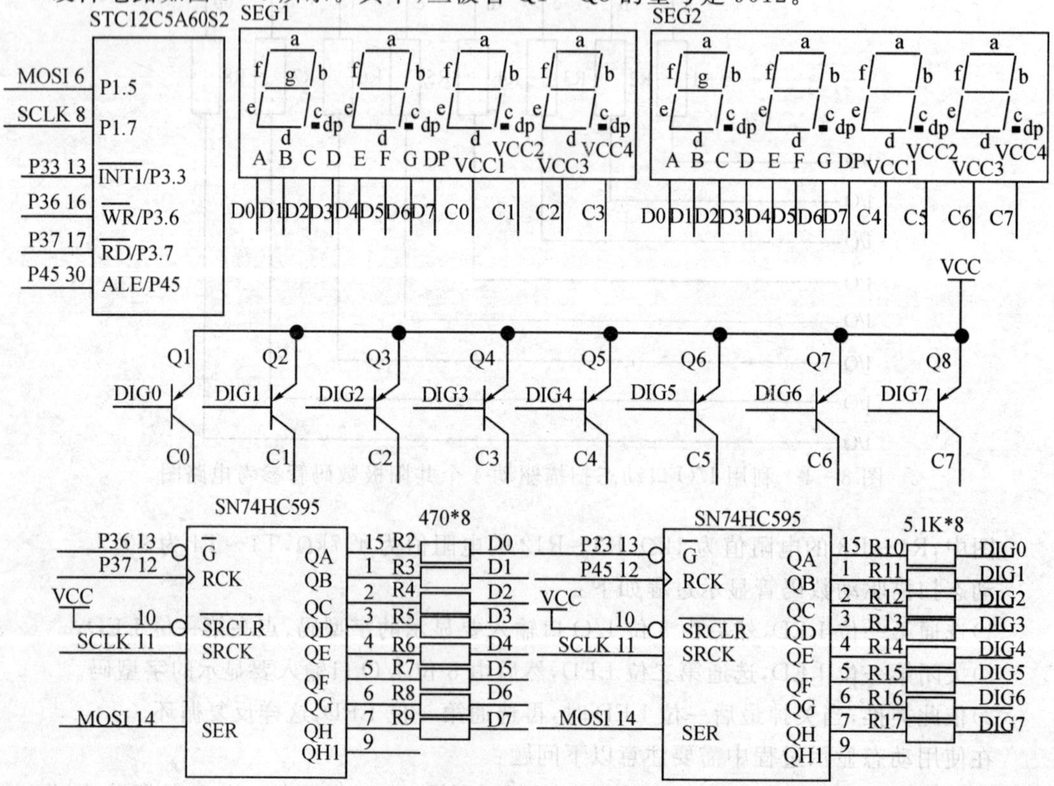

图8-6 8位共阳数码管动态显示电路图

源程序如下：

```
$INCLUDE  (STC12.INC)
        BITR    EQU   P4^5            ;位锁存端定义
        SEGR    EQU   P3^7            ;段锁存端定义
        BITG    EQU   P3^3            ;位使能控制定义
        SEGG    EQU   P3^6            ;段使能控制定义
        ORG     0000H
        LJMP    MAIN
        ORG     0100H
MAIN:
        MOV     SP,#070H
        MOV     A,P4SW
        ORL     A,#20H
        MOV     P4SW,A                ;将 P4.5 设置为 I/O 功能
        CLR     BITG
        ;SPI 初始化
        MOV     SPCTL,#0FEH           ;SPI 使能,主机模式,/SS 无关,先发低
        MOV     SPSTAT,#0C0H;
XUNHUAN:
        MOV     R1,#00H
ROTATE:
        SETB    SEGG
        LCALL   WEIMA
        LCALL   DUANMA
        CLR     SEGG                  ;开门让段码位码进
        LCALL   DELAY
        INC     R1
        MOV     A,R1
        CJNE    A,#8,ROTATE
        LJMP    XUNHUAN
SENDSPI:                              ;spidata - R3,Bit - R4
        CLR     EA          ;关中断,为了避免传输数据过程中被中断而显示乱码
        MOV     SPDAT,R3              ;开始传数据
SPI_WAIT1:
        MOV     A,SPSTAT
        ANL     A,#80H
        JZ      SPI_WAIT1             ;A=0 跳转
        MOV     SPSTAT,#0C0H          ;数据传输完毕,清 SPIF
        MOV     A,R4
        JZ      DUANSHUCHU
```

```
        LJMP    WEISHUCHU
DUANSHUCHU:
        SETB    SEGR
        LCALL   DELAYsmall
        CLR     SEGR
        LJMP    QINGKAI
WEISHUCHU:
        SETB    BITR
        LCALL   DELAYsmall
        CLR     BITR
QINGKAI:
        MOV     SPSTAT,#0C0H;
        SETB    EA
        RET
WEIMA:
        MOV     DPTR,#WEIMA_TABLE
        MOV     A,R1
        MOVC    A,@A+DPTR
        MOV     R3,A
        MOV     R4,#1                  ;说明是位码
        LCALL   SENDSPI
        RET
DUANMA:
        MOV     A,R1
        MOV     DPTR,#DUANMA_TABLE
        MOVC    A,@A+DPTR
        MOV     R3,A
        MOV     R4,#0                  ;说明是段码
        LCALL   SENDSPI
        RET
WEIMA_TABLE:
        DB 0FEH
        DB 0FDH
        DB 0FBH
        DB 0F7H
        DB 0EFH
        DB 0DFH
        DB 0BFH
        DB 07FH
DUANMA_TABLE:
```

```
        DB 03H
        DB 09FH
        DB 25H
        DB 0DH
        DB 099H
        DB 049H
        DB 041H
        DB 01FH
        DB 01H
        DB 09H
DELAY：
        MOV     R6，#20H
DELAY1：
        MOV     R7，#0FFH
        DJNZ    R7，$
        DJNZ    R6，DELAY1
        RET
DELAYsmall：
        MOV     R7，#040H
LOOP：
        DJNZ    R7，LOOP
        RET
        END
```

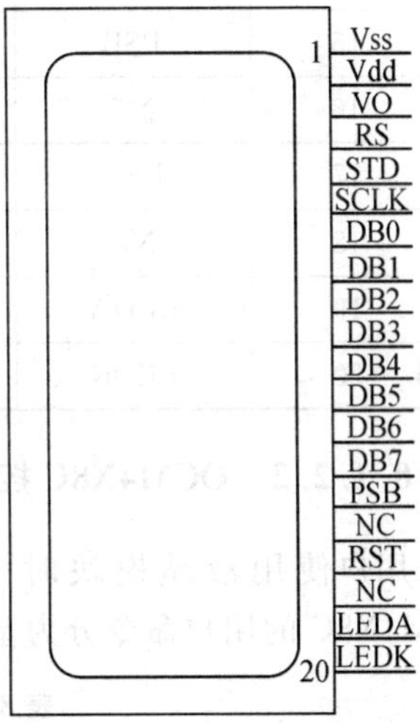

图 8-7　OCM4X8C 外形图

8.1.2　LCD 液晶屏显示器

LCD 是液晶显示器(Liquid Crystal Display)的缩写，是一种利用液晶在电场作用下，其光学性质发生变化以显示图形的显示器。液晶显示器件由于具有显示信息丰富、功耗低、体积小、质量小、无辐射等优点，得到了广泛的应用。液晶显示模块从显示形式上可分为数显式、字符式和点阵图式三种。

OCM4X8C 液晶屏显示器是具有串行/并行接口，内部含有 GB2312 中文字库的图形点阵液晶显示模块，其外形图如图 8-7 所示。该模块的控制/驱动器采用台湾矽创电子公司的 ST7920，具有较强的控制显示功能。OCM4X8C 的液晶显示屏为 128×64 点阵，可显示 4 行、每行 8 个汉字。为了便于简单、方便地显示汉字，该模块具有 2MB 的中文字形 CGROM，其中含有 8192 个 16×16 点阵中文字库；同时，为了便于英文和其他常用字符的显示，具有 16KB 的 16×8 点阵的 ASCII 字符库；为了构造用户图形，提供了一个 64×256 点阵的 GDRAM 绘图区域，并且，为了便于用户构造所需字形，提供了 4 组 16×16 点阵的造字空间。利用这些功能，OCM4X8C 可实现汉字、ASCII 码、点阵图形、自造字体的同屏显示。

8.1.2.1　OCM4X8C 引脚

OCM4X8C 共计 20 个引脚，见表 8-3。

表 8-3 OCM4X8C2 引脚功能表

引脚序号	符号	引脚说明
1	VSS	接地端(0V)
2	VDD	电源正极(+5V)
3	V0	LCD 电源(悬空)
4	RS(CS)	数据/命令选择端(H:数据寄存器,L 指令寄存器)
5	R/W(SID)	读/写选择端(H:读,L 写)
6	E(SCLK)	使能端
7～14	DB0～DB7	数据输入/输出端
15	PSB	串并选择端(H:并行,L:串行)
16	NC	空脚
17	RST	复位(低电平有效)
18	NC	空脚
19	LEDA	背光源正极(LED+5V)
20	LEDK	背光源负极(LED-0V)

8.1.2.2 OCM4X8C 控制命令

用户使用液晶模块时是通过用户命令来让其执行相应的显示或控制功能的。OCM4X8C 的用户命令分为基本命令集和扩充命令集,分别见表 8-4 和表 8-5。

表 8-4 OCM4X8C 液晶显示模块基本命令集

控制引脚			控制命令								功能
RS	R/W	E	D7	D6	D5	D4	D3	D2	D1	D0	
0	0	1	0	0	0	0	0	0	0	1	消除显示(DDRAM 填满 0x20,地址复位到 0x00)
0	0	1	0	0	0	0	0	0	1	*	地址归位(复位到 0x00)
0	0	1	0	0	0	0	0	1	I/D	S	进入点设定
0	0	1	0	0	0	0	1	D	C	B	显示状态控制
0	0	1	0	0	0	1	S/C	R/L	*	*	游标或显示移位控制
0	0	1	0	0	1	DL	*	0 RE	*	*	功能设定
0	0	1	0	1	AC5	AC4	AC3	AC2	AC1	AC0	设置 CGRAM 地址
0	0	1	1	AC6	AC5	AC4	AC3	AC2	AC1	AC0	设置 DDRAM 地址
0	1	1	BF	AC6	AC5	AC4	AC3	AC2	AC1	AC0	读忙标志或地址
1	0	1	D7	D6	D5	D4	D3	D2	D1	D0	写数到内部 RAM
1	1	1	D7	D6	D5	D4	D3	D2	D1	D0	从内部 RAM 读取数据

表 8-5 OCM4X8C 液晶显示模块扩充命令集

控制引脚			控制命令								功能
RS	R/W	E	D7	D6	D5	D4	D3	D2	D1	D0	
0	0	1	0	0	0	0	0	0	0	1	待命模式（DDRAM 填满 0x20，光标复位到 0x00）
0	0	1	0	0	0	0	0	0	1	SR	卷动地址或 IRAM 地址选择
0	0	1	0	0	0	0	0	1	R1	R2	反白选择
0	0	1	0	0	0	0	1	SL	*	*	睡眠模式
0	0	1	0	0	0	1	*	1 RE	G	0	扩充功能设定
0	0	1	0	1	AC5	AC4	AC3	AC2	AC1	AC0	设定 IRAM 地址或卷动地址
0	0	1	0	AC6	AC5	AC4	AC3	AC2	AC1	AC0	设定绘图 RAM 地址

8.1.2.3 OCM4X8C 显示

OCM4X8C 按照每个中文字符 16×16 点阵将显示屏分类 4 行 8 列，共 32 个区。每个区可显示 1 个中文字符或 2 个 16×8 点阵全高 ASCII 码字符，即每屏最多可实现 32 个中文字符或 64 个 ASCII 码字符的显示。

OCM4X8C 内部提供 128×2 字节的字符显示 RAM 缓冲区（DDRAM）。字符显示是通过将字符显示编码写入 DDRAM 实现的。根据写入内容的不同，可分别在液晶屏上显示 CGROM（中文字库）、HCGROM（ASCII 码字库）及 CGRAM（自定义字形）的内容。三种不同字符/字型的选择编码范围为：0000H～0006H 显示自定义字型，02H～7FH 显示半宽 ASCII 码字符，A1A0H～F7FFH 显示 8192 种 GB2312 中文字库字形。字符显示 RAM 在液晶模块中的地址为 80H～9FH。字符显示 RAM 的地址和 32 个字符显示区域有着一一对应的关系，其对应关系见表 8-6。

表 8-6 字符显示 RAM 的地址

行	X 坐标							
1	80H	81H	82H	83H	84H	85H	86H	87H
2	90H	91H	92H	93H	94H	95H	96H	97H
3	88H	89H	8AH	8BH	8CH	8DH	8EH	8FH
4	98H	99H	9AH	9BH	9CH	9DH	9EH	9FH

使用 OCM4X8C 显示模块时应注意以下几点：

（1）欲在某一个位置显示中文字符时，应先设定显示字符位置，即先设定显示地址，再写入中文字符编码。

（2）显示 ASCII 字符过程和显示中文字符过程相同。不过在显示连续字符时，只须设定一次显示地址，由模块自动对地址加 1 指向下一个字符位置。

(3)当字符编码为 2 字节时，应先写入高位字节，再写入低位字节。

(4)模块在接收指令前，CPU 必须先确认模块内部处于非忙状态，即读取 BF 标志时 BF 需为 0，方可接收新的指令。如果在送出一个指令前不检查 BF 标志，则在前一个指令和这个指令中间必须延迟一段较长的时间，即等待前一个指令确定执行完成。

(5)RE 为基本指令集和扩充指令集的选择控制位。当变更 RE 后，以后的指令集将维持在最后的状态，除非再次变更 RE 位。使用相同指令集时，无需每次均重设 RE 位。

8.1.2.4 接口方式和时序

为了便于和多种微处理器、单片机接口，模块提供了 8 位并行、2 线串行、3 线串行三种接口方式。

(1)4/8 位并行接口方式。当模块的 PSB 脚接高电平时，模块即进入并行接口模式。在并行模式下可由功能设定指令的 DL 位来选择 8 位或 4 位接口方式，主控制系统将配合 RS、RW、E、DB0～DB7 来完成指令/数据的传送。

(2)2/3 线串行接口方式。当模块的 PSB 脚接低电平时，模块即进入串行接口模式。串行模式使用串行数据线 SID 和串行时钟线 SCLK 来传送数据，即构成 2 线串行模式。

OCM4X8C 还允许同时接入多个液晶显示模块以完成多路信息显示功能。此时，要利用片选信号 CS(与 RS 共用引脚)构成 3 线串行接口方式，当 CS 接高电位时，模块可正常接收并显示数据，否则模块显示将被禁止。通常情况下，当系统仅使用一个液晶显示模块时，CS 可连接固定的高电平。电路连接如图 8-8 所示。

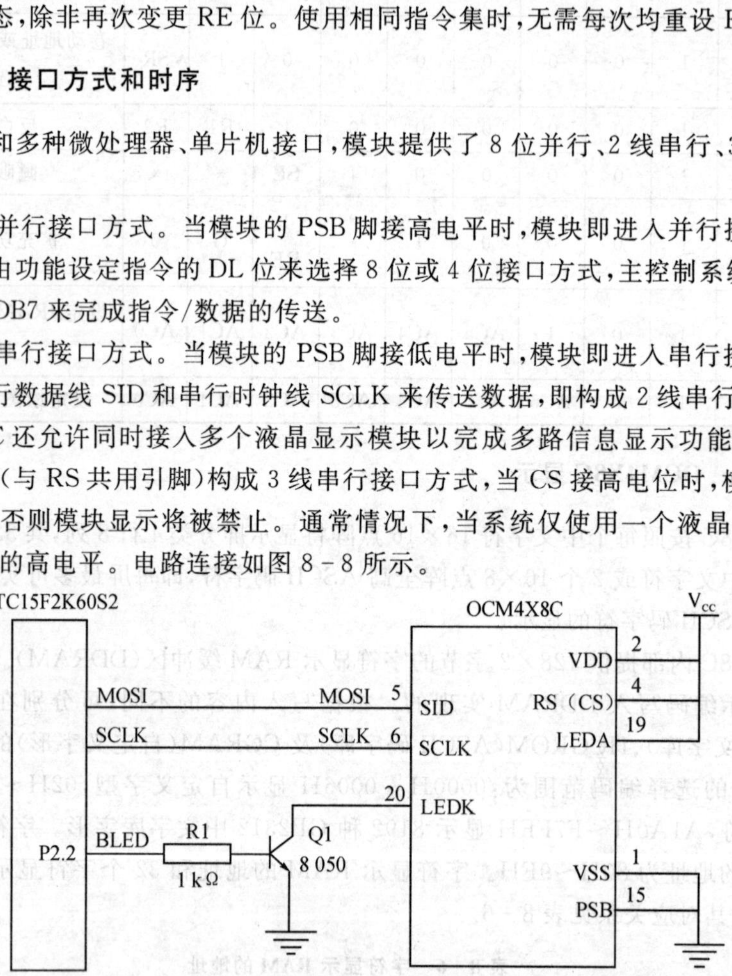

图 8-8　OCM4X8C 液晶模块与单片机的连接电路图

例 8-3：电路如图 8-8 所示。编程实现 OCM4X8C 液晶屏第一行显示字符串“单片机”和单个字符“0”、“1”。

解：本程序设计采用单片机通过 SPI 接口连接 LCD 显示模块的电路连接和程序编写方法。源程序如下：

```
$INCLUDE  (STC12.INC)
      BLED      EQU    P2^2
      ORG       0000H
      LJMP      MAIN
      ORG       0100H
```

```
MAIN:
        MOV     SP,#0E0H
        LCALL   SPI_INIT
        LCALL   LCD_INIT
        LCALL   SENT_POSTITION
        LCALL   DATA_WRITE
        SJMP    $
SPI_INIT:
        MOV     SPCTL,#0D3H        ;SPI 使能,主机模式,/SS 无关,先发高(很重要)
        MOV     SPSTAT,#0C0H       ;清传输完成标志和写冲突标志
        RET
DELAY:
        MOV     R6,#010H
DELAY1:
        MOV     R7,#0FFH
        DJNZ    R7,$
        DJNZ    R6,DELAY1
        RET
SENDSPI:
;spidata—R3
;read—R4
;dat—R5
        MOV     A,R5
        RL      A
        ORL     A,R4
        ORL     A,#0F8H
        MOV     R1,A
        MOV     SPDAT,R1           ;开始传输命令,等待命令传输完
SPI_WAIT1:
        MOV     A,SPSTAT
        ANL     A,#80H
        JZ      SPI_WAIT1
        MOV     SPSTAT,#0C0H       ;起始命令传输完毕,清 SPIF
        MOV     A,R3               ;开始传高四位
        ANL     A,#0F0H
        MOV     R1,A
        MOV     SPDAT,R1           ;真正开始传高四位
SPI_WAIT2:
        MOV     A,SPSTAT
        ANL     A,#80H
```

```
        JZ      SPI_WAIT2
        MOV     SPSTAT,#0C0H       ;高四位传输完毕,清 SPIF
        MOV     A,R3               ;开始传低四位
        SWAP    A
        ANL     A,#0F0H
        MOV     R1,A
        MOV     SPDAT,R1
SPI_WAIT3:
        MOV     A,SPSTAT
        ANL     A,#80H
        JZ      SPI_WAIT3
        MOV     SPSTAT,#0C0H       ;低四位传输完毕,清 SPIF
        RET
LCD_INIT:
        MOV     R3,#30H
        MOV     R4,#0
        MOV     R5,#0
        LCALL   SENDSPI
        MOV     R3,#01H
        MOV     R4,#0
        MOV     R5,#0
        LCALL   SENDSPI
        LCALL   DELAY
        MOV     R3,#0eH
        MOV     R4,#0
        MOV     R5,#0
        LCALL   SENDSPI
        MOV     R3,#06H
        MOV     R4,#0
        MOV     R5,#0
        LCALL   SENDSPI
        RET
SENT_POSTITION:                    ;char position—R1
        MOV     R3,#82H
        MOV     R4,#0
        MOV     R5,#0
        LCALL   SENDSPI
        RET
DATA_WRITE:;DATA1—R3,DATA2—R2
        MOV     R3,#0b5H           ;显示"单"
```

```
MOV     R4,#0
MOV     R5,#1
LCALL   SENDSPI
MOV     R3,#0a5H
MOV     R4,#0
MOV     R5,#1
LCALL   SENDSPI
MOV     R3,#0c6H          ;显示"片"
MOV     R4,#0
MOV     R5,#1
LCALL   SENDSPI
MOV     R3,#0acH
MOV     R4,#0
MOV     R5,#1
LCALL   SENDSPI
MOV     R3,#0bbH          ;显示"机"
MOV     R4,#0
MOV     R5,#1
LCALL   SENDSPI
MOV     R3,#0faH
MOV     R4,#0
MOV     R5,#1
LCALL   SENDSPI
MOV     R3,#30H           ;0 的 ASCII 码值
MOV     R4,#0
MOV     R5,#1
LCALL   SENDSPI
MOV     R3,#31H           ;1 的 ASCII 码值
MOV     R4,#0
MOV     R5,#1
LCALL   SENDSPI
RET
END
```

8.2 键盘及其接口电路

键盘用于实现单片机应用系统中的数据和控制命令的输入。键盘分为编码键盘和非编码键盘。其中,编码键盘由专门的硬件电路来识别,它产生相应的编码送往 CPU。虽然编

码键盘使用方便，但硬件开销较大，在单片机系统中一般不采用；另一种非编码键盘，结构简单，价格低廉，使用灵活，需要编写相应的键盘识别程序，在单片机设计中普遍采用。

键盘由按键组成，按键就是一个简单的按钮。当键按下时，按钮的触点闭合；当键松开时，按钮的触点断开。由于机械触点的弹性以及电压的突变等原因，在触点闭合与断开的瞬间会出现电压抖动过程，如图 8-9 所示。抖动时间由按键的机械特性决定，一般为 5～10ms。

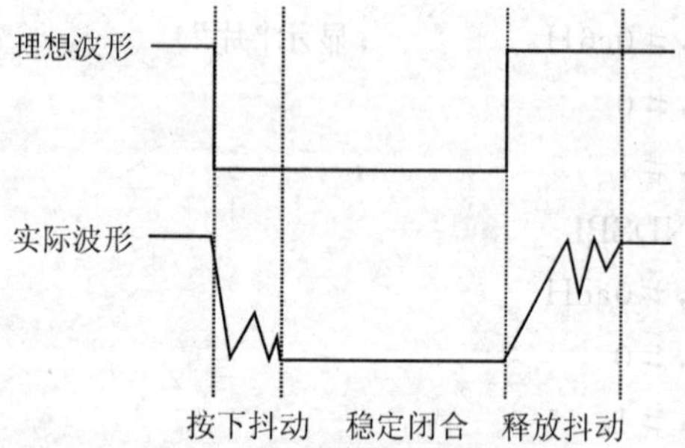

图 8-9　键按下和释放时的电压抖动示意图

为保证按键识别的正确性，在电压抖动的情况下不能进行键盘状态的读取。按键抖动的存在经常导致一次按键的多次处理问题。为此，需要进行去抖处理，在键的稳定闭合和断开期间读取键盘状态。去除抖动有硬件和软件两种方法。

硬件方法是在按键输入电路中加入去抖电路，从根本上避免抖动的产生，常见的电路有 RS 触发器消抖电路、滤波消抖电路等。由于硬件消抖需要添加额外的电路，增加成本，如果按键较多时，硬件消抖电路将使得电路变得复杂，因此常用软件方法进行消抖。软件方法是采用时间延时(10ms)，避开抖动。去抖过程是：当第一次判断有键按下时，执行一段延时 10ms 的延时子程序，然后再次判断键盘的状态，若仍有键闭合，则确认有键按下，否则认为第一次的判断是按键的抖动，不作处理。

8.2.1　拨码开关键盘

拨码开关是一种常用器件，严格地说，它不属于键盘，但因为常常起到键盘的作用，整理将其归为键盘一类。图 8-10 所示是一个简单的由拨码开关组成的电路。

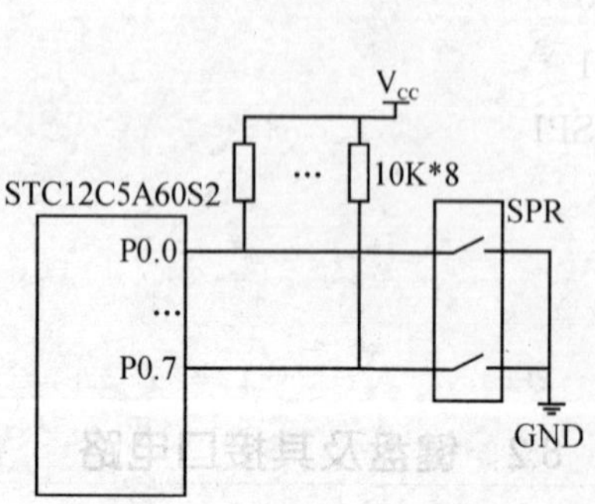

图 8-10　拨码开关电路

当开关断开时，由于各端口经上拉电阻至电源，所以各开关对应的 I/O 口均为高电平；

当某一开关闭合时，则相应的 I/O 口变为低电平。

例 8-4：编程实现拨码开关的识别。实现功能：拨码开关 S0 闭合时，灯 L1 点亮；拨码开关 S0 断开时，灯 L1 熄灭；拨码开关 S1 闭合时，灯 L2 点亮；拨码开关 S1 断开时，灯 L2 熄灭。

解：源程序如下：

```
$INCLUDE  (STC12.INC)
          LED1     EQU P1^0
          LED2     EQU P1^1
          S0       EQU P0^0
          S1       EQU P0^1
          ORG      0000H
          LJMP     MAIN
          ORG      0100H
MAIN:     MOV      SP,#70H
PanDuan1:
          JB       S0,NOT_LED1
          LJMP     Liang1
NOT_LED1:
          SETB     LED1
          LJMP     PanDuan2
Liang1:   CLR      LED1
PanDuan2:
          JB       S1,NOT_LED2
          LJMP     Liang2
NOT_LED2:
          SETB     LED2
          LJMP     PanDuan1
Liang2:   CLR      LED2
          LJMP     PanDuan1
          END
```

8.2.2 独立式键盘

独立式键盘就是各按键相互独立，每个按键独占一个 I/O 口。当任意一个按键被按下时，都会使相应的 I/O 口出现低电平；若没有按键按下，则 I/O 口为高电平。一个按键的开和关影响的是对应 I/O 口的输入电平，而不会对其他 I/O 口电平产生影响。这样，通过检测各I/O口电平的变化，就可以很容易确定是否有键按下，以及是哪个按键按下。因此，按键识别过程是只需不断地查询 I/O 口的高低电平的状态就能判断该 I/O 口所连按键是否按下。

例 8-5：编程实现 4 个独立键盘 S0～S3 的扫描。电路连接如图 8-11 所示。

实验功能：按下 S0 时，灯 L1 点亮；按下 S1 时，灯 L2 点亮；按下 S3 时，灯 L3 点亮；按下 S4 时，灯 L4 点亮。在程序中，注意键盘扫描延时去抖动问题的处理。

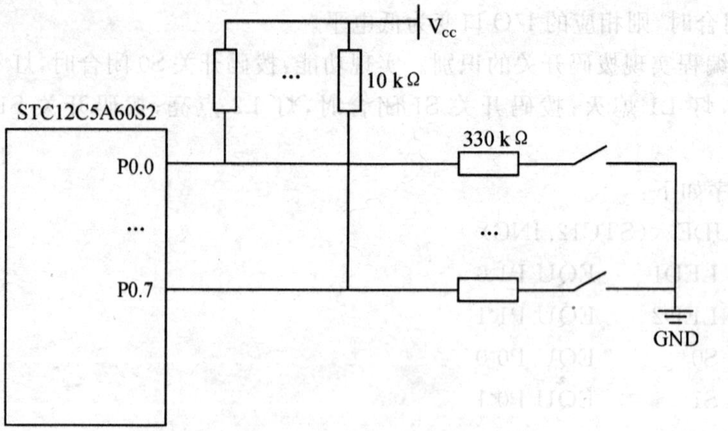

图 8-11 独立式键盘

解:源程序如下:

```
$INCLUDE  (STC12.INC)
          S0       EQU P0^0
          S1       EQU P0^1
          S2       EQU P0^2
          S3       EQU P0^3
          ORG      0000H
          LJMP     MAIN
          ORG      0100H
MAIN:     MOV      SP,#70H
PanDuanS0:
          JNB      S0,QuDou0          ;判断 S0
          LJMP     PanDuanS1
QuDou0:LCALL   DELAY
ZaiPanDuan0:
          JB       S0,NOT_LED0
          LJMP     Liang0
NOT_LED0:
          LCALL    NOT_LED
Liang0:
          MOV      P2,#0FEH
PanDuanS1:
          JNB      S1,QuDou1    ;判断 S1
          LJMP     PanDuanS2
QuDou1:
          LCALL    DELAY
ZaiPanDuan1:
          JB       S1,NOT_LED1
```

```
        LJMP    Liang1
NOT_LED1：
        LCALL   NOT_LED
        LJMP    PanDuanS2
Liang1： MOV    P2,＃0FDH
PanDuanS2：
        JNB     S2,QuDou2        ;判断 S2
        LJMP    PanDuanS3
QuDou2：
        LCALL   DELAY
ZaiPanDuan2：
        JB      S2,NOT_LED2
        LJMP    Liang2
NOT_LED2：
        LCALL   NOT_LED
Liang2： MOV    P2,＃0FBH
PanDuanS3：
        JNB     S3,QuDou3        ;判断 S3
        LJMP    PanDuanS0
QuDou3：LCALL   DELAY
ZaiPanDuan3：
        JB      S3,NOT_LED3
        LJMP    Liang3
NOT_LED3：
        LCALL   NOT_LED
Liang3： MOV    P2,＃0F7H
        LJMP    PanDuanS1
DELAY：MOV      R7,＃150
LOOP： DJNZ     R7,LOOP
        RET
NOT_LED：
        MOV     P2,＃0FFH
        RET
        END
```

独立式键盘电路配置灵活，软件结构简单，但每个按键都占用一个 I/O 口，如果按键数量较多时，I/O 口占用很多，因此只适用于按键数量较少的情况。

8.2.3　矩阵式键盘

当按键数量较多时，可将这些按键按行列构成矩阵，在行列的交叉点上连接一个按键，因此，这类键盘又称为行列式键盘。一个由 n 条行线和 m 条列线组成的矩阵式键盘，可以含

有 $n\times m$ 个按键，需要 I/O 口 $n+m$ 个。

图 8-12 中的键盘为 4×4 矩阵式键盘，接在单片机的 P1 口。通过电路图可知，行线和列线通过上拉电阻接到 +5V，当键盘上没有按键按下时，所有的行线和列线是断开的，都是高电平；当键盘上有按键按下时，该键所连接的行线和列线就连接到了一起，此时，列线的电平状态由按键所连接的行线电平状态决定，即如果改行为低电平，则该列也拉低至低电平。同样的道理，行线的电平状态由按键所连接的列线电平状态决定，即如果改列线为低电平，则该行也拉低至低电平。

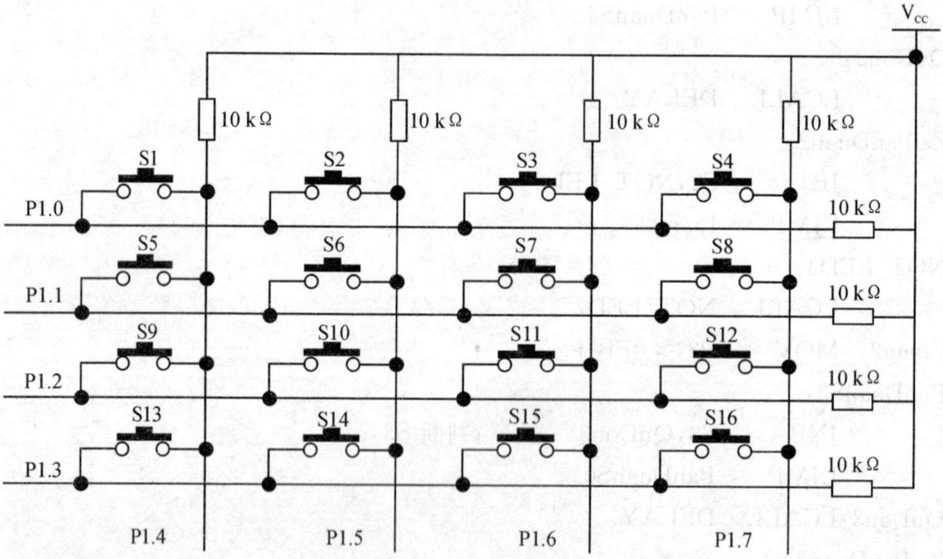

图 8-12 4×4 矩阵式键盘

下面以 4×4 键盘为例，介绍按键的识别过程，一共 5 个步骤。

(1)第一步：判断是否有键按下。

通过单片机将所有行线输出为低电平，然后读入列线的状态，若所有列线均为高电平，说明没有按键按下；若列线状态不全为高电平，则说明有按键按下。

(2)第二步：消抖处理。软件延时 10ms。

(3)第三步：判断是哪个按键按下。按键的识别有行(列)扫描法和行(列)反转法两种。

1)行(列)扫描法。行(列)扫描法数据传输的方向是单向的，可将行作为输出，列作为输入，反之亦可。如将行作为输出，列作为输入，其扫描过程是：依次扫描行线，并检测每一行扫描时列的状态。首先扫描第一行，让第一行输出低电平，其余行输出高电平，读入列线状态，若列线状态不全为高电平，则说明该行有按键按下，再根据读入的列的各引脚电平状态，判断是哪个按键按下；若所有列线状态均为高电平，说明该行上没有按键按下。然后扫描第二行，让第二行输出低电平，其余行输出高电平，读入列线状态，用同样的方法判断该行是否有按键按下。这样直至最后一行被扫描。

通过逐行扫描，识别行、列状态就可以判断出是否有键按下，以及按下的是哪个键。对于 4×4 键盘，其按键扫描后的键值见表 8-7。

2)行(列)反转法。当列数较多时，扫描法效率较低。例如，16 号键按下时，需要经过最后一次扫描才能检测到。为了克服这个不足，可以采用行(列)反转法。行(列)反转法的数据传输是双向的，按键识别过程如下：

首先，行线输出低电平，读入列线状态。当有键按下时，列线至少有一位为低电平，说明该列至少有一个按键闭合，读列线状态。

然后，行线反转。列线输出低电平，读行线状态。当有键按下时，行线至少有一位为低电平，说明该行至少有一个按键闭合，读行线状态。

最后，组合键值。第一步保存的列线状态中的低电平位表示按键所在的列；第二步保存的行状态中的低电平位表示按键所在的行；则行和列组合后就能够得到按键的键值，判断出其所在位置。行(列)反转法对应按键键值见表 8－8。

表 8－7　扫描法对应按键键值

扫描行	输出行线 P1.3～P1.0	读列线 P1.7～P1.4	对应键号	扫描行	输出行线 P1.3～P1.0	读列线 P1.7～P1.4	对应键号
扫描第一行	1110	1110	1 号键	扫描第三行	1011	1110	9 号键
		1101	2 号键			1101	10 号键
		1011	3 号键			1011	11 号键
		0111	4 号键			0111	12 号键
扫描第二行	1101	1110	5 号键	扫描第四行	0111	1110	13 号键
		1101	6 号键			1101	14 号键
		1011	7 号键			1011	15 号键
		0111	8 号键			0111	16 号键

表 8－8　行(列)反转法对应按键键值

按键	行线	列线	获得键值			
第一步	0000	1111	1110 0000			
			1101 0000			
			1011 0000			
			0111 0000			
第二步	1111	0000	0000 1110			
			0000 1101			
			0000 1011			
			0000 0111			
组合键值	(1)1110 1110		(2)1101 1110	(3)1011 1110	(4)0111 1110	
	(5)1110 1101		(6)1101 1101	(7)1011 1101	(8)0111 1101	
	(9)1110 1011		(10)1101 1011	(11)1011 1011	(12)0111 1011	
	(13)1110 0111		(14)1101 0111	(15)1011 0111	(16)0111 0111	

(4)第四步：按键释放。为了确保 CPU 对键的一次闭合仅作一次处理，必须判断按键释放后才能执行相应的按键处理程序，否则会出现按一次键 CPU 多次处理的问题。

(5)第五步：执行按键处理子程序。需要用户编写按键按下后的 CPU 处理程序。单片机对键盘扫描方式有三种：编程扫描、定时扫描和中断扫描。

1)编程扫描方式。编程扫描时利用CPU空闲时间调用键盘扫描子程序,响应键盘的输入请求。这种扫描方法中,CPU的空闲时间必须扫描键盘,否则有键按下时CPU将无法知道,占用CPU的时间,不利于程序的优化。软件设计中,键盘扫描程序在主程序中。

2)定时扫描方式。通常利用单片机内部定时器产生10ms的定时中断,CPU响应中断对键盘进行扫描,影响键盘的输入请求。软件设计中,键盘扫描程序在定时中断程序中。

3)中断扫描方式。将列线通过与门接入单片机的外部中断输入引脚。则当有键按下时,列线中必有一个为低电平,经与门输出低电平,向单片机的/INT0引脚发出中断请求,CPU响应该请求执行中断服务程序,判断闭合的键号并进行响应的处理,这种方法可以大大提高CPU的效率。软件设计中,键盘扫描程序在外部中断程序中。

例8-6:在下面的程序中,完成矩阵键盘扫描。电路如图8-13所示。实现下面的功能:

当S11按下时,点亮LED1;S12按下时,点亮LED1。

当S13按下时,点亮LED3;S14按下时,点亮LED4。

当S15按下时,点亮LED5;S16按下时,点亮LED6。

当S17按下时,点亮LED7;S18按下时,点亮LED8。

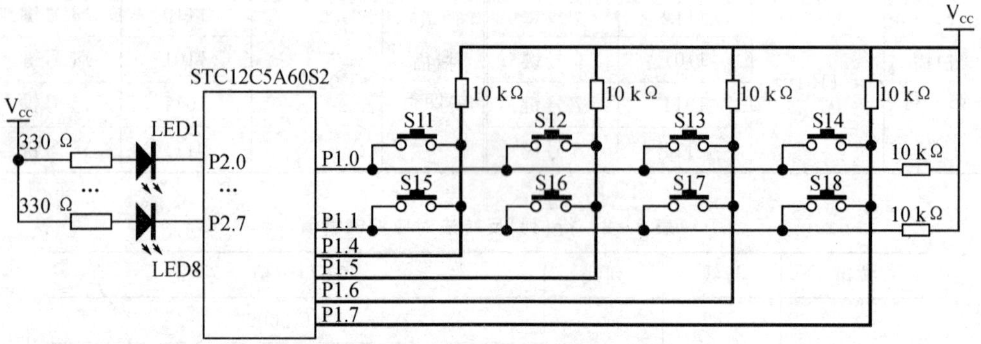

图8-13 例8-6电路图

解:源程序如下:

```
$INCLUDE (STC12.INC)        ;包含STC12C5A60S2单片机寄存器定义文件
        ORG     0000H
        LJMP    MAIN
        ORG     0100H
MAIN:
        MOV     SP,#80H
        MOV     DPTR,#TABLE
LOOP:
        ;判断是否有键按下
        MOV     P1,#0F0H
        MOV     A,P1
        ANL     A,#0F0H
        CJNE    A,#0F0H,NOTF0
        LJMP    LOOP
```

```
NOTF0:
        LCALL   DELAY
        ;再次判断是否有键按下
        MOV     A,P1
        ANL     A,#0F0H
        CJNE    A,#0F0H,NOTF01
        LJMP    LOOP
NOTF01:
        LCALL   DELAY
        MOV     P1,#0FEH            ;扫描第一行
        MOV     A,P1
        ANL     A,#0F0H
        CJNE    A,#0F0H,NOTF02
        LJMP    EQF02
NOTF02:
        CJNE    A,#0E0H,NOTE0
        MOV     A,#0
        MOVC    A,@A+DPTR
        MOV     P0,A
        LJMP    EQF02
NOTE0:
        CJNE    A,#0D0H,NOTD0
        MOV     A,#1
        MOVC    A,@A+DPTR
        MOV     P0,A
        LJMP    EQF02
NOTD0:
        CJNE    A,#0B0H,NOTB0
        MOV     A,#2
        MOVC    A,@A+DPTR
        MOV     P0,A
        LJMP    EQF02
NOTB0:
        CJNE    A,#70H,EQF02
        MOV     A,#3
        MOVC    A,@A+DPTR
        MOV     P0,A
EQF02:
        MOV     P1,#0FDH            ;扫描第二行
        MOV     A,P1
```

```
        ANL     A,#0F0H
        CJNE    A,#0F0H,NOTF03
        LJMP    LOOP
NOTF03:
        CJNE    A,#0E0H,NOTE01
        MOV     A,#4
        MOVC    A,@A+DPTR
        MOV     P0,A
        LJMP    LOOP
NOTE01:
        CJNE    A,#0D0H,NOTD01
        MOV     A,#5
        MOVC    A,@A+DPTR
        MOV     P0,A
        LJMP    LOOP
NOTD01:
        CJNE    A,#0B0H,NOTB01
        MOV     A,#6
        MOVC    A,@A+DPTR
        MOV     P0,A
        LJMP    LOOP
NOTB01:
        CJNE    A,#70H,NOT701
        MOV     A,#7
        MOVC    A,@A+DPTR
        MOV     P0,A
NOT701:
        LJMP    LOOP
;延时子程序
DELAY:MOV       R7,#150
LOOP1: DJNZ     R7,LOOP1
        RET
TABLE:
        DB 0FEH,0FDH,0FBH,0F7H,0EFH,0DFH,0BFH,7FH   ;8 种灯显示
方式
        END
```

习　题

1. LED 数码管显示器静态显示方式和动态显示方式各有什么优、缺点?

2. 键盘为什么需要消抖处理?

3. 独立式键盘和矩阵式键盘分别用于什么场合?

4. 编写独立式键盘定时中断扫描程序。

5. 编程实现数字钟设计。实现功能:24 进制数字钟走时,小时、分钟可调。

第 9 章　单片机应用系统设计实例

9.1　单片机系统设计流程

9.1.1　确定技术指标

单片机应用系统的设计是从确定目标任务开始的，在着手进行系统设计之前，必须根据系统的应用场合、工作环境、具体用途提出合理的、详尽的功能技术指标和方案，这是系统设计的依据和出发点，也是决定系统成败的关键，因此必须认真做好这个工作。

在制定方案时，应对产品的可靠性、通用性、可维护性、先进性及成本等进行综合考虑，查阅国内外同类产品的有关资料，使确定的技术指标合理而且符合相关标准。技术指标在设计的过程中还要做适当的调整。具体要求如下：

(1)了解用户的需求，确定设计规模和总体框架。

(2)摸清软、硬件技术难度，明确技术主攻问题。

(3)针对主攻问题展开调研工作，查找中外有关资料，确定初步方案。

(4)单片机应用开发技术是软、硬件结合的技术，方案设计要求权衡任务的软、硬件分工。

(5)尽量采纳可借鉴的成熟技术，减少重复劳动。

9.1.2　可行性分析

可行性分析主要是分析整个设计任务的可能性。一般来说，可以通过两种途径进行可行性分析。首先，调研该单片机应用系统或类似设计是否有人做过。如果能找到类似的参考设计，便可以分析其设计思路，并借鉴其主要的硬件及软件设计方案。这样可以在很大限度上减少工作量及自己摸索的时间。如果没有，则需要自己进行整个应用系统的设计；然后，根据现有的硬件及软件条件、自己所掌握的知识等来决定该单片机应用系统是否可行。

9.1.3　系统方案设计

在完成可行性分析并确认方案可行后，便进入系统整体方案设计阶段。这里，主要结合国内外相关产品的技术参数和功能特性、本系统的应用要求及现有条件，来决定本设计所要实现的功能和技术指标。接着，制定合理的计划，编写设计任务书，从而完成该单片机应用系统的总体方案设计。

9.2　单片机系统硬件设计

9.2.1　单片机选型

在单片机应用系统开发中，单片机是整个设计的核心，设计者需要为单片机选择合适的外部器件，同时还需要设计整个控制软件，因此选择合适的单片机型号很重要。目前，市场上的单片机种类繁多，在进行正式的单片机应用系统开发之前，需要根据不同单片机的特性，从中做出合理的选择。

在单片机选型时，主要注意以下几点：

(1)仔细调查市场，尽量选用主流的、货源充足的单片机型号，这些器件使用的比较广泛，有许多设计资料供学习或参考。

(2)尽量选择所需的硬件资源集成在单片机内部的型号，例如 ADC，DAC，IIC，SPI 和 USB 等，这样便于整个控制系统的软件管理，减少外部硬件的投入，缩小整体电路板的面积，从而减少总体投资等。

(3)对于手持式设备、移动设备或者其他需要低功耗的设备，尽量选择低电压、低功耗的单片机型号，这样可以减少能量的消耗，延长设备的使用寿命。

(4)在资金等条件允许的情况下，尽量选择功能丰富、扩展能力强的单片机，这样便于以后的功能升级和扩展。

(5)对于体积有限制的产品，尽量选择贴片封装的单片机型号，这样可以减少电路板面积，从而降低硬件成本，同时也有助于电磁兼容设计。

9.2.2　硬件资源分配

9.2.2.1　I/O 口分配

I/O 口是单片机与外围设备进行信息交流的唯一通道，I/O 口的多少决定了单片机能够驱动多少外围设备。STC 系列 8051 单片机最多有 6 组 I/O 口，分别为 P0、P1、P2、P3、P4、P5，最多共 44 个，所有 I/O 口均可由软件配置成 4 种工作类型之一。4 种类型分别为准双向口/弱上拉(标准 8051 输出方式)、强推挽输出/强上拉、仅为输入(高阻)或开漏输出功能。每个 I/O 由 2 个控制寄存器中的相应位控制每个引脚的工作类型。单片机复位后为准双向口/弱上拉(传统 8051 I/O 口)模式。2V 以上时为高电平，0.8V 以下时为低电平。每个 I/O 口驱动能力均可达到 20mA，但整个芯片最大不得超过 120mA。

9.2.2.2　定时器分配

STC 系列 8051 单片机最多有 4 个定时器，其中定时器 0 和定时器 1 是两个 16 位定时器，与传统的 8051 完全兼容，也可以设置为 1T 模式。另外 STC 系列单片机还有 2 路 PCA/

PWM,可以再实现 2 个 16 位定时器。定时器 0 和定时器 1 都具有计数方式和定时方式两种工作方式。定时/计数器 0 有 4 种工作方式:模式 0(13 位定时/计数器)、模式 1(16 位定时/计数器)、模式 2(8 位自动重装模式),模式 3(两个 8 位定时/计数器)。定时/计数器 1 除模式 3 外,其他工作模式与定时/计数器 0 相同,T1 在模式 3 时无效,停止计数。在实际应用系统中,必须根据具体情况选择,如按定时精度、待测量输入信号性质、输出信号特征等从简单到复杂依次分配。

9.2.2.3 中断分配

中断系统是为使 CPU 具有对外界紧急事件的处理能力而设置的。当中央处理器 CPU 正在处理某件事的时候外界发生了紧急事件请求,要求 CPU 暂停当前的工作,转而去处理这个紧急事件,处理完以后,再回到原来被中断的地方,继续原来的工作,这样的过程称为中断。STC 系列单片机提供了 10 个中断请求源,它们分别是外部中断 0、定时器 0 中断、外部中断 1、定时器 1 中断、串口 1 中断、A/D 转换中断、低压检测中断、PCA 中断、串口 2 中断以及 SPI 中断。所有的中断都具有 4 个中断优先级。通过设置新增加的特殊功能寄存器 IPH 或 IP2H 中相应的位,可以将中断优先级设为四级,如果只设置 IP 或 IP2,那么中断优先级就只有两级,与传统的 8051 单片机两级中断完全兼容。由于 8051 单片机的可触发中断的 I/O 口数量比较少,在进行单片机系统设计的时候,优先考虑那些必须的中断口的连接方式。

9.2.2.4 外设资源分配

外设接口一般是在单片机内部集成的一些硬件外设驱动器映射到单片机 I/O 口上的复用功能的接口,比较常见的像 SPI、SCI、IIC、IIS、CAN、PPI 等。外设接口的驱动时序一般由单片机内部的硬件模块产生,CPU 只需向硬件模块发出指令即可,而在硬件模块与外设进行通信的过程中不需要 CPU 的参与,这样单片机可以有更多时间来处理其他事务。传统的 8051 单片机外设接口只有一个串口和一个 8080 并口,其他与外设通信的协议都需要用软件来模拟,大大降低了 CPU 的使用效率。STC 系列 8051 单片机相比于传统的 8051 单片机做了很大的改进,例如增加了一个额外的串口,A/D 转换、PCA/PWM、SPI、EEPROM 等。合理地使用这些硬件外设资源可以显著地提高单片机系统的整体性能,例如 Flash 存储器、SD 卡、串行 A/D、D/A 等外设一般都是 SPI 接口,将其接在单片机的硬件 SPI 接口上,不仅可以提高与外设的通信速度,而且还极大地简化了软件的工作量。因为这样 CPU 与外设通信只需要写入或读出一些指定寄存器的值即可完成通信,具体的通信协议不用 CPU 参与,这样 CPU 可以有更多时间去完成其他复杂的运算。使用硬件外设接口虽然降低了单片机 I/O 口的使用灵活性,但随着单片机 I/O 口映射功能的提高,硬件外设接口的使用也变得十分灵活,并且使用硬件外设接口并没有丧失使用软件模拟通信协议的功能,因此合理分配外设资源对单片机的系统设计十分关键。

9.2.3 原理图及 PCB 设计

9.2.3.1 原理图设计

原理图的设计流程分为器件选型、原理封装设计、原理设计、PCB 封装指定。

(1)器件选型：

在进行器件选型时，应依据以下原则选定器件：

①功能适合性：既保证冗余性，又不会造成大的浪费。例如电源芯片(峰值的 30%余量)和 FPGA/CPLD 芯片等(考虑芯片资源、器件功率、电容耐压值)。

②开发延续性：对于同一功能的器件，采用原有设计的升级芯片。选型芯片，考虑技术支持和驱动程序设计。

③焊接可靠性：器件封装不能影响焊接、调试和维修，接插件的选择要保证接口可靠、安装方便。

④布线方便性：封装的选择决定着器件的布局和布线方式。

⑤器件通用性：可替换种类越多越好，避免停产等。尽量选用公司内部常用的器件。

⑥采购便捷性：器件用量大，采购周期短。

⑦性价比的考虑。

(2)原理图封装设计：

①管脚指定：进行新封装设计时，必须把管脚归类放置，电源放在顶部，地放置在底部，输入放在左边，输出放置在右边。同一接口的各个管脚要放在一起，方便绘图和检查。如单片机的 PA 口、PB 口，PCI 总线，RAM 接口等。(常用芯片调用公司内部的标准库)

②管脚命名：对于低有效的管脚命名应该使用“\”，如：“R\S\T\”表现为 RST1。对于总线管脚，直接命名为 XX_AD0、XX_AD1，依此类推。不使用隐藏管脚功能。

③封装设计：原理封装应该保持器件尺寸的合理性，便于原理图设计。管脚过多的芯片，应按照功能模块分成若干部分进行设计。

④PCB 封装：PCB 封装必须根据原理图封装及器件手册具体尺寸设计；命名最好以 datasheet 规定的标准来命名。

⑤器件属性：芯片型号的尾缀必须写全，对于阻容器件需要标明耐压值、精度等

(3)原理设计：

①功能模块的划分：在确定方案后，首先划分功能模块。相同模块放置在同一页内，页面大小最好不要超过 A4(最大为 A3)型。各功能块布局要合理，页面布局均衡，避免有些地方很挤，而有些地方很松。同一页面有两个以上模块时，应用虚线框区分。

②信息标注：对于跳线开关或跳线电阻等，必须进行文本功能原理标识。对于接口，应该提供接口信号定义说明。对于上下拉电阻选择不同功能时，应该提供功能说明，例如 IIC 地址的选择，应该提供选择后的 IIC 地址。

③符号的使用：数字地使用 DGND 网络名，并使用 ▽ 符号表示，其他数字地网络如均使用此符号。模拟地使用 AGND 网络名，并使用 ≑ 符号表示，其他模拟地网络均使用此符号。机壳地使用 EARTH 网络名，并使用 ⏚ 符号表示。

数字电源必须以 V_{CC} 开始，使用 ⊤ 符号表示。例如 VCC_3V3、VCC_5V 等。模拟电源必须以 VA 开始，并使用 △ 符号表示，例如 VA_5V 等。分页设计时，使用 —« 表示输入管脚、—» 表示输出管脚、—«» 表示双向管脚。

④命名规则：在分页设计时，网络的输入输出标识名优先网络名，因此最好保持输入输出标识名与网络名一致。网络名、命名以字母、数字和下划线命名。关键信号必须增加网络名，最好指定每一条信号线的网络名以便于布线。网络名以信号源端为命名标准。

器件名应如下：芯片 U；电阻 R；电容 C；过孔接插件 JP；表贴接插件 JS；有源时钟 OSC；

无源时钟 CRY;测试点 TP;电感 L;二极管、LED D;其他根据实际情况选择第一个英文首字母。

IC 类器件,如果需要增加插座,应在标准名称后增加“Socket”标识,方便工艺人员进行整理。

(4)PCB 封装指定:必须为每个器件指定封装。对于同一封装器件进行器件区分。例如0805,使用 R0805,C0805,D0805 来区别电阻、电容和二极管。相应的库最好是 R0805 使用全包围矩形,C0805 使用椭圆短边,D0805 使用一边粗线,三边细线的封装,便于检查。

9.2.3.2 PCB 设计

(1)PCB 的基本工艺参数:

①PCB 板材:PCB 设计常用的板材为 FR-4 基本,该板材为环氧玻璃布层压板,含阻燃剂,具有良好的电性能和加工性能,适用于多层板,广泛应用于电子工业,具有较高的性能价格比。

②PCB 厚度:PCB 厚度指的是其标称厚度(即绝缘层加铜箔的厚度)。推荐采用的 PCB 厚度:0.5mm,0.7mm,0.8mm,1mm,1.5mm,1.6mm,1.8mm,2mm,2.2mm,2.3mm,2.4mm,2.45mm,2.8mm,3.0mm,3.2mm,4.0mm,4.5mm,5.0mm,5.9mm,6.4mm,7.0mm。0.7mm 和 1.5mm 板厚的 PCB 用于带金手指双面板的设计。PCB 厚度的选取应该根据板尺寸大小和所安装元件的质量选取。其中 1.8mm,3.0mm 为非标准尺寸,尽可能少用。

③铜箔厚度:PCB 铜箔厚度指成品厚度,图纸上应该明确标注为成品厚度(Finished Conductor Thickness)。工艺上要注意的是铜箔厚度要与设计的线宽/线距相匹配。

(2)PCB 设计需要考虑的问题:PCB 的工艺设计非常重要,它关系到所设计的 PCB 能否高效率、低成本地制造出来。新一代的 SMT 装联工艺,由于其复杂性,要求设计者从一开始就必须考虑制造的问题。因为一旦设计完成后再进行修改势必延长转产时间、增加开发成本。即使改 SMT 元件一个焊盘的位置也要进行重新布线、重新制作 PCB 加工菲林和焊膏印刷钢板,硬成本至少要两万元以上。对模拟电路就更加困难,甚至要重新进行设计、调试。但是,如果不进行修改,批量生产造成的损失就会更大,所付出的代价将是前一阶段修改成本的数十倍以上。因此,设计者必须从设计工作开始起就重视工艺问题,问题越早解决越有利。

工艺性设计要考虑:

①自动化生产所需的传送边、定位孔、光学定位符号;

②与生产效率有关的拼板;

③与焊接合格率有关的元件封装选型、基板材质选择、组装方式、元件布局、焊盘设计、阻焊层设计;

④与检查、维修、测试有关的元件间距、测试焊盘设计;

⑤与 PCB 制造有关的导通孔和元件孔径设计、焊盘环宽设计、隔离环宽设计、线宽和线距设计;

⑥与装配、调试、接线有关的丝印或腐蚀字符;

⑦与压接、焊接、螺装、铆接工艺有关的孔径、安装空间;

⑧与热设计、EMC 等可靠性设计有关的焊盘、导线要求。

9.3　单片机系统软件设计

单片机应用系统的开发，除了必须注意硬件电路的正确设计与连接外，更重要的工作是系统软件设计。

9.3.1　系统资源

在单片机应用系统的开发中，软件的设计是最复杂和困难的，大部分情况下工作量都较大，特别是对那些控制系统比较复杂的情况。在考虑一个应用工程项目时就需先分析该系统完成的任务，明确软硬件承担哪些工作，有时，实际上这种情况很多，就是一些任务可用软件完成，也可以用硬件构成，还需考虑采用软件或硬件的优势，一般均以最优的方案为首选。像定义各输入/输出(I/O)的功能、数据的传输交换形式、与外部设备接口及它们的地址分配、程序存储器和数据存储器的使用区域、主程序子程序使用的空间、显示(如有的话)等数据暂存区的选择、堆栈区的开辟等等因素。

9.3.2　程序结构

一个优秀的单片机程序设计人员，设计的软件程序结构是合理、紧凑和高效的。同一种任务，有时用主程序完成是合理的，但有时需子程序执行效率最高，占用CPU资源最少。一些要求不高的中断任务或单片机的速度足够高，可以使用程序扫描查询，也可以用中断申请执行，这也要具体的问题具体分析。对于多中断系统，当它们存在矛盾时，需区分轻重缓急，分主要和次要的区别对待。并适当地授予不同的中断优先级别。

对于复杂的多任务实时控制系统，要处理的数据非常庞大，同时又要求对多个控制对象进行实时控制，要求对各控制对象的实时数据进行快速地处理和响应，这对系统的实时性、“并行性”提出了更高的要求。这种情况下一般要求采用实时任务操作系统，并要求这个系统具备优良的实时控制能力。

9.3.3　数学模型

一个控制系统的研制，明确了它们需完成的任务，那么摆在设计人员面前的就是一堆需要协调解决的问题了，这要求设计人员必须进一步分析各输入输出变量的数学关系，也即建立数学模型，这个步骤对一般较复杂的控制系统是必不可少的，而且不同的控制系统，它们的数学模型也不尽相同。

在很多控制系统中都需要对外部的数据进行采集取样、处理加工、补偿校正和控制输出。外部数据可能是数字量也可能是模拟量，对于模拟量的输入，则通过传感器件进行采样，由单片机进行分析处理后输出，输出的方式很多，可以显示、打印或终端控制，从模拟量的采样到输出的诸多环节，这些信号都可能会“失真”——即产生非线性误差，这些都需要单片机进行补偿、校正和预加重，才能保证输出量达到所要求的误差范围。

9.3.4　程序流程

较复杂的控制系统一般都需要绘制一份程序流程图，可以这样说，它是程序编制的纲领性文件,可以有效地指导程序的编写。当然,程序设计伊始,流程图不可能尽善尽美,在编制过程中仍需进行修改和完善,认真地绘制程序流程图,可以起到事半功倍的效果。

流程图就是根据系统功能的要求及操作过程,列出主要的各功能模块,复杂程序流向多变时,需要在初始化时设置各种标志,程序根据这些标志控制程序的流向。当系统中各功能模块的状态改变时,只须修改相应的标志即可,无须具体地管理状态变化对其他模块的影响,这些需要在绘制流程图时,清晰地标识出程序流程中各个标志的功能。

9.3.5 编制程序

上述的工作做好了,就可以开始编制程序了,程序编写时,首先需对用到的参数进行定义,和标号的定义一样,使用的字符必须易于理解,可以使用英文单词和汉语拼音的缩写形式,这对今后自己的辨读和排错都是有好处的。然后初始化各个特殊功能寄存器的状态,中断口的地址区定义,数据存储区的安排,根据系统的具体情况,估算中断、子程序的使用情况,预留出堆栈区,和需要的数据缓存区,接下来就开始编写程序了。

现在的单片机程序还是以汇编语言为主,因为它简洁、直观、紧凑,设计人员乐于接受。高级语言(如 C 语言)也在单片机设计中发挥越来越重要的角色,性能也越来越好,但不管是使用何种语言,最终还是需要汇编成机器语言,调试正常后,通过烧录器固化到单片机或 ROM 中。至此,程序编写即告完成。

9.4 单片机系统调试

9.4.1 硬件调试

在单片机开发过程中,硬件的调试是基础,如果硬件调试不通过,软件设计则无从做起。下面讨论硬件调试的技巧。

9.4.1.1 排除逻辑故障

这类故障往往是由于设计和加工制板过程中工艺性错误所造成的。主要包括错线、开路、短路。排除的方法是首先将加工的印制板认真对照原理图,看两者是否一致。应特别注意电源系统检查,以防止电源短路和极性错误,并重点检查系统总线(地址总线、数据总线和控制总线)是否存在相互之间短路或与其他信号线路短路。必要时利用数字万用表的短路测试功能,可以缩短排错时间。

9.4.1.2 调试供电系统

在焊接 PCB 时,先将供电系统焊接好,焊好之后再通电测试电源是否正常。在通电前,一定要检查电源电压的幅值和极性,否则很容易损坏电源芯片。加电后检查各元件上引脚的电位,一般先检查 V_{CC} 与 GND 之间电位是否正常。没有问题再测试一下电源模块的输出是否正常,正常则可以继续焊接其他元件。建议不要一开始就把所有的元件都焊上去,那样如果电源部分不正常时尤其是输出电压过高的情况下会烧坏其他的元件。

9.4.1.3 排除元器件失效

造成这类错误的原因有两个:一个是元器件买来时就已坏了;另一个是由于安装错误,

造成器件烧坏。可以采取检查元器件与设计要求的型号、规格和安装是否一致。在保证安装无误后，用替换方法排除错误。

9.4.1.4　检查单片机调试下载电路

以上问题检查之后，剩下的硬件调试工作就是检查单片机的调试下载电路，这部分主要检查调试电路的接口是否正确，有没有接反等。不同的单片机调试接口类型也不一样，有些单片机调试接口只需要 2～3 条线，有的需要多达 20 条线。如 STC 系列 51 单片机内置 Boot loader，可以通过串口来下载程序，首先要注意的是串口的两条线不要接反了，其次就是检查电平转换部分是否正常工作，以电平转换芯片的输出电压作为判断依据。

当以上基本的硬件问题都排除后，还不能说明整个硬件已经没有问题了，但是现在可以对单片机系统下载程序进行软件调试了。有些不方便检查的硬件问题可以结合软件调试来检查，当整个硬件系统都调通后可以将重点放在软件调试部分。

9.4.2　软件调试

单片机应用系统的软件调试是系统开发的重要环节，在单片机软件开发过程中，软件调试是单片机技术人员必须掌握的重要基本技能。以下介绍几种常用的调试方法。

9.4.2.1　Keil 仿真调试

Keil 除了集成了业内最领先的技术，基本支持所有处理器的开发，另外还具备强大的设备模拟功能。通过软件仿真，我们可以发现很多将要出现的问题，避免了下载到单片机里面才来检查这些错误，这样最大的好处是能很方便地检查程序存在的问题，因为在 Keil 的仿真里面，你可以查到很多硬件相关的寄存器，通过观察这些寄存器，你可以知道代码是不是真的有效。另外一个优点是不必频繁地刷机，从而延长了单片机的 FLASH 的寿命。

9.4.2.2　Protues 仿真

Protues 软件是英国 Labcenter electronics 公司出版的 EDA 工具软件。它不仅具有其他 EDA 工具软件的仿真功能，还能仿真单片机及外围器件。它是目前最好的仿真单片机及外围器件的工具。虽然目前国内推广刚起步，但已受到单片机爱好者、从事单片机教学的教师、致力于单片机开发应用的科技工作者的青睐。Proteus 是世界上著名的 EDA 工具(仿真软件)，从原理图布图、代码调试到单片机与外围电路协同仿真，一键切换到 PCB 设计，真正实现了从概念到产品的完整设计。迄今为止是世界上唯一将电路仿真软件、PCB 设计软件和虚拟模型仿真软件三合一的设计平台，其处理器模型支持 8051、HC11、PIC10/12/16/18/24/30/DsPIC33、AVR、ARM、8086 和 MSP430 等，2010 年增加了 Cortex 和 DSP 系列处理器，并持续增加其他系列处理器模型。在编译方面，它也支持 IAR、Keil 和 MATLAB 等多种编译。

9.4.2.3　在线硬件调试

在线调试就是直接将程序下载到目标板上观察结果的一种调试方法。目前 51 单片机除了 51F 系列外都不能通过仿真器连接开发工具进行调试，因此出现了一种内置Bootloader 的使用串口下载程序的调试方法。使用这种调试方法稍微显得麻烦一点，通过串口调试需要断电后重新上电才可以下载程序，主要用于区分串口通信还是下载程序。

9.5 压力测控系统设计

设计一压力测控系统，系统的具体要求如下：

(1)压力检测：检测来自压力传感器输出的电压信号(0～5V)。

(2)工程变换：即将ADC转换结果再转换为压力大小(仅保留整数部分)。

(3)键盘：用于设置压力的报警值和当前时间。

(4)数码LED显示：用于显示压力报警值的上限和下限，并显示当前压力值。压力值在0～100之间。

(5)当前压力值超过报警值时，通过蜂鸣器报警，并控制电机执行相应的动作。压力值低于下限时，合上控制电机正转的继电器，控制电机正转，压力升高，压力值升高到正常范围后，打开正转继电器，电机停转；压力值高于上限时，合上控制电机反转的继电器，控制电机反转，压力值下降到正常范围后，打开反转继电器，电机停转。没有超过报警值时，继电器都打开，电机不转。

(6)上位机监控软件设计：通过计算机显示当前的压力值以及报警值。

9.6 需求分析

需求分析是进行系统设计的基础，主要包括以下几个方面：

9.6.1 单片机选型

STC12C5A60S2单片机片内集成了8通道10位高速模数转换器，并且，具有较多的通用I/O和片上外设(定时器、UART等)。在本系统的设计中，选用STC12C5A60S2作为系统的检测与控制中心。

9.6.2 人机接口的设计选型

系统要求使用键盘设置压力的报警上限值和下限值，使用LED进行显示。在此，使用4个按键作为系统键盘，选用8位LED显示，用以显示压力的报警值(上限、下限)、当前值和当前时间。

传统的键盘和LED显示电路设计，一般采用扫描的方式。即，键盘采用扫描方式，LED显示采用动态扫描方式。键盘和LED设计时，公用其中的某些口线。在本例中，键盘采用扫描方式，而LED采用串行-并行转换芯片74HC595进行显示。

除了LED显示外，常见的信息显示方式还有LCD显示(即液晶显示)。

设计一个运行指示灯以显示系统的工作状态。当系统正常运行时，以一定的频率闪烁。

9.6.3 继电器控制

单片机I/O引脚本身的驱动能力有限，一般情况下，不能使用单片机的I/O引脚直接控制继电器。在常见的控制系统中，往往利用单片机 I/O 引脚加上驱动电路驱动小功率继电器，这个小功率继电器作为中间继电器，再用中间继电器驱动控制大功率继电器。使用中间继电器控制大功率继电器的方法，在一般的电器控制教材上都有详细的介绍，在此从略。连接单片机 I/O 引脚和中间继电器的驱动电路，可以使用现成的集成驱动电路，如 ULN2803，也可以利用分离元件自行设计。为了提高系统的抗干扰能力，在单片机的 I/O 引脚和中间继电器之间最好采用光电隔离技术。由于本系统只需要控制两个继电器，因此，这里的驱动电路使用分离元件进行设计。

9.6.4　上位机监控软件的设计

计算机和单片机的串行通信可以采用 RS-232、RS-422 或 RS-485 总线标准接口。从硬件上讲，计算机的串行口是 RS232 电平的，而单片机的串口是 TTL 电平的。因此，要实现单片机与计算机之间的串行通信，必须通过电路实现 TTL 电平和 232 电平的转换。常用的电平转换集成电路是 MAX232。

从软件的角度讲，要实现上位机监控软件的设计，需要掌握目前流行的基于 Windows 操作系统的软件设计。可以选择较容易上手的 Visual Basic 开发环境，进行监控软件的设计。

9.7　系统硬件设计

根据需求分析，设计系统的硬件电路。

9.7.1　CPU 基本单元电路

CPU 基本单元电路如图 9－1 所示

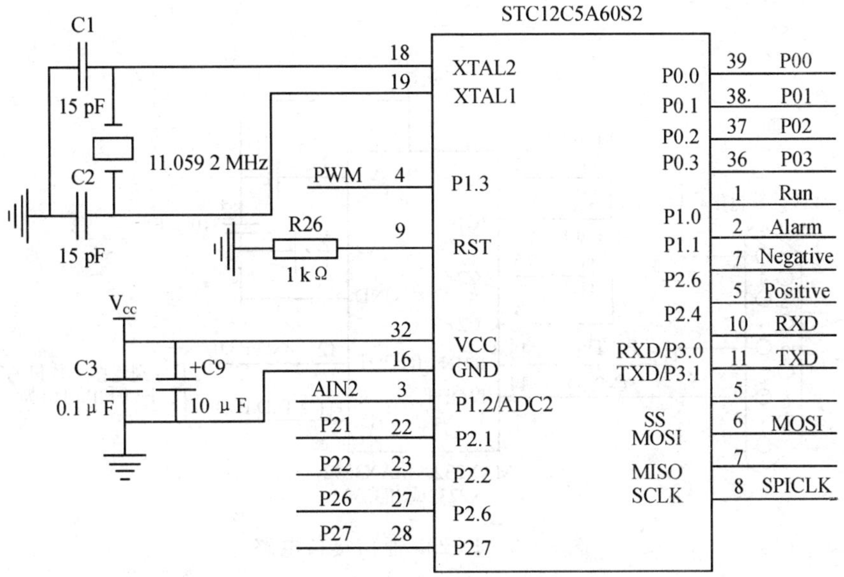

图 9－1　CPU 基本单元电路

其中，C1、C2 起频率微调和稳频的作用；C3、C4 起电源滤波的作用；C5、R3 组成上电复位电路。将压力传感器输出的电压信号直接加到 STC12C5A60S2 的模拟量输入通道 6。通过 UART 口进行程序下载和通信。P2.0 输出运行指示信号。P2.3 输出报警指示信号。P2.5 控制电机的正转。P2.4 控制电机的反转。P1.3 输出报警声音 PWM 控制信号。P2.1、P2.2、P2.6、P2.7、MOSI 和 SPICLK 用于和 74HC595 进行 SPI 通信，以进行数据显示。P2.1 和 P2.2 用于选择 74HC595 进行通信，相当于片选信号，P2.6 和 P2.7 分别用于 2 片 74HC595 的锁存控制信号。

9.7.2 声光报警电路

声光报警部分的电路如图 9－2 所示。

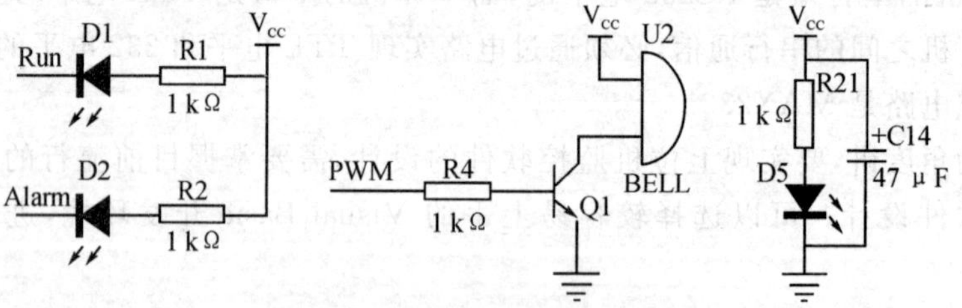

图 9－2 声光报警电路

其中，D1 用于运行状态的指示，可使用绿色发光二极管；D2 用于报警指示，可选用红色间断发光的二极管，R1 和 R2 起限流作用。BELL 是用于报警的蜂鸣器，由 Q1 驱动，使用 PWM 控制。D5 是电源指示，可以选用黄色发光二极管。

9.7.3 RS232 通信接口电路

RS232 通信接口电路如图 9－3 所示。

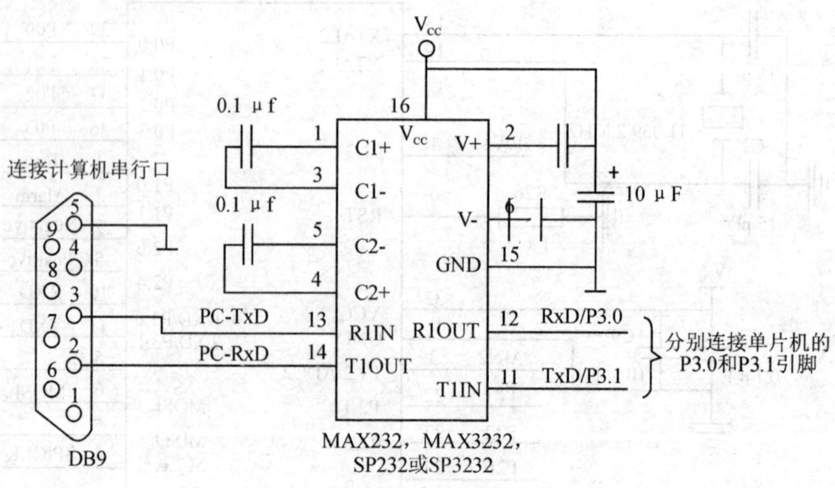

图 9－3 RS232 通信接口电路

9.7.4　继电器控制电路图

继电器控制电路图如图 9-4 所示。其中，U4 和 U5 为光电耦合器，起光电隔离的作用，可以提高系统的可靠性。Positive 和 Negative 分别连接 STC12C5A60S2 单片机的对应网络标号，用于控制正转继电器 RLY1 和反转继电器 RLY2。Q2 和 Q3 起功率放大的作用。D3 和 D4 是续流二极管。

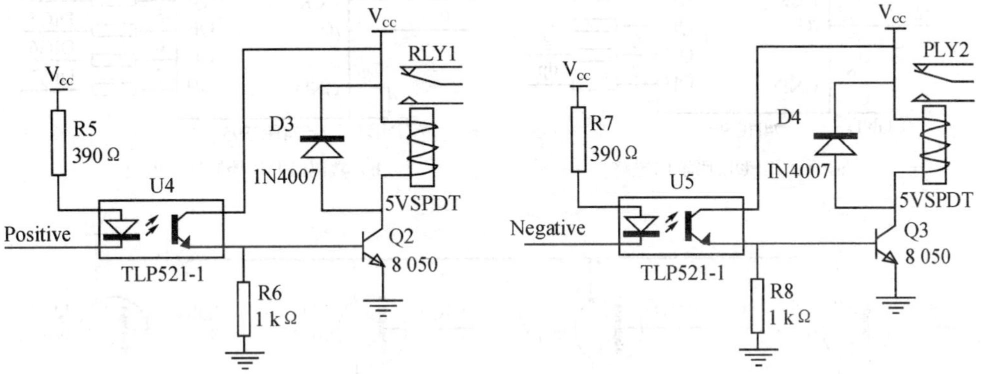

图 9-4　继电器控制电路图

9.7.5　键盘和显示控制电路

LED 显示电路图如图 9-5(a)、图 9-5(b)、图 9-5(c)和图 9-5(d)所示。其中，图 9-5(a)是段码数据输出控制电路，使用 SPI 接口通过 U6(74HC595)送出 LED 显示的段码数据。图 9-5(b)是位输出控制电路，使用 SPI 接口通过 U7(74HC595)送出 LED 显示的位选择控制信号。图 9-5(c)是位输出驱动电路，对 U7(74HC595)送出的位控制信号进行放大。图 9-5(d)是 8 位数码 LED 示意图，采用共阳极 LED 进行显示。

74HC595 是串行-并行转换芯片。下面简单说明其控制端的应用。

/SCLR(10 脚)：低电平时将移位寄存器的数据清零。通常可接 V_{CC}。

SCK(11 脚)：上升沿时数据寄存器的数据移位。QA→QB→QC→…→QH；下降沿移位寄存器数据不变。(脉冲宽度：5V 时，大于几十纳秒即可。)

RCK(12 脚)：上升沿时移位寄存器的数据进入数据存储寄存器，下降沿时存储寄存器数据不变，通常将 RCK 置为低电平。在移位结束后，在 RCK 端产生一个正脉冲(5V 供电时，大于几十纳秒即可)，更新显示数据。

/G(13 脚)：高电平时禁止输出(高阻态)。可以使用单片机的一个引脚控制它，方便地产生闪烁和熄灭效果。

键盘电路如图 9-6 所示。

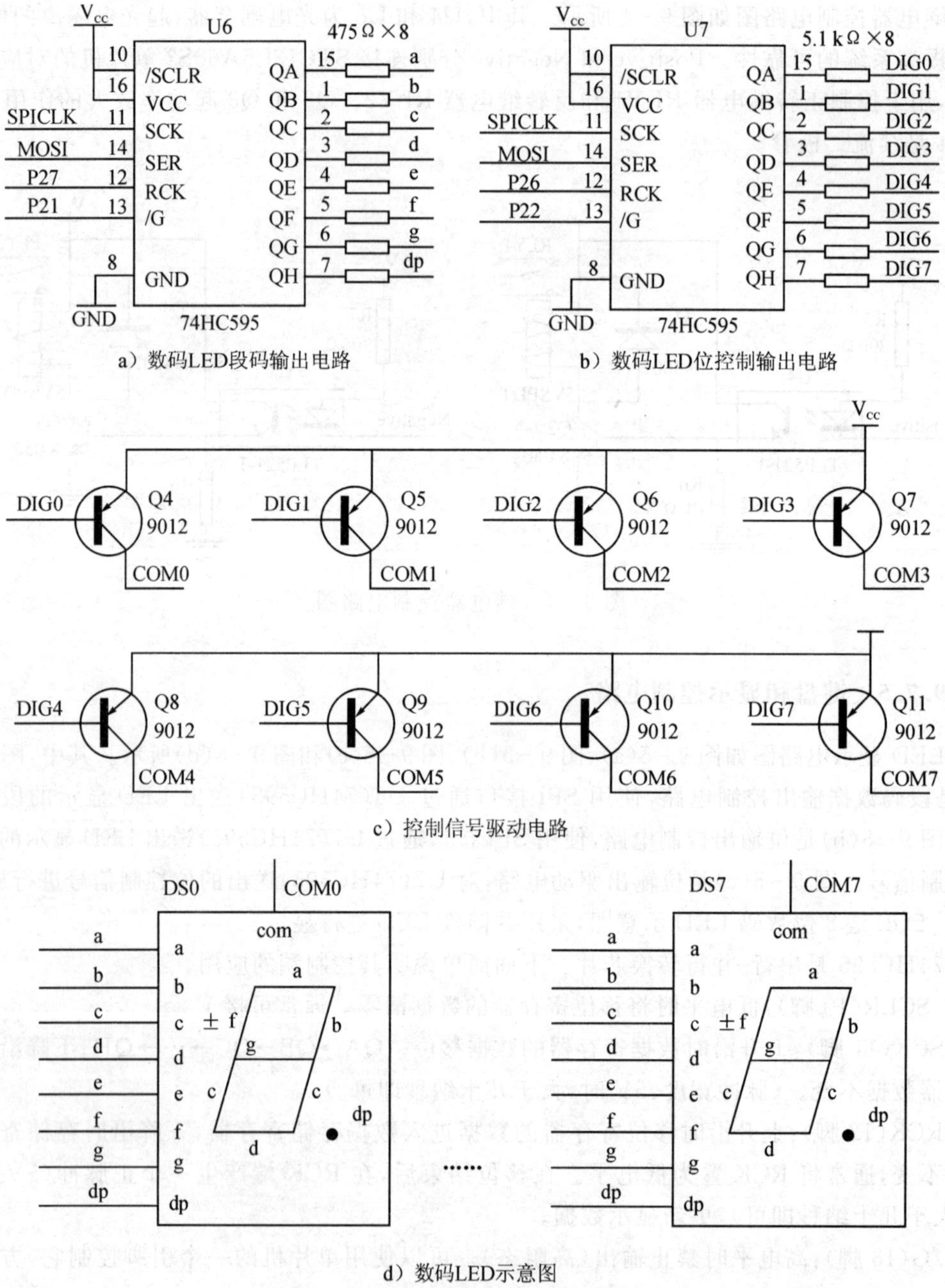

图 9－5　数码 LED 显示控制电路图

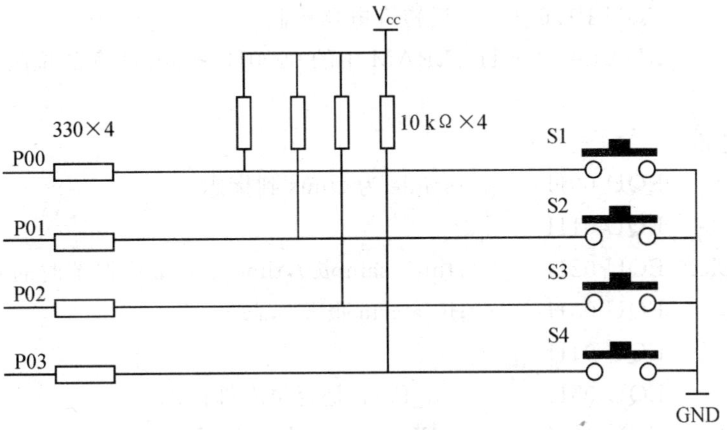

图 9-6 键盘电路图

9.8 系统软件设计

系统采用每 10ms 循环采样的方式采集压力信号(假设采用 8 位转换精度)。使用定时器 0 实现 10ms 的定时。压力大小通过数码管实时显示。报警声音通过 PWM 控制蜂鸣器发出,监测的压力值超过上限时,发出上限报警声音(高音调);监测的压力值低于下限时,发出下限报警声音(低音调)。报警的上下限可通过按键设置。不管发生哪种报警,报警指示灯闪烁(亮 500ms,灭 500ms,通过对定时器 0 的中断计数 50 次实现)。如果没有报警,则不出现报警声音和灯光闪烁信号。系统运行指示灯通过对定时器 0 的中断计数 50 次实现定时输出高低脉冲控制 D1。

汇编语言程序清单如下:

```
$INCLUDE   (STC12.INC)   ;包含 STC12C5A60S2 单片机的寄存器定义头文件
KEY00       EQU P0.0      ;设置键
KEY01       EQU P0.1      ;对应位加 1
KEY02       EQU P0.2      ;对应位减 1
KEY03       EQU P0.3      ;设置完成确认键

S595_P22    EQU P3.6      ;段使能
SEG_P27     EQU P3.7      ;段码 595 的锁存输出
S595_P21    EQU P3.3      ;位使能
BIT_P26     EQU P4.5      ;位码 595 的锁存输出
DISPDELAY   EQU 30        ;显示延时

RunStatus   EQU P2.0      ;正常运行指示
AlarmOUT    EQU P2.3      ;报警显示
RelayP      EQU P1.4      ;正转继电器控制
```

```
RelayN          EQU P1.6        ;反转继电器控制
STATUS          XDATA 0000H ;XRAM 中的 0000H~0007H 存放位闪烁控制编码

;位变量定义
sample          EQU 00H         ;samle 为 10ms 到标志
time_sample0    EQU 01H
time_sample1    EQU 02H         ;time_sample0,time_sample1 调节时的 0.5s 时间标志
is_alarm        EQU 03H         ;is_alarm 报警标志
flash           EQU 04H
bit_flash       EQU 05H         ;bit_flash 是否位闪烁标志
LED_type        EQU 06H         ;LED_type 压力或上下限值显示标志
delay_flag      EQU 07H         ;延时控制标志
isBit           EQU 08H         ;SPI 显示用位控制变量

ms_cnt          EQU 30H
ms_cnt0         EQU 31H         ;定时 1s 与 0.5s 计数值
LED_bit         EQU 32H         ;当前要闪烁与调节的位
key_num         EQU 33H         ;无按键按下标志
adc_res0        EQU 34H
pressure        EQU 35H
HIlimit         EQU 36H
LOWlimit        EQU 37H
low0            EQU 38H
low1            EQU 39H
hi0             EQU 3AH
hi1             EQU 3BH

time_sec        EQU 40H
sec0            EQU 41H
sec1            EQU 42H
time_min        EQU 43H
minute0         EQU 44H
minute1         EQU 45H
;显示数据用的字节单元
temp0           EQU 50H
temp1           EQU 51H
temp_num        EQU 52H
STATUS_TMP  EQU 53H
temp2           EQU 54H
temp3           EQU 55H
```

```
        ORG         0000H
        LJMP        MAIN
        ORG         000BH
        LJMP        T0_ISR
        ORG         0100H
MAIN:
        MOV         SP,#0E0H            ;设置堆栈指针
        LCALL       SYSINIT             ;调用系统初始化子程序
        SETB        EA                  ;开中断
MAIN_LOOP:
        LCALL       GETKEY
        MOV         R7,key_num          ;R7 保存键盘码
        CJNE        R7,#99,KEYNOT99
        LJMP        KEYEQU99;如果有按键,处理按键,没有按键,只进行 LED 的显示
KEYNOT99:           ;确保每按一次按键执行一次按键处理程序
        LCALL       KEY_PROC
        MOV         key_num,#99         ;按键清零
KEYEQU99:
        JB          LED_type,ALARMDISP;判断显示类型,是压力还是报警值显示
        ;led_type 置 1 或者清 0 表示压力或者报警值,置 1 显示报警值
        ;则清 0 表示压力
        MOV         R3,pressure
        LCALL       DISPLAY
        LJMP        GETDATA
ALARMDISP:
        MOV         R4,HIlimit          ;将上限值存于 R4,下限值存于 R3 中
        MOV         R3,LOWlimit
        LCALL       DISPLAY
GETDATA:
        LCALL       Get_data            ;获取 AD 采样值
        JNB         sample,MAIN_LOOP
        CLR         sample
        LCALL       displaytime         ;时间显示
        ;报警判断
        MOV         A,pressure
        CJNE        A,HIlimit,NOTHI
        LJMP        PRESS_HI            ;等于上限时,进行上限报警
NOTHI:
        JC          LESSHI
```

```
PRESS_HI:
    MOV     PCA_PWM0,#00H
    MOV     CCAP0H,#0F0H        ;等于或超过上限时,进行上限报警
    SETB    is_alarm            ;设置报警标志
    SETB    relayP              ;压力值大于上限时,反转继电器闭合
    CLR     relayN
    LJMP    MAIN_LOOP
LESSHI:
    CJNE    A,LOWlimit,NOTLOW
    LJMP    LESSLOW             ;等于下限时,进行下限报警
NOTLOW:
    JC      LESSLOW
    MOV     PCA_PWM0,#03H       ;若在正常范围内,则停止报警
;压力值在正常范围内时,继电器全打开,并清除报警标志
    SETB    relayP
    SETB    relayN
    CLR     is_alarm
    LJMP    MAIN_LOOP
LESSLOW:
    MOV     PCA_PWM0,#00H
    MOV     CCAP0H,#10H         ;等于或低于下限时,进行下限报警
    SETB    is_alarm            ;设置报警标志
    CLR     relayP              ;压力值小于下限时,正转继电器闭合
    SETB    relayN
    LJMP    MAIN_LOOP
;——————————系统初始化子程序——————————
SYSINIT:
;位闪烁控制编码初始化
/*******DPTR中存放一个数组,实现编码
0xfe,0xfd,0xfb,0xf7,0xef,0xdf,0xbf,0x7f*******************/
    MOV     DPTR,#STATUS
    MOV     A,#0FEH
    MOVX    @DPTR,A
    INC     DPTR
    MOV     A,#0FDH
    MOVX    @DPTR,A
    INC     DPTR
    MOV     A,#0FBH
    MOVX    @DPTR,A
    INC     DPTR
```

```
MOV     A,#0F7H
MOVX    @DPTR,A
INC     DPTR
MOV     A,#0EFH
MOVX    @DPTR,A
INC     DPTR
MOV     A,#0DFH
MOVX    @DPTR,A
INC     DPTR
MOV     A,#0BFH
MOVX    @DPTR,A
INC     DPTR
MOV     A,#7FH
MOVX    @DPTR,A
SETB    sample
CLR     time_sample0
CLR     time_sample1
CLR     is_alarm            ;alarm flag
CLR     flash
CLR     bit_flash
CLR     LED_type
CLR     delay_flag
MOV     ms_cnt,#2
MOV     ms_cnt0,#50
MOV     LED_bit,#0          ;当前要闪烁与调节的位清零
MOV     key_num,#99         ;无按键按下标志
MOV     HIlimit,#50
MOV     LOWlimit,#30        ;设置默认报警值
CLR     S595_P21
CLR     S595_P22            ;片选初始化
MOV     ms_cnt,#2
MOV     ms_cnt0,#50         ;1s 计数与 0.5s 计数
MOV     time_sec,#0
MOV     time_min,#58
ORL     P4SW,#20H           ;将 P4.5 设置为 I/O 功能
;------------------初始化 ADC 模块----------------------------
ORL     ADC_CONTR,#80HDW;开 A/D 转换电源,第一次使用时要打开内
部模拟电源
MOV     R2,#50
LCALL   DELAY               ;适当延时
```

```
    MOV         P1ASF,#01H        ;设置 P1.0,设置 A/D 通道所在的 I/O 为开漏模
    ;ORL        P1M0,#04H
    ;ORL        P1M1,#04H         ;设置 P1.2,设置 A/D 通道所在的 I/O 为开漏模
    MOV         ADC_CONTR,#0C0H   ;选择 P1.0 作为 A/D 转换通道
    ;-------------------初始化 PWM ----------------------
    MOV         CMOD,#80H          ;PCA 在空闲模式下停止 PCA 计数器工作
                                   ;PCA 时钟模式为 fosc/12,禁止 PCA 计数器溢
出中断
    MOV         CCON,#00H          ;禁止 PCA 计数器工作,清除中断标志、计数器
溢出标志
    MOV         CL,#00H            ;清 0 计数器
    MOV         CH,#00H
    MOV         CCAPM0,#42H        ;设置模块 0 为 8 位 PWM 输出模式,脉冲在
P1.3 引脚输出
    MOV         PCA_PWM0,#00H
    ;-------------------初始化 SPI ----------------------
    MOV         SPCTL,#0FEH
    MOV         SPSTAT,#0C0H
    ;-------------------定时器 0 初始化--------------------
    MOV         TMOD,#01H          ;定时器 0 工作与方式 1
    MOV         TL0,#00H           ;设定采样周期为 10ms
    MOV         TH0,#0DCH
    SETB        TR0
    SETB        ET0
    RET
;-------------------延时子程序-------------------
DELAY:                             ;延时子程序,R2 为参数
DLY_LOOP:                          ;约延时 200μs
    MOV         A,#240
LOOP:
    DEC         A
    JNZ         LOOP
    NOP
    DJNZ        R2,DLY_LOOP
    RET
;-------------------获取按键子程序-------------------
GETKEY:                            ;完成对 P00 P01 P02 P03 的按键检测
    JB          KEY00,NOTKEY00     ;jb 不成立表示有按键按下,
    MOV         R2,#50
    LCALL       DELAY              ;延时 10ms,去抖动
```

```
    JB          KEY00,NOTKEY00
    MOV         key_num,#0          ;得到按键的编码.
    LJMP        KEYEND              ;没有键按下是位#99
NOTKEY00:
    JB          KEY01,NOTKEY01
    MOV         R2,#50
    LCALL       DELAY               ;延时 10ms,去抖动
    JB          KEY01,NOTKEY01
    MOV         key_num,#1
    LJMP        KEYEND
NOTKEY01:
    JB          KEY02,NOTKEY02
    MOV         R2,#50
    LCALL       DELAY               ;延时 10ms,去抖动
    JB          KEY02,NOTKEY02
    MOV         key_num,#2
    LJMP        KEYEND
NOTKEY02:
    JB          KEY03,NOTKEY03
    MOV         R2,#50
    LCALL       DELAY               ;延时 10ms,去抖动
    JB          KEY03,NOTKEY03
    MOV         key_num,#3
    LJMP        KEYEND
NOTKEY03:                          ;保留这个标号的目的是为了以后的按键程序扩展
KEYEND:                             ;如果任何按键都没有按下,则直接返回
ZZTEST:
    JNB         KEY00,ZZTEST
    JNB         KEY01,ZZTEST
    JNB         KEY02,ZZTEST
    JNB         KEY03,ZZTEST        ;等待所有按键结束
    RET
;-------------------键盘处理---------------------------
KEY_PROC:
    MOV         A,LOWlimit
    MOV         B,#10
    DIV         AB
    MOV         low0,B
    MOV         low1,A
    MOV         A,HIlimit
```

```
    MOV     B,#10
    DIV     AB
    MOV     hi0,B
    MOV     hi1,A
    MOV     R7,KEY_NUM          ;R7 保存键盘码
    MOV     R6,LED_bit          ;R6 保存 LED 显示位号
    CJNE    R7,#0,KEYNOT0
    CJNE    R6,#7,LEDnot7
    MOV     LED_bit,#0
    LJMP    LED7
LEDnot7:
    INC     LED_bit
LED7:
    SETB    bit_flash
    SETB    LED_type
    LJMP    KEYP_END
KEYNOT0:
    CJNE    R7,#1,KEYNOT11
    CJNE    R6,#0,LEDnot10
    MOV     R5,low0
    CJNE    R5,#9,low0NOT9
    MOV     low0,#0
    LJMP    KEYP_END
low0NOT9:
    INC     low0
    LJMP    KEYP_END
KEYNOT11:
    LJMP    KEYNOT1
LEDnot10:
    CJNE    R6,#1,LEDnot11
    MOV     R5,low1
    CJNE    R5,#9,low1NOT9
    MOV     low1,#0
    LJMP    KEYP_END
low1NOT9:
    INC     low1
    LJMP    KEYP_END
LEDnot11:
    CJNE    R6,#2,LEDnot12
    MOV     R5,hi0
```

```
        CJNE    R5,#9,hi0NOT9
        MOV     hi0,#0
        LJMP    KEYP_END
hi0NOT9:
        INC     hi0
        LJMP    KEYP_END
LEDnot12:
        CJNE    R6,#3,LEDnot13
        MOV     R5,hi1
        CJNE    R5,#9,hi1NOT9
        MOV     hi1,#0
        LJMP    KEYP_END
hi1NOT9:
        INC     hi1
        LJMP    KEYP_END
LEDnot13:
        CJNE    R6,#4,LEDnot14
        MOV     R5,sec0
        CJNE    R5,#9,sec0NOT9
        MOV     sec0,#0
        LJMP    KEYP_END
Sec0NOT9:
        INC     sec0
        LJMP    KEYP_END
LEDnot14:
        CJNE    R6,#5,LEDnot15
        MOV     R5,sec1
        CJNE    R5,#5,sec1NOT5
        MOV     sec1,#0
        LJMP    KEYP_END
Sec1NOT5:
        INC     sec1
        LJMP    KEYP_END
LEDnot15:
        CJNE    R6,#6,LEDnot16
        MOV     R5,minute0
        CJNE    R5,#9,minute0NOT9
        MOV     minute0,#0
        LJMP    KEYP_END
Minute0NOT9:
```

```
    INC     minute0
    LJMP    KEYP_END
LEDnot16:
    CJNE    R6,#7,LEDnot17
    MOV     R5,minute1
    CJNE    R5,#5,minute1NOT5
    MOV     minute1,#0
    LJMP    KEYP_END
Minute1NOT5:
    INC     minute1
LEDnot17:
    LJMP    KEYP_END
KEYNOT1:
    CJNE    R7,#2,KEYNOT21
    CJNE    R6,#0,LEDnot20
    MOV     R5,low0
    CJNE    R5,#0,low0NOT0
    MOV     low0,#9
    LJMP    KEYP_END
low0NOT0:
    DEC     low0
    LJMP    KEYP_END
KEYNOT21:
    LJMP    KEYNOT2
LEDnot20:
    CJNE    R6,#1,LEDnot21
    MOV     R5,low1
    CJNE    R5,#0,low1NOT0
    MOV     low1,#5
    LJMP    KEYP_END
Low1NOT0:
    DEC     low1
    LJMP    KEYP_END
LEDnot21:
    CJNE    R6,#2,LEDnot22
    MOV     R5,hi0
    CJNE    R5,#0,hi0NOT0
    MOV     hi0,#9
    LJMP    KEYP_END
Hi0NOT0:
```

```
        DEC         hi0
        LJMP        KEYP_END
LEDnot22:
        CJNE        R6,#3,LEDnot23
        MOV         R5,hi1
        CJNE        R5,#0,hi1NOT0
        MOV         hi1,#9
        LJMP        KEYP_END
hi1NOT0:
        DEC         hi1
        LJMP        KEYP_END
LEDnot23:
        CJNE        R6,#4,LEDnot24
        MOV         R5,sec0
        CJNE        R5,#0,sec0NOT0
        MOV         sec0,#9
        LJMP        KEYP_END
Sec0NOT0:
        DEC         sec0
        LJMP        KEYP_END
LEDnot24:
        CJNE        R6,#5,LEDnot25
        MOV         R5,sec1
        CJNE        R5,#0,sec1NOT0
        MOV         sec1,#5
        LJMP        KEYP_END
sec1NOT0:
        DEC         sec1
        LJMP        KEYP_END
LEDnot25:
        CJNE        R6,#6,LEDnot26
        MOV         R5,minute0
        CJNE        R5,#0,minute0NOT0
        MOV         minute0,#9
        LJMP        KEYP_END
Minute0NOT0:
        DEC         minute0
        LJMP        KEYP_END
LEDnot26:
        CJNE        R6,#7,KEYP_END
```

```
    MOV     R5,minute1
    CJNE    R5,#0,minute1NOT0
    MOV     minute1,#5
    LJMP    KEYP_END
minute1NOT0:
    DEC     minute1
    LJMP    KEYP_END
KEYNOT2:
    CJNE    R7,#3,KEYP_END
    CLR     bit_flash
    CLR     LED_type
    MOV     LED_bit,#0
    MOV     DPTR,#STATUS
    MOV     A,#0FEH
    MOVX    @DPTR,A
    INC     DPTR
    MOV     A,#0FDH
    MOVX    @DPTR,A
    INC     DPTR
    MOV     A,#0FBH
    MOVX    @DPTR,A
    INC     DPTR
    MOV     A,#0F7H
    MOVX    @DPTR,A
    INC     DPTR
    MOV     A,#0EFH
    MOVX    @DPTR,A
    INC     DPTR
    MOV     A,#0DFH
    MOVX    @DPTR,A
    INC     DPTR
    MOV     A,#0BFH
    MOVX    @DPTR,A
    INC     DPTR
    MOV     A,#7FH
    MOVX    @DPTR,A
;CHANGE BY ZZ
KEYP_END:
    /************zz change about the time***********/
    MOV     A,sec1
```

```
    MOV     B,#10
    MUL     AB
    ADD     A,sec0
    MOV     DWtime_sec,A
    MOV     A,minute1
    MOV     B,#10
    MUL     AB
    ADD     A,minute0
    MOV     time_min,A
    /*****************************/
    MOV     A,hi1
    MOV     B,#10
    MUL     AB
    ADD     A,hi0
    MOV     HIlimit,A
    MOV     A,low1
    MOV     B,#10
    MUL     AB
    ADD     A,low0
    MOV     LOWlimit,A
    RET
;-----------------显示数据发送-----------------
SENDSPI:        ;要显示的数据在累加器 A 中,isBit 用于设置是段显示还是位显示
    CLR     EA  ;关中断,为了避免传输数据过程中被中断而显示乱码
    MOV     SPDAT,A
WAIT_SPI:
    MOV     A,SPSTAT
    ANL     A,#80H
    JZ      WAIT_SPI
    JNB     isBit,isBit0
    SETB    BIT_P26
    MOV     R2,#1
    LCALL   DELAY
    CLR     BIT_P26             ;位锁存信号输出
    LJMP    SPI_END
isBit0:
    SETB    SEG_P27
    MOV     R2,#1
    LCALL   DELAY
    CLR     SEG_P27             ;段锁存信号输出
```

```
SPI_END:
    MOV     SPSTAT,#0C0H    ;写1清SPIF标志位
    SETB    EA              ;开中断
    RET
;-----------------时间显示-----------------------
Displaytime:
    MOV     A,time_min
    MOV     B,#10
    DIV     AB
    MOV     minute1,A
    MOV     minute0,B
    MOV     A,time_sec
    MOV     B,#10
    DIV     AB
    MOV     sec1,A
    MOV     sec0,B
     ;GET THE TIME
     ;bit_flash为闪烁标志位
    JB      bit_flash,TIME_F    ;是否闪烁
    LCALL   CLR_I
    MOV     A,#4
    MOV     DPTR,#G_TAB
    MOVC    A,@A+DPTR
    SETB    isBit
    LCALL   SENDSPI
    MOV     A,sec0              ;sec0
    MOV     DPTR,#LED_TAB
    MOVC    A,@A+DPTR
    CLR     isBit
    LCALL   SENDSPI
    MOV     R2,#DISPDELAY
    LCALL   DELAY
    LCALL   CLR_I
    MOV     A,#5
    MOV     DPTR,#G_TAB
    MOVC    A,@A+DPTR
    SETB    isBit
    LCALL   SENDSPI
    MOV     A,sec1              ;sec1
    MOV     DPTR,#LED_TAB
```

```
    MOVC    A,@A+DPTR
    CLR     isBit
    LCALL   SENDSPI
    MOV     R2,#DISPDELAY
    LCALL   DELAY
    LCALL   CLR_I
    MOV     A,#6
    MOV     DPTR,#G_TAB
    MOVC    A,@A+DPTR
    SETB    isBit
    LCALL   SENDSPI
    MOV     A,minute0          ;min 0
    MOV     DPTR,#LED_TAB
    MOVC    A,@A+DPTR
    CLR     isBit
    LCALL   SENDSPI
    MOV     R2,#DISPDELAY
    LCALL   DELAY
    LCALL   CLR_I
    MOV     A,#7
    MOV     DPTR,#G_TAB
    MOVC    A,@A+DPTR
    SETB    isBit
    LCALL   SENDSPI
    MOV     A,minute1          ;min 1
    MOV     DPTR,#LED_TAB
    MOVC    A,@A+DPTR
    CLR     isBit
    LCALL   SENDSPI
    MOV     R2,#DISPDELAY
    LCALL   DELAY
    LJMP    TDISP_END
TIME_F:
    LCALL   CLR_I
    MOV     DPTR,#STATUS+4
    MOVX    A,@DPTR
    JNZ     TIMESEG1
    MOV     A,#0FFH
TIMESEG1:
    SETB    isBit
```

```
LCALL    SENDSPI
MOV      A,sec0
MOV      DPTR,#LED_TAB
MOVC     A,@A+DPTR
CLR      isBit
LCALL    SENDSPI
MOV      R2,#DISPDELAY
LCALL    DELAY
LCALL    CLR_I
MOV      DPTR,#STATUS+5
MOVX     A,@DPTR
SETB     isBit
LCALL    SENDSPI
MOV      A,sec1
MOV      DPTR,#LED_TAB
MOVC     A,@A+DPTR
CLR      isBit
LCALL    SENDSPI
MOV      R2,#DISPDELAY
LCALL    DELAY
LCALL    CLR_I
MOV      DPTR,#STATUS+6
MOVX     A,@DPTR
SETB     isBit
LCALL    SENDSPI
MOV      A,minute0
MOV      DPTR,#LED_TAB
MOVC     A,@A+DPTR
CLR      isBit
LCALL    SENDSPI
MOV      R2,#DISPDELAY
LCALL    DELAY
LCALL    CLR_I
MOV      DPTR,#STATUS+7
MOVX     A,@DPTR
SETB     isBit
LCALL    SENDSPI
MOV      A,minute1
MOV      DPTR,#LED_TAB
MOVC     A,@A+DPTR
```

```
    CLR      isBit
    LCALL    SENDSPI
    MOV      R2,#DISPDELAY
    LCALL    DELAY
    JNB      time_sample0,TDISP_END
    CLR      time_sample0
    ;对应位的取反
    MOV      R6,LED_bit
    CJNE     R6,#4,T_NOT4
    MOV      A,#4
    MOV      DPTR,#G_TAB
    MOVC     A,@A+DPTR
    MOV      STATUS_TMP,A
    MOV      DPTR,#STATUS+4
    MOVX     A,@DPTR
    XRL      A,STATUS_TMP
    MOVX     @DPTR,A
    LJMP     TDISP_END
T_NOT4:
    CJNE     R6,#5,T_NOT5
    MOV      A,#5
    MOV      DPTR,#G_TAB
    MOVC     A,@A+DPTR
    MOV      STATUS_TMP,A
    MOV      DPTR,#STATUS+5
    MOVX     A,@DPTR
    XRL      A,STATUS_TMP
    MOVX     @DPTR,A
    LJMP     TDISP_END
T_NOT5:
    CJNE     R6,#6,T_NOT6
    MOV      A,#6
    MOV      DPTR,#G_TAB
    MOVC     A,@A+DPTR
    MOV      STATUS_TMP,A
    MOV      DPTR,#STATUS+6
    MOVX     A,@DPTR
    XRL      A,STATUS_TMP
    MOVX     @DPTR,A
    LJMP     TDISP_END
```

```
T_NOT6:
    CJNE     R6,#6,T_NOT7
    MOV      A,#7
    MOV      DPTR,#G_TAB
    MOVC     A,@A+DPTR
    MOV      STATUS_TMP,A
    MOV      DPTR,#STATUS+7
    MOVX     A,@DPTR
    XRL      A,STATUS_TMP
    MOVX     @DPTR,A
T_NOT7:
TDISP_END:
    RET
;——————————定时器 0 中断子函数——————————
T0_ISR:
    MOV      TL0,#00H            ;重新赋值,定时 10ms
    MOV      TH0,#0DCH
    SETB     sample
    SETB     delay_flag
    ;DJNZ    ms_cnt0,T0_JP0
    DJNZ     ms_cnt0,T0_END
    MOV      ms_cnt0,#50         ;恢复 500ms 计数值
    CPL      RunStatus           ;系统正常运行指示灯(0.5s 闪烁)
    CPL      flash
    SETB     time_sample0
    SETB     time_sample1
    JNB      is_alarm,NO_ALARM
    CLR      AlarmOUT;zz change
    SETB     RunStatus
    MOV      C,AlarmOUT
    MOV      flash,C             ;有报警,闪烁报警指示灯
    LJMP     T0_JP0
NO_ALARM:
    SETB     AlarmOUT            ;无报警,熄灭报警指示灯
T0_JP0:
    DJNZ     ms_cnt,T0_END
    MOV      ms_cnt,#2
    INC      time_sec            ;时间秒计数
    MOV      R6,time_sec
    CJNE     R6,#60,T0_END       ;是否到达 60s
```

```
    MOV     time_sec,#0         ;是则归 0
    INC     time_min
    MOV     R6,time_min
    CJNE    R6,#60,T0_END       ;是否到达 60s
    MOV     time_min,#0         ;是则归 0
T0_END:
    RETI
;------------------ AD 转换值的刷新------------------------
Get_data:
    ORL     ADC_CONTR,#80H              ;给 A/D 模块上电
WAIT_AD:
    ORL     ADC_CONTR,#00001000B        ;启动 A/D 转换
    MOV     A,#00010000B                ;判断 A/D 转换是否完成
    ANL     A,ADC_CONTR
    JZ      WAIT_AD                     ;A/D 转换尚未完成,继续等待
    ANL     ADC_CONTR,#0E7H
    MOV     A,ADC_RES
    MOV     pressure,A
    RET
;------------------低四位 LED 显示程序------------------------
DISPLAY:    ;显示的值保存在 R3 中
    MOV     SPCTL,#0FEH
    MOV     SPSTAT,#0C0H                ;SPI 初始化
    MOV     A,R3
    MOV     B,#10
    DIV     AB
    MOV     temp0,B
    MOV     temp1,A
    ;* * * * * * * * * * * * * * * * * * * * 
    MOV     A,R4
    MOV     B,#10
    DIV     AB
    MOV     temp2,B
    MOV     temp3,A
    ;* * * * * * * * * * * * * * * * * * * * 
    JB      bit_flash,DISP_FLASH
    LCALL   CLR_I;ZZ CHANGE
    MOV     A,#0
    MOV     DPTR,#G_TAB
    MOVC    A,@A+DPTR
```

```
SETB      isBit
LCALL     SENDSPI
MOV       A,temp0
MOV       DPTR,#LED_TAB
MOVC      A,@A+DPTR
CLR       isBit
LCALL     SENDSPI
MOV       R2,#DISPDELAY
LCALL     DELAY
LCALL     CLR_I
MOV       A,#1
MOV       DPTR,#G_TAB
MOVC      A,@A+DPTR
SETB      isBit
LCALL     SENDSPI
MOV       A,temp1
MOV       DPTR,#LED_TAB
MOVC      A,@A+DPTR
CLR       isBit
LCALL     SENDSPI
MOV       R2,#DISPDELAY
LCALL     DELAY
LCALL     CLR_I
MOV       A,#2
MOV       DPTR,#G_TAB
MOVC      A,@A+DPTR
SETB      isBit
LCALL     SENDSPI
MOV       A,#31H
CLR       isBit
LCALL     SENDSPI
MOV       R2,#DISPDELAY
LCALL     DELAY
LCALL     CLR_I
MOV       A,#3
MOV       DPTR,#G_TAB
MOVC      A,@A+DPTR
SETB      isBit
LCALL     SENDSPI
MOV       A,#63H
```

```
    CLR      isBit
    LCALL    SENDSPI
    MOV      R2,#DISPDELAY
    LCALL    DELAY

DISP_FLASH:
    MOV      A,R3
    CJNE     A,LOWlimit,R3NOTLOW1
    LCALL    CLR_I
    MOV      DPTR,#STATUS
    MOVX     A,@DPTR
    JNZ      SEG1
    MOV      A,#0FFH
SEG1:
    SETB     isBit
    LCALL    SENDSPI
    MOV      A,temp0
    MOV      DPTR,#LED_TAB
    MOVC     A,@A+DPTR
    CLR      isBit
    LCALL    SENDSPI
    MOV      R2,#DISPDELAY
    LCALL    DELAY
    LCALL    CLR_I
    MOV      DPTR,#STATUS+1
    MOVX     A,@DPTR
    JNZ      SEG2
    MOV      A,#0FFH
    LJMP     SEG2
R3NOTLOW1:
    LJMP     R3NOTLOW
SEG2:
    SETB     isBit
    LCALL    SENDSPI
    MOV      A,temp1
    MOV      DPTR,#LED_TAB
    MOVC     A,@A+DPTR
    CLR      isBit
    LCALL    SENDSPI
    MOV      R2,#DISPDELAY
```

```
    LCALL    DELAY
    LCALL    CLR_I
    MOV      DPTR,#STATUS+2
    MOVX     A,@DPTR
    JNZ      SEG3
    MOV      A,#0FFH
SEG3:
    SETB     isBit
    LCALL    SENDSPI
    MOV      A,temp2
    MOV      DPTR,#LED_TAB
    MOVC     A,@A+DPTR
    CLR      isBit
    LCALL    SENDSPI
    MOV      R2,#DISPDELAY
    LCALL    DELAY
    LCALL    CLR_I
    MOV      DPTR,#STATUS+3
    MOVX     A,@DPTR
    JNZ      SEG4
    MOV      A,#0FFH
SEG4:
    SETB     isBit
    LCALL    SENDSPI
    MOV      A,temp3
    MOV      DPTR,#LED_TAB
    MOVC     A,@A+DPTR
    CLR      isBit
    LCALL    SENDSPI
    MOV      R2,#DISPDELAY
    LCALL    DELAY
    ;LJMP    DISP_END;ZZ GAI
R3NOTLOW:

R3NOTHI:
    JNB      time_sample1,DISP_END
    CLR      time_sample1
    MOV      R6,LED_bit
    CJNE     R6,#0,LEDNOT0
    MOV      A,#0
```

```
    MOV     DPTR,#G_TAB
    MOVC    A,@A+DPTR
    MOV     STATUS_TMP,A
    MOV     DPTR,#STATUS
    MOVX    A,@DPTR
    XRL     A,STATUS_TMP
    MOVX    @DPTR,A
    LJMP    DISP_END
LEDNOT0:
    CJNE    R6,#1,LEDNOT1
    MOV     A,#1
    MOV     DPTR,#G_TAB
    MOVC    A,@A+DPTR
    MOV     STATUS_TMP,A
    MOV     DPTR,#STATUS+1
    MOVX    A,@DPTR
    XRL     A,STATUS_TMP
    MOVX    @DPTR,A
    LJMP    DISP_END
LEDNOT1:
    CJNE    R6,#2,LEDNOT2
    MOV     A,#2
    MOV     DPTR,#G_TAB
    MOVC    A,@A+DPTR
    MOV     STATUS_TMP,A
    MOV     DPTR,#STATUS+2
    MOVX    A,@DPTR
    XRL     A,STATUS_TMP
    MOVX    @DPTR,A
    LJMP    DISP_END
LEDNOT2:
    CJNE    R6,#3,DISP_END
    MOV     A,#3
    MOV     DPTR,#G_TAB
    MOVC    A,@A+DPTR
    MOV     STATUS_TMP,A
    MOV     DPTR,#STATUS+3
    MOVX    A,@DPTR
    XRL     A,STATUS_TMP
    MOVX    @DPTR,A
```

```
DISP_END:
    RET

CLR_I:
    MOV     A,#0FFH
    SETB    isBit
    LCALL   SENDSPI
    MOV     A,#0FFH
    CLR     isBit
    LCALL   SENDSPI
    RET
LED_TAB:                                        ;LED 编码表
    DB      03H,9FH,25H,0DH,99H,49H,41H,1FH,01H,09H
G_TAB:                                          ;位码控制表
    DB      0FEH,0FDH,0FBH,0F7H,0EFH,0DFH,0BFH,7FH
    END
```

上述程序同时演示了 UART 模块、PWM 模块、通用定时器、A/D 模块、SPI 模块等的应用以及如何使用 uCOS-II 建立和编写任务。程序代码中做了比较详尽的注释，相信读者能够看懂。

习　题

1. 试编写智能自主循迹小车的测速程序并实现速度的 PID 闭环控制。

2. 试设计本章压力测控系统中的上位机程序，包括数据采集和显示程序的设计。试将继电器调节改为调节阀调节压力，使用 PWM 外加滤波方式控制调节阀的开度。画出电路原理图，并设计相关程序。

附录 A　STC12C5A60S2 单片机指令表

指令	代码(16 进制)	字节数	传统 8051 单片机指令执行所需时钟	STC12C5A60S2 单片机执行指令所需时间
ACALL addr11	a10a9a81 addr7～0	2	24	6
ADD A,Rn	28～2F	1	12	2
ADD A,direct	25	2	12	3
ADD A,@Ri	26～27	1	12	3
ADD A,#data	24 data	2	12	2
ADDC A,Rn	38～3F	1	12	2
ADDC A,direct	35 direct	2	12	3
ADDC A,@Ri	36～37	1	12	3
ADDC A,#data	34data	2	12	2
AJMP addr11	a10a9a81 addr7～0	2	24	3
ANL A,Rn	58～5F	1	12	2
ANL A,direct	55 direct	2	12	3
ANL A,@Ri	56～57	1	12	3
ANL A,#data	54 data	2	12	2
ANL direct,A	52 direct	2	12	4
ANL direct,#data	53 direct data	3	24	4
ANL C,bit	82 bit	2	24	3
ANL C,/bit	B0 bit	2	24	3
CJNE A,direct,rel	B5 direct rel	3	24	5
CJNE A,#data,rel	B4 data rel	3	24	4
CJNE Rn,#data,rel	B8～BF data rel	3	24	4
CJNE @Ri,#data,rel	B6～B7 data rel	3	24	5
CLR A	E4	1	12	1
CLR C	C3	1	12	1

续表

指令	代码(16 进制)	字节数	传统 8051 单片机指令执行所需时钟	STC12C5A60S2 单片机执行指令所需时间
CLR bit	C2 bit	2	12	4
CPL A	F4	1	12	2
CPL C	B3	1	12	1
CPL bit	B2 bit	2	12	4
DA A	D4	1	12	4
DEC A	14	1	12	2
DEC Rn	18～1F	1	12	3
DEC direct	15 direct	2	12	4
DEC @Ri	16～17	1	12	4
DIV AB	14	1	48	5
DJNZ Rn,rel	D8～DF rel	2	24	4
DJNZ direct,rel	D5 direct rel	3	24	5
INC A	04	1	12	2
INC Rn	08～0F	1	12	3
INC direct	05 direct	2	12	4
INC @Ri	06～07	1	12	4
INC DPTR	A3	1	24	1
JB	20 bit rel	3	24	4
JBC bit,rel	10 bit rel	3	24	5
JC rel	40 rel	2	24	3
JMP @A+DPTR	73	1	24	3
JNB bit,rel	30 bit rel	3	24	4
JNC rel	50rel	2	24	3
JNZ rel	70rel	2	24	3
JZ rel	60 rel	2	24	3
LCALL addr16	12 addr15～addr7～0	3	24	6
LJMP addr16	02 addr15～addr7～0	3	24	4
MOV A,Rn	E8～EF	1	12	1
MOV A,direct	E5 direct	2	12	2
MOV A,@Ri	E6～E7	1	12	2
MOV A,#data	74 data	2	12	2
MOV Rn,A	F8～FF	1	12	2

续表

指令	代码(16 进制)	字节数	传统 8051 单片机指令执行所需时钟	STC12C5A60S2 单片机执行指令所需时间
MOV　Rn,driect	A8～FF direct	2	24	4
MOV　Rn,#data	78～7F data	2	12	2
MOV　direct,A	F5 direct	2	12	3
MOV　direct,Rn	88～8F direct	2	24	3
MOV　direct,direct	85 direct direct	3	24	4
MOV　direct,@Ri	86～87 direct	2	24	4
MOV　direct,#data	75 direct data	3	24	3
MOV　@Ri,A	F6～F7	1	12	3
MOV　@Ri,#direct	A6～A7 diect	2	24	3
MOV　@Ri,#data	76～77 data	2	12	3
MOV　C,bit	A2 bit	2	12	3
MOV　bit,C	92 bit	2	24	3
MOV　DPTR,#data16	90 data15～8 data7～0	3	24	3
MOVC　A,@A+DPTR	93	1	24	4
MOVE　A,@A+PC	83	1	24	4
MOVE　A@Ri	E2～E3	1	24	4 注
MOVX　A,@DPTR	E0	1	24	3 注
MOVX　@Ri,A	F2～F3	1	24	3 注
MOVX　@DPTR,A	F0	1	24	3 注
MUL　AB	A4	1	48	4
NOP	00	1	12	1
ORL　A,Rn	48～4F	1	12	2
ORL　A,direct	45 direct	2	12	3
ORL　A,@Ri	46～47	1	12	3
ORL　A,#data	44 data	2	12	2
ORL　direct,A	42 direct	2	12	4
ORL　direct,#data	43 direct data	3	24	4
ORL　C,bit	72 bit	2	24	3
ORL　C,/bit	A0 bit	2	24	3
POP　direct	D0 direct	2	24	3
PUSH　direct	C0 direct	2	24	4
RET	22	1	24	4

续表

指令	代码(16 进制)	字节数	传统 8051 单片机指令执行所需时钟	STC12C5A60S2 单片机执行指令所需时间
RETI	32	1	24	4
RL A	23	1	12	1
RLC A	33	1	12	1
RR A	03	1	12	1
RRC A	13	1	12	1
SETB C	D3	1	12	1
SETB bit	D2 bit	2	12	4
SJMP rel	80 rel	2	24	3
SUBB A,Rn	98～9F	1	12	2
SUBB A,direct	95 direct	2	12	3
SUBB A,@Ri	96～97	1	12	3
SUBB A,＃data	94 data	2	12	2
SWAP A	C4	1	12	1
XCH A,Rn	C8～CF	1	12	3
XCH A,direct	C5 direct	2	12	4
XCH A,@Ri	C6～C7	1	12	4
XCHD A,@Ri	C6～D7	1	12	4
XRL A,Rn	68～6F	1	12	2
XRL A,direct	65 direct	2	12	3
XRL A,@Ri	66～67	1	12	3
XRL A,＃data	64 data	2	12	2
XRL direct,A	62 direct	2	12	4
XRL direct,＃data	63 direct data	3	24	4

附录 B　ASCII 码表

ASCII值	十六进制	控制字符	ASCII值	十六进制	控制字符	ASCII值	十六进制	控制字符	ASCII值	十六进制	控制字符
0	0	NUL	32	20	(space)	64	40	@	96	60	′
1	1	SOH	33	21	!	65	41	A	97	61	a
2	2	STX	34	22	″	66	42	B	98	62	b
3	3	ETX	35	23	#	67	43	C	99	63	c
4	4	EOT	36	24	$	68	44	D	100	64	d
5	5	END	37	25	%	69	45	E	101	65	e
6	6	ACK	38	26	&	70	46	F	102	66	f
7	7	BEL	39	27	,	71	47	G	103	67	g
8	8	BS	40	28	(	72	48	H	104	68	h
9	9	HT	41	29	)	73	49	I	105	69	i
10	0A	LF	42	2A	*	74	4A	J	106	6A	j
11	0B	VT	43	2B	+	75	4B	K	107	6B	k
12	0C	FF	44	2C	,	76	4C	L	108	6C	l
13	0D	CR	45	2D	—	77	4D	M	109	6D	m
14	0E	SO	46	2E	.	78	4E	N	110	6E	n
15	0F	SI	47	2F	/	79	4F	O	111	6F	o
16	10	DLE	48	30	0	80	50	P	112	70	p
17	11	DC1	49	31	1	81	51	Q	113	71	q
18	12	DC2	50	32	2	82	52	R	114	72	r
19	13	DC3	51	33	3	83	53	S	115	73	s
20	14	DC4	52	34	4	84	54	T	116	74	t
21	15	NAK	53	35	5	85	55	U	117	75	u
22	16	SYN	54	36	6	86	56	V	118	76	v
23	17	ETB	55	37	7	87	57	W	119	77	w

续表

<table>
<tr><th>ASCII值</th><th>十六进制</th><th>控制字符</th><th>ASCII值</th><th>十六进制</th><th>控制字符</th><th>ASCII值</th><th>十六进制</th><th>控制字符</th><th>ASCII值</th><th>十六进制</th><th>控制字符</th></tr>
<tr><td>24</td><td>18</td><td>CAN</td><td>56</td><td>38</td><td>8</td><td>88</td><td>58</td><td>X</td><td>120</td><td>78</td><td>x</td></tr>
<tr><td>25</td><td>19</td><td>EM</td><td>57</td><td>39</td><td>9</td><td>89</td><td>59</td><td>Y</td><td>121</td><td>79</td><td>y</td></tr>
<tr><td>26</td><td>1A</td><td>SUB</td><td>58</td><td>3A</td><td>：</td><td>90</td><td>5A</td><td>Z</td><td>122</td><td>7A</td><td>z</td></tr>
<tr><td>27</td><td>1B</td><td>ESC</td><td>59</td><td>3B</td><td>；</td><td>91</td><td>5B</td><td>[</td><td>123</td><td>7B</td><td>{</td></tr>
<tr><td>28</td><td>1C</td><td>FS</td><td>60</td><td>3C</td><td><</td><td>92</td><td>5C</td><td>\</td><td>124</td><td>7C</td><td>|</td></tr>
<tr><td>29</td><td>1D</td><td>GS</td><td>61</td><td>3D</td><td>=</td><td>93</td><td>5D</td><td>]</td><td>125</td><td>7D</td><td>}</td></tr>
<tr><td>30</td><td>1E</td><td>RS</td><td>62</td><td>3E</td><td>></td><td>94</td><td>5E</td><td>^</td><td>126</td><td>7E</td><td>~</td></tr>
<tr><td>31</td><td>1F</td><td>US</td><td>63</td><td>3F</td><td>?</td><td>95</td><td>5F</td><td>_</td><td>127</td><td>7F</td><td>DEL</td></tr>
</table>

附录C 逻辑符号对照表

名 称	国标符号	曾用符号	国外流行符号	名 称	国标符号	曾用符号	国外流行符号
与门	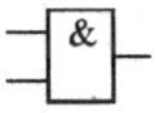	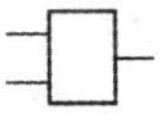		传输门	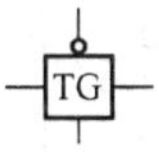		
或门	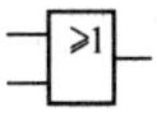	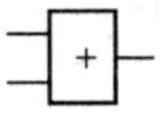	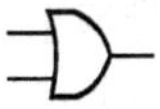	双向模拟开关	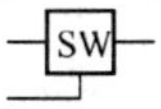	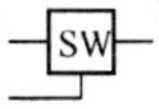	
非门	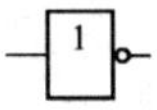	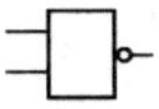	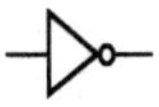	半加器	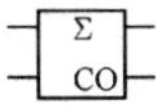	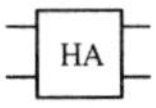	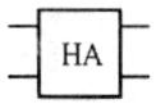
与非门	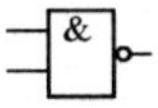	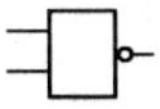	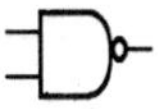	全加器	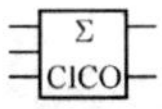	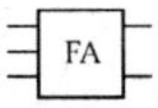	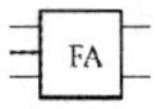
或非门	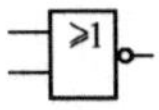	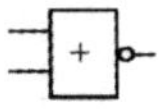	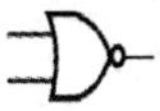	基本RS触发器	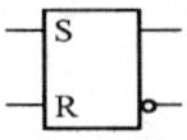	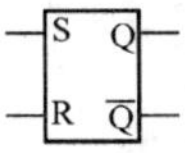	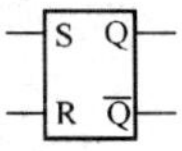
与或非门	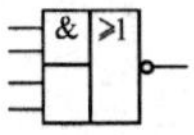	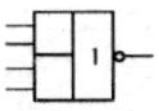	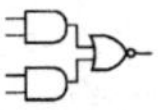	同步RS触发器	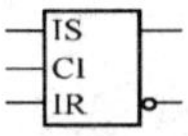	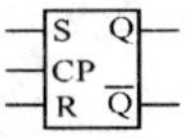	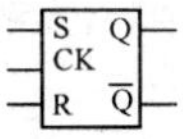

续表

名　称	国标符号	曾用符号	国外流行符号	名　称	国标符号	曾用符号	国外流行符号
异或门	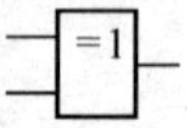	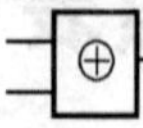		边沿(上升沿)D触发器	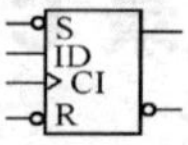	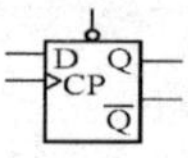	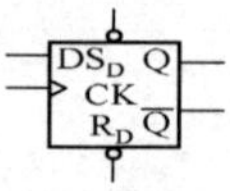
同或门	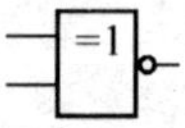	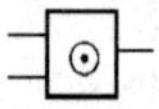	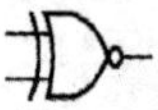	边沿(下降沿)JK触发器	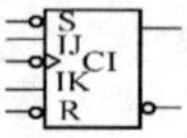	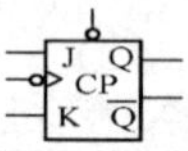	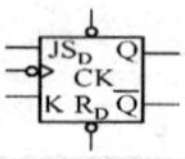
集电极开路的与门	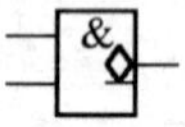	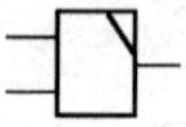		脉冲触发(主从)JK触发器	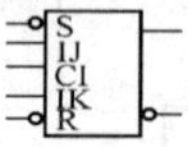	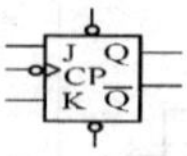	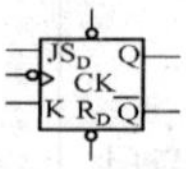
三态输出的非门	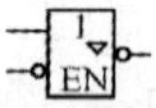	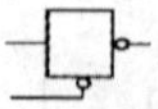	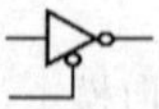	带施密特触发特性的与门	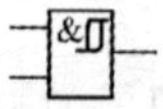	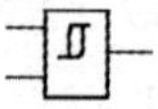	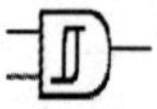

参考文献

[1] 陈桂友.增强型 8051 单片机实用开发技术[M].北京:北京航空航天大学出版社,2010.

[2] 陈桂友,孙同景.单片机原理及应用[M].北京:机械工业出版社,2007.

[3] 王宜怀,刘晓升.嵌入式应用技术基础教程[M].北京:清华大学出版社,2005.

[4] 薛钧义,张彦斌.MCS-51/96 系列单片微型计算机及其应用[M].西安:西安交通大学出版社,2000.

[5] 张友德.单片微型机原理、应用与实验[M].上海:复旦大学出版社,2000.

[6] 何立民.MSC-51 系列单片机应用系统设计[M].北京:北京航空航天大学出版社,1990.

[7] 胡汉才.单片机原理及其接口技术[M].北京:清华大学出版社,2004.

[8] 徐安,等.单片机原理与应用[M].北京:北京希望电子出版社,2003.

[9] 马家辰,等.MSC-51 单片机原理及接口技术[M].哈尔滨:哈尔滨工业大学出版社,1997.

[10] 苏伟斌.8051 系列单片机应用手册[M].北京:科学出版社,1997.

[11] 吕能元,等.MSC-51 单片微型计算机原理接口技术应用实例[M].北京:科学出版社,1993.

[12] Intel. MSC-51 Family of Single chip Microcomputers User's Manual[M]. 1990.

[13] PHILIPS. 80C51-Based 8-bit Microcontrollers[M]. 1998.

[14] 杨振江,等.智能仪器与数据采集系统中的新器件及应用[M].西安:西安电子科技大学出版社,2001.

[15] 刘益成,罗维炳.信号处理过抽样转换器[M].北京:电子工业出版社,1997.

[16] 刘书明,冯小平.数据采集系统芯片 ADuC812 原理及应用[M].西安:西安电子科技大学出版社,2000.

[17] 刘朝青.单片机原理及其接口技术[M].北京:北京航空航天大学出版社,1999.

[18] 薛天宗,孟庆昌,华正权.模数转换器应用技术[M].北京:科学出版社,2001.

[19] 张占辉,张村峰,房玉东,等.基于 C 语言编程 MSC51 单片机原理与应用[M].北京:清华大学出版社,2003.

[20] 赵亮,侯国锐.单片机 C 语言编程与实例[M].北京:人民邮电出版社,2003.

[21] 马忠梅.单片机 C 语言 Windows 环境编程宝典[M].北京:北京航天航空大学出版

社,2003.
[22] 潘新民,王燕.单片微型计算机应用系统设计[M].北京:人民邮电出版社,1992.
[23] 刘文剑.计算机集成制造系统导论[M].哈尔滨:哈尔滨工业大学出版社,1994.
[24] 谢瑞和.微型计算机原理与接口技术基础教程[M].北京:科学出版社,2005.
[25] 田飞.微型计算机原理与应用技术教程[M].合肥:中国科学技术大学出版社,1999.
[26] 李敏,孟臣.串行接口中文图形点阵液晶显示模块的应用.单片机与嵌入式系统应用[J].2003.8.
[27] 胡大可,李培弘,方路平.基于单片机8051的嵌入式开发指南[M].北京:电子工业出版社,2003.
[28] 夏继强,沈德金,邢春香.单片机实验与实践教程[M].2版.北京:北京航空航天大学出版社,2006.
[29] 卓晴,黄开胜,邵贝贝.学做智能车——挑战“飞思卡尔”杯[M].北京:北京航空航天大学出版社,2007.
[30] 董晓红.单片机原理及接口技术[M].西安:西安电子科技大学出版社,2009.
[31] 黄仁欣.单片机原理及应用技术[M].北京:清华大学出版社,2007.
[32] 王文杰.单片机应用技术[M].北京:冶金工业出版社,2008.
[33] 张毅刚.单片机原理及应用[M].北京:高等教育出版社,2003.
[34] 李广第.单片机基础[M].北京:北京航空航天大学出版社,2001.
[35] 张春芝,荆珂.单片机技术与应用[M].北京:煤炭工业出版社,2007.
[36] 郭天祥.新概念51单片机C语言教程[M].北京:电子工业出版社,2008.